# Erhöhung der durch nichtlineare Effekte verursachten Leistungsgrenzen von Faserlasern durch besondere Fasergeometrien

# Increase of Power Limits due to Non-Linear Effects of Fiber Lasers by Special Fiber Geometries

Von der Fakultät für Maschinenwesen
der Rheinisch-Westfälischen Technischen Hochschule Aachen
zur Erlangung des akademischen Grades eines
Doktors der Naturwissenschaften
genehmigte Dissertation

vorgelegt von

Patrick Helmut Bernd Baer

**Berichter/in:**

Univ.-Prof. Dr. rer. nat. Constantin Leon Häfner
Univ.-Prof. Dr. phil. nat. habil. Thomas Graf

Tag der mündlichen Prüfung: 07. September 2023

ERGEBNISSE AUS DER LASERTECHNIK

**Patrick Baer**

# Erhöhung der durch nichtlineare Effekte verursachten Leistungsgrenzen von Faserlasern durch besondere Fasergeometrien

**Bibliografische Information der Deutschen Nationalbibliothek**
Die Deutsche Nationalbibliothek verzeichnet diese Publikation in der Deutschen Nationalbibliografie; detaillierte bibliografische Daten sind im Internet über https://portal.dnb.de abrufbar.

Patrick Baer:

Erhöhung der durch nichtlineare Effekte verursachten Leistungsgrenzen von Faserlasern durch besondere Fasergeometrien

1. Auflage, 2024

Gedruckt auf holz- und säurefreiem Papier, 100% chlorfrei gebleicht.


Wissenschaftsverlag des Instituts für Industriekommunikation und Fachmedien an der RWTH Aachen
Steinbachstr. 25, 52074 Aachen
Internet: www.apprimus-verlag.de, E-Mail: info@apprimus-verlag.de



Druck: CPI Druckdienstleistungen GmbH, Ferdinand-Jühlke-Straße 7 I 99095 Erfurt

ISBN 978-3-98555-207-8

D 82 (Diss. RWTH Aachen University, 2023)

# Vorwort

Die vorliegende Dissertationsschrift entstand im Rahmen meiner Tätigkeit als wissenschaftlicher Mitarbeiter am Fraunhofer-Institut für Lasertechnik (ILT). An dieser Stelle möchte ich mich bei allen Personen bedanken, die mich während der Promotionszeit und der Anfertigung dieser Dissertationsschrift unterstützt haben.

Mein besonderer Dank gilt Herrn Prof. Dr. rer. nat. Constantin Leon Häfner für die ausgezeichnete fachliche Betreuung und die Möglichkeit, meine Dissertation am Lehrstuhl für Lasertechnik durchzuführen. Weiterhin gilt mein Dank Herrn Prof. Dr. rer. nat. Reinhart Poprawe für die Betreuung in der Anfangsphase meiner Promotion. Bei Herrn Prof. Dr. phil. nat. habil. Thomas Graf bedanke ich mich für die Übernahme des Korreferats. Bei Herrn Prof. Dr.-Ing. Uwe Reisgen bedanke ich mich für die Übernahme des Vorsitzes der Promotionsprüfung.

Herrn Dipl.-Ing. Hans-Dieter Hoffmann und Herrn Dr. rer. nat. Oliver Fitzau möchte ich für die Möglichkeit, meine Dissertation in diesem spannenden Forschungsfeld durchführen zu können, für die vielen Diskussionen und Gespräche, sowie für die interne Betreuung danken.

Bei Frau Dr. rer. nat. Sarah Klein möchte ich mich für die tolle Zusammenarbeit im Projekt zur Entwicklung der Multimode-Faser-Bragg-Gitter und die vielen inhaltlichen Diskussionen bedanken. Herrn Dr. rer. nat. Martin Adams danke ich für die interessanten Diskussionen zur Nutzung und Weiterentwicklung der Simulationssoftware. Weiterhin möchte ich bei allen weiteren Kolleginnen und Kollegen in der Abteilung Laser und optische Systeme sowie insbesondere in der Gruppe Faserlaser am Fraunhofer ILT für die produktive Arbeitsatmosphäre bedanken.

Abschließend gilt mein besonderer Dank meiner Familie, meinen Eltern Helmut Baer und Heidi Baer, meiner Großmutter Christine Baer sowie meiner Freundin Olesja Lock für die unermüdliche Unterstützung während meines Studiums und der Promotionszeit.

# Zusammenfassung

Die Ausgangsleistung von Faserlasern mit beugungsbegrenztem Strahlprofil ist unter anderem durch nichtlineare Effekte, wie stimulierte Raman-Streuung, stimulierte Brillouin-Streuung, und transversale Modeninstabilitäten, sowie thermische Effekte, wie die thermische Linsenwirkung limitiert. Um die weitere Leistungsskalierbarkeit von Faserlasersystemen zu ermöglichen, werden im Rahmen dieser Arbeit mehrere Konzepte analysiert: Singlemode-Fasern mit rechteckiger, bzw. ringförmiger Kerngeometrie, um transversale Modeninstabilitäten zu unterdrücken, sowie Faser-Bragg-Gittern in hoch-multimodigen Fasern, um durch eine hohe Anzahl von Moden den Einfluss leistungslimitierender Effekte zu verringern.

Zur Erhöhung der Schwellen nichtlinearer Effekte bei gleichzeitiger Unterdrückung von transversalen Modeninstabilitäten werden Singlemode-Fasern mit unkonventionellen Kerngeometrien untersucht, wodurch sich andere Intensitätsverteilungen der geführten Mode im Vergleich zu den in konventionellen, zylindersymmetrischen Fasern geführten Moden ergeben können. Für Singlemode-Fasern mit eckiger Kerngeometrie ergeben sich dabei leichte, aber keine deutlichen Vorteile. Durch den Vergleich der simulierten und der experimentellen Ergebnisse hergestellter Fasern z.B. zur modalen Verteilung und zur Biegeempfindlichkeit kann eine hohe Übereinstimmung demonstriert und dadurch die Simulation validiert werden. Durch ein Brechzahlpodest als zusätzliche Struktur innerhalb der Faser wird die Biegeempfindlichkeit der Fasern verbessert, was simuliert sowie experimentell validiert wird.

Mithilfe der validierten Simulation werden Singlemode-Fasern mit ringförmiger Kerngeometrie untersucht, wobei sich deutliche Vorteile ergeben. Für den analysierten Parameterraum kann die Schwelle nichtlinearer Effekte für passive und aktive Fasern um circa den Faktor 7, bzw. 25 angehoben werden. Die thermische und optische Analyse von daraus resultierenden Faserverstärkern zeigt eine potenzielle Leistungsskalierung in den Bereich von 60 kW bis über 100 kW. Durch ein Faserkonzept, in dem weitere Moden höherer transversaler Ordnung geführt werden können, kann Schwelle für das Einsetzen nichtlinearer Effekte um weitere 30 % erhöht werden. Mithilfe einer Toleranzanalyse werden die zur Fertigung nötigen Genauigkeiten identifiziert.

Faser-Bragg-Gitter (FBG) in Multimode-Fasern ermöglichen faserintegrierte Resonatoren, in denen nichtlineare Effekte sowohl durch größere Modenfeldflächen als auch durch die hohe Anzahl von Moden unterdrückt werden. Zur Analyse von Multimode-FBGs wird eine Simulation basierend auf der Theorie gekoppelter Moden entwickelt. Um hochreflektierende Multimode-FBGs zu ermöglichen, wird ein Konzept auf Grundlage einer gechirpten Gitterperiode entwickelt, wodurch alle geführten Moden bei einer gewählten Wellenlänge reflektiert werden können. Ein solches FBG wird hergestellt und die Funktion in einem Multimode-Resonator mit circa 60 Moden demonstriert. Weiterhin werden inhomogene FBGs zur Beeinflussung der Strahlqualität im Resonatorbetrieb untersucht, und für niedrig-modige Fasern experimentell validiert. Darauf aufbauend werden neuartige Multimode-Resonatoren entwickelt und vorgestellt.

# Abstract

The output power of diffraction limited single-mode fiber lasers is fundamentally limited by several effects, such as nonlinear effects, thermal effects, and transverse mode instabilities. In this work, several main concepts are analyzed for the further power scaling of fiber laser systems: single-mode fibers with rectangular and annular core geometries to suppress transverse mode instabilities, and fiber-Bragg-gratings (FBG) in highly multi-mode fibers to lower the influence of power-limiting effects by a high number of modes.

To increase nonlinear thresholds and simultaneously suppress transverse mode instabilities, single-mode fibers with unconventional core geometries are investigated, which can enable modal distributions that differ from those of conventional, cylindrically symmetric fibers. For single-mode fibers with a rectangular core geometry small, but no fundamental advantages can be observed. Since e.g., the modal distribution and the bending characteristics are in high accordance between simulated and experimental results of manufactured fibers, the simulation can be validated. When a pedestal is used as an additional structure within the fiber, the bending sensitivity can be improved, which is simulated and experimentally validated.

The validated simulation is used to investigate single-mode fibers with an annular core geometry. Here, fundamental differences are demonstrated in comparison to fibers with conventional, cylindrically symmetric core geometry. For the examined parameters, the nonlinear threshold of passive fibers is improved by a factor of approximately 8, while the nonlinear threshold for actively doped fibers is enhanced by a factor of approximately 25 due to the high core area. Fiber amplifiers are analyzed thermally and optically, which results in a potential for power scaling up to 60 kW or to more than 100 kW with respect to the chosen fiber design. For a few-mode fiber concept the nonlinear threshold can be further improved by 30 %, while transverse mode instabilities are no longer fundamentally suppressed. A tolerance analysis is performed to identify the required accuracy for the manufacturing of such a fiber.

FBGs in multi-mode fibers can be used to enable fully fiber-integrated resonators, which have a higher non-linear threshold due to a larger mode field area and a higher number of modes. For the analysis, a simulation based on the coupled-mode-theory is developed. To enable multi-mode FBGs with a high spectral reflectivity a concept based on a chirped lattice constant is developed. With this concept, a high modal reflectivity can be achieved at a chosen wavelength for all guided modes of the fiber. To experimentally verify the concept, a highly reflective FBG is manufactured and used to setup a monolithic multi-mode resonator with more than 60 modes. Additionally, inhomogeneous FBGs are investigated to influence the beam quality of resonators, which is experimentally validated in a few-mode fiber. Based on these concepts, novel multi-mode resonators are developed.

# Inhaltsverzeichnis

# Formelzeichen und Abkürzungsverzeichnis

| | | |
|---|---|---|
| $\vec{\mathbf{A}}_\mathbf{0}$ | V/m | Amplitudenvektor aller Moden in Vorwärtsrichtung bei z=0 |
| $\vec{\mathbf{A}}_\mathbf{Mode}$ | V/m | Amplitudenvektor aller Moden in Vorwärtsrichtung |
| $A_\mathrm{eff}$ | m² | Effektive Modenfeldfläche |
| $A_\mathrm{Fit}, B_\mathrm{Fit}, C_\mathrm{Fit}, D_\mathrm{Fit}$ | M | Fitparameter zur Bestimmung der Kernfläche in unterschiedlichen Abhängigkeiten |
| $A_\mathrm{Ges}$ | m² | Querschnittsfläche der Faser |
| $A_\mathrm{Kern}^\mathrm{Ges}$ | m² | Fitfunktion zur Bestimmung der Querschnittsfläche des Kerns in Abhängigkeit vom Aspektverhältnis und der numerischen Apertur |
| $A_\mathrm{Kern}$ | m² | Querschnittsfläche des Kerns |
| $A_\mathrm{Kern}^\mathrm{NA}$ | m² | Fitfunktion zur Bestimmung der Querschnittsfläche des Kerns in Abhängigkeit von der numerischen Apertur |
| $A_\mathrm{Kern}^\gamma$ | m² | Fitfunktion zur Bestimmung der Querschnittsfläche des Kerns in Abhängigkeit vom Aspektverhältnis |
| $A_\mathrm{Mantel}$ | m² | Querschnittsfläche des Mantels |
| $A_\mathrm{Ring}$ | m² | Querschnittsfläche des Rings einer Faser mit ringförmiger Kerngeometrie |
| $A_\mathrm{u}$ | V/m | Positionsabhängige Amplitude der *u*-ten Mode in Vorwärtsrichtung |
| $A_\mathrm{x,y}$ | m² | Gewählte Fläche zur Bestimmung des ortsabhängigen Leistungsanteils |
| ASE | | Verstärkte spontane Emission (Amplified spontaneous emission) |
| $\vec{\mathbf{B}}_\mathbf{0}$ | V/m | Amplitudenvektor aller Moden in Rückwärtsrichtung bei z=0 |
| $\vec{\mathbf{B}}$ | T | Magnetischer Flussdichtevektor |
| $\vec{\mathbf{B}}_\mathbf{Mode}$ | V/m | Amplitudenvektor aller Moden in Rückwärtsrichtung |
| $B_\mathrm{u}$ | V/m | Positionsabhängige Amplitude der *u*-ten Mode in Rückwärtsrichtung |
| BPF | | Bandpassfilter |
| $c$ | m/s | Lichtgeschwindigkeit |
| CCC-Faser | | Chirally-Coupled-Core Faser |

| | | |
|---|---|---|
| CW | | Dauerstrichbetrieb (Continuous-Wave) |
| $d_{\mathrm{eff}}$ | m | Effektiver Modenfelddurchmesser |
| $d_{\mathrm{Kern}}$ | m | Kerndurchmesser |
| $d_{\mathrm{Mantel}}$ | m | Manteldurchmesser |
| $d_{\mathrm{Ring}}$ | m | Ringdurchmesser |
| $\mathrm{d}n/\mathrm{d}T$ | 1/K | Temperaturabhängige Änderung des Brechungsindex |
| $\vec{\mathbf{D}}$ | As/m² | Elektrische Verschiebungsdichte |
| $e_u$ | V/m | Elektrisches Feld der *u*-ten Eigenmode |
| $\vec{\mathbf{E}}$ | V/m | Amplitudenvektor der elektrischen Feldstärke |
| $E_{\mathrm{Fit}}$ | | Fitparameter zur Bestimmung der Biegedämpfung in Abhängigkeit von der Ausgangsleistung |
| $E_m$ | V/m | Elektrisches Feld der *m*-ten Komponente des Amplitudenvektors der elektrischen Feldstärke |
| $E_{n,x}$ | V/m | Elektrisches Feld der *n*-ten Mode in *x*-Polarisation |
| $E_0$ | V/m | Amplitude des elektrischen Feldes |
| $F_{\mathrm{Fit}}$ | 1/W | Fitparameter zur Bestimmung der Biegedämpfung in Abhängigkeit von der Ausgangsleistung |
| FBG | | Faser-Bragg-Gitter |
| FMF | | Few-mode Fase |
| $g$ | 1/m | Verstärkungskoeffizient |
| $g_n$ | 1/m | Raman-Verstärkungskoeffizient der n-ten Mode |
| $g_{\mathrm{R}}$ | m/W | Raman-Verstärkungskoeffizient |
| $G$ | | Verstärkungsfaktor |
| $G_{\mathrm{Fit}}$ | 1/W² | Fitparameter zur Bestimmung der Biegedämpfung in Abhängigkeit von der Ausgangsleistung |
| $h$ | W/m²K | Wärmeübergangskoeffizient |
| $\vec{\mathbf{H}}$ | A/m | Magnetische Feldstärke in vektorieller Darstellung |
| $I_{\mathrm{Fern},i}$ | W/m² | Intensitätsverteilung des simulierten Fernfeldes der *i*-ten Mode |
| $I_{\mathrm{Fern}}^{\mathrm{Mess}}$ | W/m² | Intensitätsverteilung des gemessenen Fernfeldes |
| $I_{\mathrm{Fern}}^{\mathrm{Sim}}$ | W/m² | Intensitätsverteilung des simulierten Fernfeldes |
| $I_{\mathrm{Mode},i}$ | W/m² | Intensitätsverteilung der gewählten Mode |
| $I_{\mathrm{Nah},i}$ | W/m² | Intensitätsverteilung des simulierten Nahfeldes der *i*-ten Mode |
| $I_{\mathrm{Nah}}^{\mathrm{Mess}}$ | W/m² | Intensitätsverteilung des gemessenen Nahfeldes |

| | | |
|---|---|---|
| $I_{\mathrm{Ges},x,y}$ | W/m² | Aus dem gewählten FBG resultierende modale Intensitätsverteilung |
| $I_{\mathrm{Nah}}^{\mathrm{Sim}}$ | W/m² | Intensitätsverteilung des simulierten Nahfeldes |
| $I_{\mathrm{Pump}}$ | W/(m² sr) | Brillanz der Diodenlasermodule |
| ILT | | Fraunhofer - Institut für Lasertechnik ILT |
| $\vec{\mathbf{J}}$ | A/m² | Freie elektrische Stromdichte |
| $J_{\mathrm{B},l}$ | | Modifizierte Besselfunktion zweiter Art und *j*-ter Ordnung |
| $J_l$ | | Besselfunktion 1. Art und *j*-ter Ordnung |
| $k_0$ | 1/m | Vakuumwellenzahl |
| $k_{Th}$ | W/mK | Wärmeleitfähigkeit |
| $K_l$ | | Hankelfunktion *j*-ter Ordnung |
| $K_{mn}^{\mathrm{T}}$ | 1/m | Transversaler Kopplungsterm zwischen Mode *m* und Mode *n* |
| $K_{mn}^{\mathrm{T.0}}$ | 1/m | Konstanter Anteil des ortsabhängigen Kopplungsterms zwischen Mode *m* und Mode *n* |
| $K_{mn}^{\mathrm{T.Ges}}$ | 1/m | Gesamter, ortsabhängiger Kopplungsterm zwischen Mode *m* und Mode *n* |
| $K_{mn}^{\mathrm{T}.i}$ | 1/m | Ortsabhängiger Kopplungsterm der *i*-ten Schwingung zwischen Mode *m* und Mode *n* |
| $K_{mn}^{\mathrm{Z}}$ | 1/m | Longitudinaler Kopplungsterm zwischen Mode *m* und Mode *n* |
| $l$ | | Azimutale Ordnung |
| $l_{\mathrm{G}}$ | m | Länge des Faser-Bragg-Gitters |
| $L$ | m | Faserlänge |
| $L_{\mathrm{Biegung}}$ | dB/m | Biegedämpfung bei einem Biegeradius von 0,3 m |
| $L_{\mathrm{eff}}$ | m | Effektive Faserlänge |
| $L_{\mathrm{Gitter}}$ | m | Gitterlänge |
| $L_{\mathrm{min}}$ | m | Minimal nötige Faserlänge zur Absorption von 95% des Pumplichtes |
| LC-Faser | | Leakage-Channel Faser |
| LP-Faser | | Large-Pitch Faser |
| $m$ | | Radiale Ordnung |
| $MFD$ | m | Modenfelddurchmesser |
| $M_{\mathrm{x}}^2$ | | Beugungsmaßzahl in der x-Achse |
| $n_0$ | | Brechungsindex des umgebenden Mediums |

| | | |
|---|---|---|
| $n_{\mathrm{Biegung}}$ | | Brechungsindex der gebogenen Faser |
| $n_{\mathrm{Coating}}$ | | Brechungsindex des Coatings |
| $n_{\mathrm{eff}}$ | | Effektiver Brechungsindex |
| $n_{\mathrm{Kern}}$ | | Brechungsindex des Kerns |
| $n_{\mathrm{Kreuz,min}}$ | | Minimaler effektiver Brechungsindex für den Kreuzkopplung auftreten kann |
| $n_{\mathrm{Mantel}}$ | | Brechungsindex des Mantels |
| $n_{\mathrm{Podest}}$ | | Brechungsindex des Brechzahlpodests |
| $n_{\mathrm{Ring}}$ | | Brechungsindex des Rings |
| $n_{\mu m}$ | | Brechungsindextensor |
| $N$ | | Anzahl der Moden |
| $NA$ | | Numerische Apertur |
| $NA_{\mathrm{Kern}}$ | | Numerische Apertur des Kerns |
| $NA_{\mathrm{Mantel}}$ | | Numerische Apertur des Mantels |
| $NA_{\mathrm{PM}}$ | | Numerische Apertur des Podests gegenüber dem Mantel |
| $NA_{\mathrm{RK}}$ | | Numerische Apertur des Rings gegenüber dem Kern |
| $NA_{\mathrm{RM}}$ | | Numerische Apertur des Rings gegenüber dem Mantel |
| $NA_{\mathrm{RP}}$ | | Numerische Apertur des Rings gegenüber dem Podest |
| $NA_{\mathrm{Podest}}$ | | Numerische Apertur des Brechzahlpodestes |
| $p$ | | Grad des Zählerpolynoms der Wide-Angle Beam-Propagation Methode |
| $\vec{\mathbf{P}}$ | As/m² | Dielektrische Polarisierung |
| $P_0$ | W | Leistung am Anfang der Faser |
| $P_{11}$ | | Komponente des photoelastischen Tensors |
| $P_{12}$ | | Komponente des photoelastischen Tensors |
| $P_{\mathrm{FBG}}$ | | Kompakte Darstellung der Streumatrix zu Beschreibung eines Faser-Bragg-Gitters |
| $P_{\mathrm{Fraktur}}$ | W | Schwellleistung der thermischen Fraktur |
| $P_{\mathrm{Gesamt}}$ | W | Gesamte aus dem Resonator ausgekoppelte Signalleistung |
| $P_{\mathrm{L}}$ | W | Leistung am Ende der Faser |
| $P_{\mathrm{Linse}}$ | W | Schwellleistung der thermischen Linse |
| $P_m^L$ | W | Leistung der *m*-ten Mode der Pumpstrahlung |

| | | |
|---|---|---|
| $P_m$ | | Zählerpolynom der Wide-Angle Beam-Propagation Methode |
| $P_{\mathrm{Norm,NL}}$ | | Normierte Schwellleistung nichtlinearer Effekte in passiven Fasern |
| $P_{\mathrm{Norm,NL,AF}}$ | | Normierte Schwellleistung nichtlinearer Effekte in laseraktiv dotierten Fasern |
| $P_{\mathrm{Norm,NL,AF,Ring}}$ | | Normierte Schwellleistung nichtlinearer Effekte in laseraktiv dotierten Fasern mit ringförmiger Kerngeometrie |
| $P_{\mathrm{Norm,NL,Ring}}$ | | Normierte Schwellleistung nichtlinearer Effekte in einer passiven Faser mit ringförmiger Kerngeometrie |
| $P_{\mathrm{Rück}}$ | W | Aus dem Resonator in Rückwärtsrichtung ausgekoppelte Signalleistung |
| $P_{\mathrm{Schmelz}}$ | W | Schwellleistung des Aufschmelzens des Fasermaterials |
| $P_{\mathrm{Schwell}}$ | W | Schwellleistung der analysierten Faser unter Berücksichtigung nichtlinearer Effekte, thermischer Effekte und der Ausgangsleistung verfügbarer Pumpmodule |
| $P_{\mathrm{Sig,Rück}}$ | W | Im Resonator in Rückwärtsrichtung propagierende Signalleistung |
| $P_{\mathrm{Sig,Vor}}$ | W | Im Resonator in Vorwärtsrichtung propagierende Signalleistung |
| $P_{\mathrm{SRS,Aus}}$ | W | Maximale Ausgangsleistung unter Berücksichtigung der stimulierten Raman Streuung |
| $P_{\mathrm{Stokes,Ges}}$ | W | Gesamte Stokes-Leistung aller Moden |
| $P_{\mathrm{Stokes,m}}$ | W | Stokes-Leistung der *m*-ten Mode |
| $P_{\mathrm{Th,NL}}$ | W | Schwellleistung nichtlinearer Effekte |
| $P_{\mathrm{Th,NL,AF}}$ | W | Schwellleistung nichtlinearer Effekte in laseraktiv dotierten Fasern |
| $P_{\mathrm{Th,NL,AF,eckig}}$ | W | Schwellleistung nichtlinearer Effekte in laseraktiv dotierten Fasern für eine eckige Kerngeometrie |
| $P_{\mathrm{Th,NL,AF,Ring}}$ | | Schwellleistung nichtlinearer Effekte in laseraktiv dotierten Fasern für eine ringförmige Kerngeometrie |
| $P_{\mathrm{Th,NL,AF,rund}}$ | W | Schwellleistung nichtlinearer Effekte in laseraktiv dotierten Fasern für eine runde Kerngeometrie |
| $P_{\mathrm{Th,NL,eckig}}$ | W | Schwellleistung nichtlinearer Effekte für eine eckige Kerngeometrie |

| | | |
|---|---|---|
| $P_{\mathrm{Th,NL,Ring}}$ | | Schwellleistung nichtlinearer Effekte für eine ringförmige Kerngeometrie |
| $P_{\mathrm{Th,NL,rund}}$ | W | Schwellleistung nichtlinearer Effekte für eine runde Kerngeometrie |
| $P_{\mathrm{Vor}}$ | W | Aus dem Resonator in Vorwärtsrichtung ausgekoppelte Signalleistung |
| PB-Faser | | Photonic-Bandgap Faser |
| PC-Faser | | Index-Guiding Photonic Crystal Faser |
| $q$ | | Grad des Nennerpolynoms der Wide-Angle Beam-Propagation Methode |
| $Q_n$ | | Nennerpolynom der Wide-Angle Beam-Propagation Methode |
| $r$ | m | Radiale Position |
| $r_{\mathrm{G}}$ | m | Radius der Kerngeometrie |
| $r_{\mathrm{Kern}}$ | m | Kernradius |
| $r_{\mathrm{Mantel}}$ | m | Mantelradius |
| $r_{\mathrm{Ring}}$ | m | Ringradius |
| $R(\lambda)$ | | Wellenlängenabhängige Reflektivität des Faser-Bragg-Gitters |
| $R_{\mathrm{Biegung}}$ | m | Biegeradius |
| $R_{\mathrm{eff}}$ | m | Effektiver Biegeradius |
| $R_{\mathrm{m}}$ | W/m | Bruchmodul |
| $R_{\mathrm{Modal}}$ | | Modale Reflektivität |
| $R_{\mathrm{Modal},i}$ | | Modale Reflektivität der *i*-ten Mode |
| $R_{\mathrm{Spektral}}$ | | Spektrale Reflektivität |
| $S(z)$ | | Komplexe Streumatrix zur Beschreibung eines Faser-Bragg-Gitters |
| $S_1$ | 1/m | Umgeformte komplexe Streumatrix zur Beschreibung eines Faser-Bragg-Gitters |
| $S_2$ | 1/m | Umgeformte komplexe Streumatrix zur Beschreibung eines Faser-Bragg-Gitters |
| $S_i$ | | *i*-ter Sellmeier Koeffizient |
| SBS | | Stimulierte Brillouin-Streuung |
| SEMSIS | | Semiconductor Simulation Software |
| SRS | | Stimulierte Raman-Streuung |
| $t$ | s | Zeit |

| | | |
|---|---|---|
| $T_{\mathrm{K}}$ | K | Kühltemperatur |
| $T_{\mathrm{Schmelz}}$ | K | Schmelztemperatur |
| TMI | | Transversale Modeninstabilität |
| $u$ | | Faserparameter |
| $v$ | | Faserparameter |
| $v_{\mathrm{FBG}}$ | | Sichtbarkeit des Gitters für die Grundmode |
| $v_{\mathrm{Poisson}}$ | | Poissonzahl |
| $V$ | | Normierte Frequenz |
| VBG | | Volumen-Bragg-Gitter |
| $x_{\mathrm{Biegeachse}}$ | m | Position in der Achse der Biegung |
| $x_{\mathrm{Pol}}$ | | Komponente des elektrischen Feldes in der x-Polarisationsrichtung |
| $X_{\mu m}$ | | Operator der Wide-Angle Beam-Propagation Methode (WA-BPM) |
| $y_{\mathrm{Pol}}$ | | Komponente des elektrischen Feldes in der y-Polarisationsrichtung |
| $z$ | m | Longitudinale Position |
| $\alpha$ | 1/m | Optischer Absorptionskoeffizient |
| $\alpha_{\mathrm{Biegung}}$ | 1/m | Aus der Biegung der Faser resultierender Biegeverlustkoeffizient |
| $\alpha_{\mathrm{Kern}}$ | 1/m | Absorptionskoeffizient des Kerns |
| $\alpha_{\mathrm{Kern,Pump}}$ | dB/m | Absorptionskoeffizient des Kerns bei der Pumpwellenlänge |
| $\beta$ | 1/m | Ausbreitungskonstante einer Mode |
| $\beta_{l,m}$ | 1/m | Ausbreitungskonstante einer Mode |
| $\beta_m$ | 1/m | Ausbreitungskonstante der *m*-ten Mode |
| $\gamma$ | | Aspektverhältnis von langer zu kurzer Achse |
| $\delta_{\mu m}$ | | Kronecker-Delta |
| $\Gamma$ | | Verhältnisfaktor zwischen Modenfeldfläche und Kernfläche |
| $\Delta l_i$ | m | Länge des *i*-ten Abschnitts des Faser-Bragg-Gitters |
| $\Delta n$ | | Änderung des Brechungsindex des dielektrischen Systems |
| $\Delta n_0$ | | Konstanter Anteil der Brechungsindexänderung |

| | | |
|---|---|---|
| $\Delta n_{\mathrm{eff,2}}$ | | Differenz des effektiven Brechungsindizes der Mode nächsthöherer transversaler Ordnung vom Brechungsindex des Mantels |
| $\Delta n_i$ | | Koeffizient der Brechungsindexstörung |
| $\Delta NA$ | | Differenz der numerischen Apertur des Rings gegenüber dem Mantel und der numerischen Apertur des Rings gegenüber dem Kern |
| $\Delta NA_{\mathrm{RK}}$ | | Variation der numerischen Apertur des Rings gegenüber dem Kern |
| $\Delta NA_{\mathrm{RM}}$ | | Variation der numerischen Apertur des Rings gegenüber dem Mantel |
| $\Delta NA_{\mathrm{Var}}$ | | Differenz der Variation der numerischen Apertur des Rings gegenüber dem Kern und des Rings gegenüber dem Mantel |
| $\Delta r_{\mathrm{G}}$ | m | Variation des Radius der Kerngeometrie |
| $\Delta \beta_i$ | 1/m | Differenz der Ausbreitungskonstante der *i*-ten Mode zur mit Pi multiplizierten inversen Gitterkonstanten |
| $\Delta \lambda$ | m | 90% Reflektivität-Bandbreite |
| $\Delta \lambda_{\mathrm{Modal}}$ | m | Modale Bandbreite eines Faser-Bragg-Gitters |
| $\Delta \lambda_{\mathrm{Peaks}}$ | m | Maximaler spektraler Abstand zwischen zwei Maxima innerhalb des Faser-Bragg-Gitters |
| $\varepsilon_0$ | As/Vm | Elektrische Feldkonstante |
| $\varepsilon_{\mathrm{r}}$ | | Relative Permittivität |
| $\xi_i$ | 1/m | Inverse Gitterkonstante der *i*-ten Schwingungsordnung |
| $\Lambda$ | m | Gitterperiode |
| $\Lambda_i$ | m | Gitterkonstante der *i*-ten Schwingungsordnung |
| $\lambda$ | m | Wellenlänge |
| $\lambda_{\mathrm{B}}$ | m | Bragg-Wellenlänge |
| $\lambda_{\mathrm{B,Kreuz}}$ | m | Bragg-Wellenlänge der Kreuzkopplung |
| $\lambda_{\mathrm{B,Kreuz,min}}$ | m | Minimale Wellenlänge bei der Kreuzkopplung auftreten kann |
| $\lambda_{\mathrm{B,LP}lm}$ | m | Bragg-Wellenlänge einer spezifischen Mode |
| $\lambda_{\mathrm{LP01}}$ | m | Wellenlänge der $LP_{01}$ Mode |
| $\mu_0$ | N/A² | Magnetische Feldkonstante |
| $\eta_{\mathrm{Laser}}$ | | Optisch-optische Effizienz des Lasers |
| $\eta_{Wärme}$ | | Anteil der Pumpleistung der in Wärme umgewandelt wird |

| | | |
|---|---|---|
| $\rho$ | 1/m³ | Freie Ladungsträgerdichte |
| $\rho_i$ | | Gewichtungsfaktor der *i*-ten Mode |
| $\rho_V$ | | Verhältnisfaktor der Intensitäten von $LP_{11}$ und $LP_{01}$ Mode |
| $\rho_{\mathrm{x,y},i}$ | | Ortsabhängiger Leistungsanteil der *i*-ten Mode |
| $\Phi$ | | Azimutale Funktion |
| $\varphi$ | | Azimutale Koordinate |
| $\varphi_\mathrm{A}$ | | Maximaler Akzeptanzwinkel |
| $\varphi_\mathrm{E}$ | | Einstrahlwinkel in die Faser |
| $\varphi_{\mathrm{LP}_{11}/\mathrm{LP}_{01}}$ | | Verhältnis der Kopplungsterme zwischen $LP_{11}$ und $LP_{01}$ Mode |
| $\psi_m$ | | Langsam veränderliche Einhüllende des elektrischen Feldes |
| $\omega$ | 1/s | Kreisfrequenz |
| $\chi$ | | Elektrische Suszeptibilität |

# 1 Einleitung und Überblick

Laserstrahlquellen sind aufgrund der von ihnen erzeugten Laserstrahlung mit exzellenten räumlichen, spektralen sowie zeitlichen Eigenschaften eine zentrale Technologie, die nicht nur bestehende Anwendungen verbessert, sondern auch neue ermöglicht. Seit der Realisierung des Rubinlasers im Jahr 1960 wurden unterschiedlichste Laserkonzepte, beispielsweise basierend auf Gas-, Dioden- beziehungsweise Festkörperlasern entwickelt, um Applikationen in Anwendungsbereichen, wie der Materialbearbeitung, Medizintechnik, Messtechnik oder der Datenübertragung zu adressieren. Zum Erreichen hoher mittlerer Leistungen bei gleichzeitig exzellenter Strahlqualität hat sich vor allem der Faserlaser als zukunftsweisende Technologie herausgestellt. Seit dem Jahr 1990 ist die Ausgangsleistung von beugungsbegrenzten Faserlasern 20 Jahre lang exponentiell zugenommen, bis dieses Wachstum durch einen bei hohen Ausgangsleistungen signifikant werdenden thermischen, nichtlinearen Effekt, den transversalen Modeninstabilitäten, endete.

Um die Technologie Faserlaser weiterzuentwickeln und die Ausgangsleistung weiter zu skalieren, werden in dieser Arbeit zwei zentrale Ansätze untersucht:

1.: Durch die Variation der Kerngeometrie von Stufenindexfasern sollen Singlemode-Fasern entwickelt werden, in denen sowohl die Schwellleistungen nichtlinearer Effekte hoch sind als auch transversale Modeninstabilitäten unterdrückt sind (Abschnitt 4 und Abschnitt 5).

2.: Faser-Bragg-Gitter sollen zur Etablierung von komplett faserintegrierten Multimode-Faserresonatoren verwendet werden (Abschnitt 6). In einem solchen Resonator sind nichtlineare Effekte durch die hohe Anzahl an Moden unterdrückt und transversale Modeninstabilitäten haben aufgrund der ohnehin geringeren Strahlqualität einen vernachlässigbaren Einfluss. Dadurch können robuste Resonatoren mit hohen Ausgangsleistungen ermöglicht werden.

In Bild 1.1 ist die Vorgehensweise der folgenden Abschnitte dargestellt. In Abschnitt 2 werden der Stand der Technik und die daraus abgeleiteten Forschungsfragen vorgestellt und erläutert. In Abschnitt 3 werden die Grundlagen von Lichtleitfasern, Faserlasern, Faser-Bragg-Gitter, und die Simulationsmodelle dargestellt. In Abschnitt 4 werden Singlemode-Fasern mit rechteckiger Kerngeometrie analysiert. Zunächst werden theoretische Untersuchungen durchgeführt. Die zentralen Ergebnisse werden mithilfe von hergestellten Fasern experimentell nachgewiesen, wodurch die Simulation validiert wird. Zusätzlich zur Analyse der optischen Eigenschaften wird die Biegeempfindlichkeit unter Verwendung zusätzlicher Strukturen in der Faser analysiert. In Abschnitt 5 wird die validierte Simulation zur Entwicklung von Singlemode-Fasern mit ringförmiger Kerngeometrie verwendet. Dabei werden die modalen Eigenschaften von Singlemode-Fasern, sowie von Few-Mode Fasern erläutert und Anwendungsbeispiele einer solchen Faser diskutiert. Das in Abschnitt 4 experimentell validierte Konzept zur Beeinflussung der Biegeempfindlichkeit wird auf Fasern mit ringförmiger Kerngeometrie angewendet.

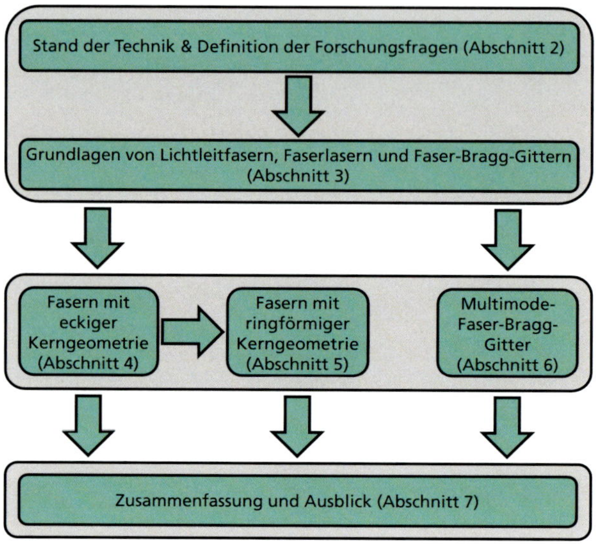


**Bild 1.1:** Vorgehensweise der folgenden Abschnitte innerhalb dieser Dissertation

In Abschnitt 6 wird der zweite Ansatz diskutiert: die Verwendung von Faser-Bragg-Gittern in Multimode-Fasern. Dazu werden zunächst die grundlegenden physikalischen Eigenschaften, Möglichkeiten zur Beeinflussung der Strahlqualität und Ansätze zur Herstellung von hochreflektierenden Multimode-Faser-Bragg-Gittern diskutiert. Mithilfe von ausgewählten, zentralen Experimenten werden die zuvor dargestellten theoretischen Erkenntnisse experimentell validiert. Abschließend werden aus den Ergebnissen resultierende Resonatorkonzepte vorgestellt und erläutert. In Abschnitt 7 werden abschließend die zentralen Ergebnisse zusammengefasst und mögliche, auf diese Dissertation folgende Schritte vorgestellt.

# 2 Stand der Technik und resultierende Forschungsfragen

## 2.1 Stand der Technik in Forschung und Industrie

Faserlaser sind sowohl im industriellen als auch im wissenschaftlichen Umfeld eine weit etablierte und universell einsetzbare Technologie. Seit der ersten Idee im Jahr 1961, eine Faser zur Selektion von Moden zu nutzen [1] hat sich der Umsatz von Faserlasern im industriellen Umfeld zu einem Multi-Milliarden US-Dollar Markt entwickelt [2], wobei Faserlaser einen Marktanteil von mehr als 50 % im Vergleich zu anderen Lasertypen haben. Optische Lichtleitfasern werden beispielsweise in den Bereichen Materialbearbeitung, Medizintechnik, Messtechnik und Kommunikationstechnik, sowohl zur Erzeugung als auch zum Transport von Strahlung verwendet. Der breite Anwendungsbereich kann unter anderem durch die vielen Möglichkeiten zur aktiven Dotierung des Fasermediums mit seltenen Erden, wie beispielsweise Ytterbium [3], Erbium [4], Thulium [5] oder Holmium [6] adressiert werden, wodurch Strahlung der in Bild 2.1 dargestellten Wellenlängen im nahen Infrarot direkt erzeugt werden kann. Abseits davon kann beispielsweise mithilfe von kaskadierten Raman-Faserlasern [7] Strahlung mit Wellenlängen außerhalb dieser Bereiche erzeugt werden. Für Wellenlängen im mittleren Infrarot werden in aktueller Forschung Fasern z.B. mit Übergangsmetallen dotiert [8] oder spezielle Fluoridgläser als Hostmaterial verwendet [9, 10], wodurch der Anwendungsbereich von Faserlasern durch die Erschließung neuer Wellenlängenbereiche weiter ausgebaut werden wird.

Neben diesen spektralen Eigenschaften ist die exzellente Strahlqualität eine weitere wichtige Eigenschaft des Faserlasers. In Singlemode-Fasern kann aufgrund der Geometrie nur eine einzige, zweifach entartete Mode propagieren. Durch diese intrinsische Eigenschaft ist die Beugungsmaßzahl, von typischerweise circa 1,05-1,3 für diese Art von Fasern ein grundlegender Parameter. Zusätzlich kann durch Faserdesigns, wie beispielsweise das PANDA-Design (Polarization-maintaining and absorption-reducing) [11], die Polarisation der Strahlung bei der Propagation durch die Faser erhalten bleiben.

Der Kerndurchmesser solcher Singlemode-Fasern liegt typischerweise im Bereich 6 - 10 µm, wodurch sich ein hohes Kernquerschnittsfläche-zu-Faseroberfläche Verhältnis ergibt. Daraus, sowie durch die typischen Resonatorlängen von einigen Metern, ergibt sich ein leicht anwendbares thermisches Management, wodurch thermische Einflüsse verringert werden können.

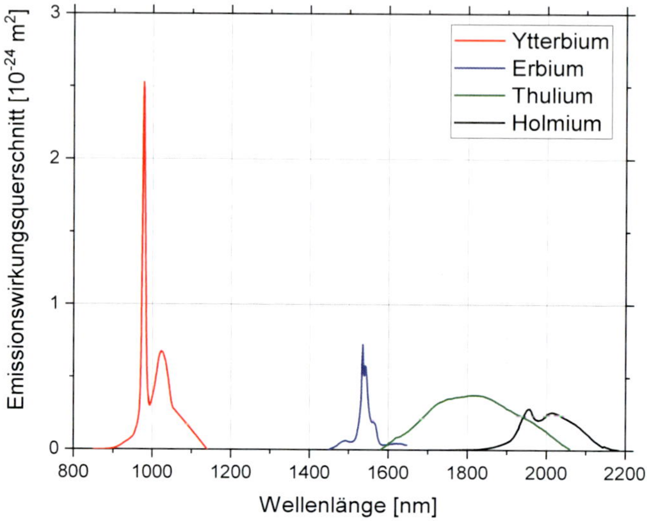


**Bild 2.1:** Emissionswirkungsquerschnitte von Ytterbium [3], Erbium [4], Thulium [5] und Holmium [6]

Aufgrund der aus den großen Resonatorlängen resultierenden, verteilten thermischen Last und der Möglichkeit, breitbandig zu verstärken, sind Faserlaser sowohl zur Erzeugung von hohen mittleren Leistungen im CW-Betrieb (Continuous-Wave) als auch von ultrakurzen Pulsen geeignet. Jedoch resultieren Skalierungsgrenzen in Form von nichtlinearen Effekten in der Faser zum Beispiel aus großen Intensitäten der Strahlung in der Faser, beziehungsweise aus großen Faserlängen und den daraus resultierenden großen Wechselwirkungslängen zwischen Strahlung und Medium.

Für CW-Faserlaser sind vor allem die stimulierte Raman-Streuung (SRS) und die stimulierte Brillouin-Streuung (SBS) leistungslimitierende Effekte. Die Schwellleistung dieser Effekte kann durch eine geringere Faserlänge, sowie eine größere Modenfeldfläche erhöht werden. Dies kann unter anderem durch die Entwicklung neuer Faserdesigns mit größeren Modenfeldflächen realisiert werden. Weitere Möglichkeiten zur Unterdrückung der SBS sind beispielsweise das Einbringen von Temperaturgradienten zur Variation des Verstärkungskoeffizienten der SBS [12, 13], Co-Dotierung mit weiteren Elementen zur Verringerung des optisch-akustischen Überlapps [14] oder die Variation der Faserparameter innerhalb des Faserlasers in Form von ortsabhängigen Modulationen [15] beziehungsweise eines Fasertapers [16]. Weiterhin kann die SRS auch durch langperiodische Faser-Bragg-Gitter unterdrückt werden [17], die Gemeinsamkeit all dieser Ansätze ist jedoch, dass entweder die Komplexität der Faser selbst oder des Lasersystems erhöht werden muss.

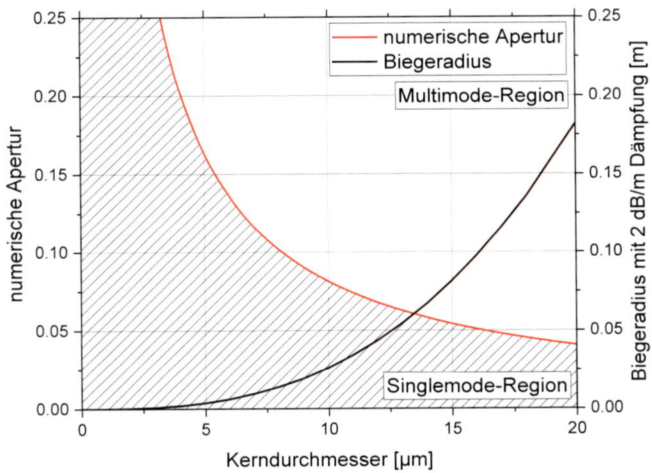


**Bild 2.2:** Singlemode-, beziehungsweise Multimode-Region von zylindersymmetrischen Stufenindexfasern in Abhängigkeit von der numerischen Apertur und dem Kerndurchmesser, und Biegeradius bei dem die Dämpfung 2 dB/m beträgt, für die Singlemode-Fasern mit größtmöglichen Kerndurchmesser bei der jeweiligen numerischen Apertur

In klassischen, zylindersymmetrischen Stufenindex Singlemode-Fasern ist der maximal mögliche Kerndurchmesser abhängig von der numerischen Apertur. Über die normierte Frequenz sind diese beiden Größen reziprok proportional zueinander, was in Abschnitt 3.2 und Formel (3.9) erläutert wird. Durch diesen Zusammenhang ergibt sich für eine gewählte numerische Apertur ein maximal möglicher Kerndurchmesser, wie in Bild 2.2 durch die rote Linie dargestellt. Die numerische Apertur selbst ist zum einen technisch limitiert, zum anderen ist die Biegeempfindlichkeit von Fasern mit niedrigen numerischen Aperturen größer. Zur Illustration ist dazu in Bild 2.2 jeweils für die Singlemode-Fasern mit dem größtmöglichen Kerndurchmesser in Abhängigkeit von der numerischen Apertur exemplarisch der Biegeradius aufgetragen, bei dem die Dämpfung 2 dB/m beträgt, welcher mithilfe der in Abschnitt 3.10 erläuterten Formel (3.52) berechnet wird. Für niedrigere numerische Aperturen steigt die Biegeempfindlichkeit an, wodurch die Praktikabilität der Fasern eingeschränkt wird.

Um die Modenfeldfläche der $LP_{01}$-Grundmode weiter zu erhöhen, kann die Singlemode-Bedingung aufgegeben und zu Fasern mit wenigen transversalen Moden übergegangen werden, sogenannten Few-Mode Fasern (FMF). In diesen kann mehr als eine, zweifach entartete Mode geführt werden ist. Für diese Art von Fasern wird der Kerndurchmesser bei konstanter numerischer Apertur weiter erhöht, wodurch sich die Modenfeldfläche der Grundmode weiter erhöht. Um dennoch den Singlemode-Betrieb in diesen Fasern zu gewährleisten, kann die Propagation von Moden höherer transversaler Ordnung innerhalb dieser Fasern unterdrückt werden. Dies kann beispielsweise durch die Biegung der Faser auf definierte Biegeradien realisiert werden, wodurch die Moden höherer transversaler Ordnung stärker gedämpft werden als die Grundmode [18, 19]. Andere Möglichkeiten zur Unterdrückung von Moden höherer transversaler Ordnung sind zum Beispiel eine ortsabhängige aktive Dotierung [20] oder die Verwendung von zusätzlichen optischen Komponenten innerhalb des Lasersystems, wie beispielsweise eines Fasertapers [21].

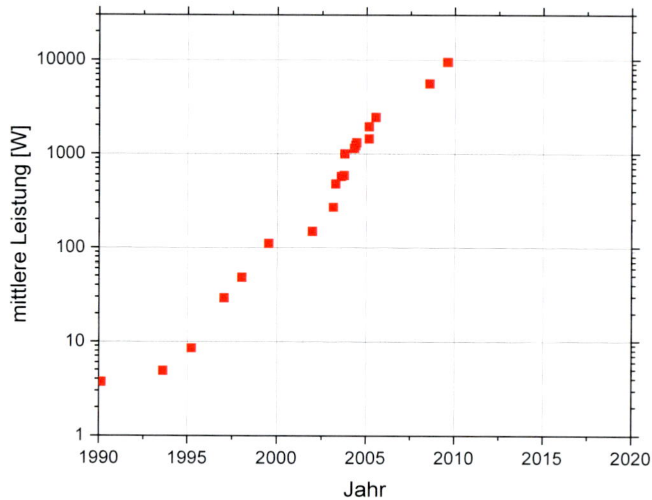


**Bild 2.3:** Maximal realisierte mittlere Leistungen von beugungsbegrenzen Faserlasern in Abhängigkeit vom Jahr der Publikation. Nachempfunden nach [22, 23]

Unter anderem durch diese vorgestellten Lösungsansätze haben sich die Rekord-Ausgangsleistungen von Faserlasern stetig weiterentwickelt. Zur Untersuchung der maximal erreichbaren Ausgangsleistung von Faserverstärkern wurde im Jahr 2008 eine Analyse veröffentlicht [24]. Dabei wird der Einfluss der stimulierten Raman-Streuung, der thermischen Linse und der Pumpleistung von, zum damaligen Stand der Technik, typischen Diodenlasermodulen auf die Leistungsskalierbarkeit untersucht. Unter der Annahme, dass die Modenfelddurchmesser beliebig skaliert werden können, wurde eine maximal erreichbare Ausgangsleistung von 36 kW bestimmt. In Bild 2.3 sind dazu die maximal realisierten Ausgangsleistungen in Abhängigkeit von der Jahreszahl aufgetragen [22, 23]. Während im Jahr 1992 die Rekordleistung circa 1 W beträgt [25] , werden im Jahr 2009 für beugungsbegrenzte Faserlaser fast 10 kW erreicht [26, 27]. Das entspricht einem jährlichen Wachstum von ca. 2 dB [23], beziehungsweise einer mittleren Verdopplungszeit von circa 1,3 Jahren. Seit der Demonstration dieser Ausgangsleistung im Jahr 2009 wurde bisher kein beugungsbegrenzter Faserlaser mit höherer Ausgangsleistung publiziert. Dies ist auf das Auftreten eines neuen leistungslimitierenden Effekts, den transversalen Modeninstabilitäten (TMI) zurückzuführen. Beim Auftreten von TMI entsteht eine zeitliche Variation der Strahlqualität der aus Fasern mit mehr als einer führbaren Mode emittierten Strahlung, wodurch die Robustheit des Singlemode-Betriebs stark beeinträchtigt wird [28, 29]. Dadurch beschränken nicht mehr nur die klassischen nichtlinearen und thermischen Effekte die Ausgangsleistung von beugungsbegrenzten Faserlasern.

Seit ihrer Entdeckung werden TMI in vielen Forschungsgruppen untersucht und sind Stand aktueller Forschung [30, 31]. Während zwischen den vorgestellten Modellen geringe Unterschiede bestehen, wie beispielsweise der Notwendigkeit eines Frequenzunterschiedes zwischen den Moden [30, 32], gibt es grundlegende Übereinstimmungen: In einer Faser mit mehr als einer führbaren Mode befinden sich immer kleine Leistungsanteile der Strahlung in einer transversalen Mode höherer Ordnung. Durch die Interferenz zwischen der Grundmode und dieser in der Faser geführten Mode höherer transversaler Ordnung, entwickelt sich aufgrund der unterschiedlichen Ausbreitungskonstanten der beiden Moden in der Faser ein ortsabhängiges Interferenzmuster. In einer aktiv-dotierten Faser entsteht durch dieses Interferenzmuster ein ortsabhängiges Inversionsmuster, welches in einer thermisch induzierten örtlichen periodischen Brechungsindexvariation resultiert. Zusätzlich zu dieser thermischen Brechungsindexänderung entsteht aufgrund des Photodarkening in der Faser eine weitere Wärmequelle [33]. Die Periodizität der Brechungsindexänderungen kann, aufgrund der Interferenz zwischen den beiden Moden, der Bragg-Wellenlänge zur Kopplung der beiden Moden entsprechen, wodurch die Kopplung zwischen der Grundmode und der nächsthöheren Mode transversaler Ordnung ermöglicht wird. Zusätzlich zum Auftreten des Gitters muss eine Phasendifferenz zwischen dem Interferenzmuster und dem thermisch induziertem Gitter auftreten, um TMI zu ermöglichen [31]. Für Faserdesigns mit einer normierten Frequenz, beziehungsweise V-Zahl größer als 4 konnte eine Heizlast von 34 W/m identifiziert werden, ab der transversale Modeninstabilitäten auftreten [34]. Das Modell wird jedoch für Fasern mit normierten Frequenzen kleiner als 3,5 ungenau und sollte für solche Fasern nicht verwendet werden.

Aufgrund dieses Effektes kann die Strahlqualität der von Faserlasern emittierten Strahlung in mehr-modigen Fasern in Abhängigkeit von der Leistung durch die transversalen Modeninstabilitäten beeinflusst werden. Möglichkeiten zur Unterdrückung von TMI sind unter anderem die Entwicklung von neuen Singlemode-Fasern, in denen die Propagation von Moden höherer transversaler Ordnung weitgehend unterdrückt ist, unterschiedliche Pumpstrategien, wie die zeitliche Variation der Pumpleistung [35] oder die Verringerung des Quantendefektes, beziehungsweise der räumlichen Verteilung der thermischen Last durch Variation der Pumpwellenlänge [27, 36]. In Analysen, in denen im Vergleich zu früheren Untersuchungen [24], nach deren Entdeckung nun auch TMIs betrachtet werden, wird in Abhängigkeit von den gewählten Faserparametern und dem Verstärkerkonzept eine maximal erreichbare Ausgangsleistung im Bereich von 25 kW bis 85 kW bestimmt [37].

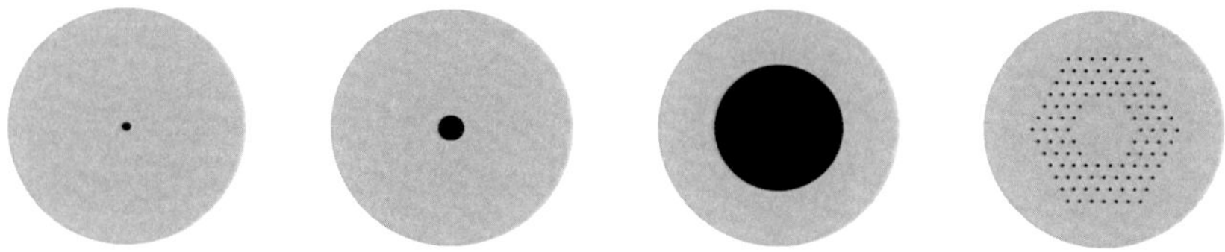


**Bild 2.4:** Maßstabsgetreue Querschnitte Singlemode-Faser mit einem Kerndurchmesser von 6 µm, einer Few-Mode Faser mit einem Kerndurchmesser von 20 µm, einer Multimode-Faser mit einem Kerndurchmesser von 105 µm und einer Photonic Crystal Faser [38] mit einem Manteldurchmesser von 200 µm

Neben klassischen Stufenindexfasern gibt es viele Ansätze zur Skalierung der Ausgangsleistung, welche auch auf anderen Strahlführungskonzepten basieren. Dazu gehören zum Beispiel Chirally-Coupled-Core Fasern (CCC-Faser) [39], Photonic-Bandgap Fasern (PB-Faser) [40], Leakage-Channel Fasern (LC-Faser) [41], Index-Guiding Photonic Crystal Fasern (PC-Faser) [38] oder Large-Pitch Fasern (LP-Faser) [42]. Zum reinen Transport von Leistung werden beispielsweise Hollow-Core Photonic-Bandgap-fibers [43] oder Negative Curvature fibers [44] verwendet, in denen der Kern mit Luft oder einem speziellen Gas, zur Verringerung des nichtlinearen Koeffizienten gefüllt ist. Nachteile von Konzepten dieser Art können unter anderem eine hohe Biegeempfindlichkeit sein, wodurch Fasern zur grundlegenden Unterdrückung der Biegung in einer Rod-type Konfiguration verwendet werden müssen, die eingeschränkte Praktikabilität, da das Spleißen von Fasern dieser Art häufig nur erschwert möglich ist, die Verwendung aufwändigerer Herstellungsverfahren mit höheren Kosten oder die analog zu LMA-Fasern multimodigen Kerne, wodurch TMI nicht fundamental unterdrückt werden.

Zur weiteren Illustration sind in Bild 2.5 publizierte Kerndurchmesser für unterschiedliche Fasertypen und die daraus abgeleiteten Areale realisierbarer Kerndurchmesser für Hochleistungslaser in Abhängigkeit von dem jeweiligen Fasertyp dargestellt. Hierbei ist zu beachten, dass vor allem Fasern mit großen Kerndurchmessern nur noch in einer Rod-Type Konfiguration realisiert werden können, um die Biegeverluste zu einzuschränken. Für Singlemode-Faser ergibt sich dabei ein maximaler Kerndurchmesser von ca. 15 µm [45], während für FM-Fasern Kerndurchmesser von bis zu ca. 35 µm durch eine sehr niedrige numerische Apertur von 0,038 realisiert worden sind [46]. Für CC-Fasern, PB-Fasern und LC-Fasern wurden sehr ähnliche, maximale Kerndurchmesser von ca. 80 µm bis 85 µm realisiert [40, 41, 47]. Unter Verwendung von Index-Guiding PC-Fasern wurden maximale Kerndurchmesser von ca. 100 µm durch effektive Absenkung der numerischen Apertur demonstriert [48]. Die größten Kerndurchmesser von Ytterbium-dotierten Fasern zur Nutzung in einem Hochleistungsfaserlaser wurden bislang mithilfe von LP-Fasern erzielt. In einer Veröffentlichung wurde eine

Faser mit einem Kerndurchmessern von bis zu 135 µm beschrieben, welche zur Verstärkung eines ns-Pulses auf ca. 28,5 mJ genutzt wurde, was einer Pulsspitzenleistung von ca. 500 kW entspricht [49].

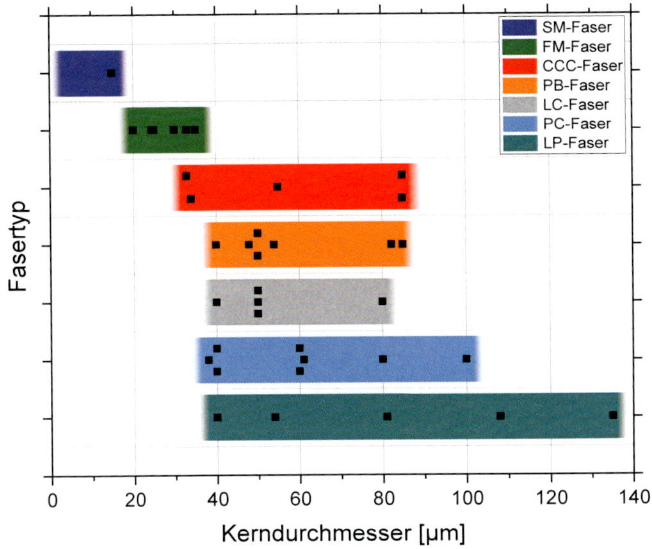


**Bild 2.5:** Im Rahmen von Veröffentlichungen publizierte Kerndurchmesser (schwarze Punkte) für Singlemode-Fasern (SM-Faser) [45], Few-Mode Fasern (FM-Faser) [46, 50–54], Chirally-Coupled-Core Fasern (CCC-Faser) [39, 47, 55–57], Photonic-Bandgap Fasern (PB-Faser) [40, 58–61], Leakage-Channel Fasern (LC-Faser) [41, 62–65], Index-Guiding Photonic Crystal Fasern (PC-Faser) [38, 48, 66–71] und Large-Pitch Fasern (LP-Faser) [49, 72, 73] und daraus abgeleitete Areale realisierbarer Kerndurchmesser für Hochleistungslaser für den jeweiligen Fasertyp

Während die vorher genannten Konzepte größtenteils auf zylindersymmetrischen Kerngeometrien basieren, gibt es im Stand der Technik Faserkonzepte, die auf abweichenden Kerngeometrien zur Verzerrung der Mode basieren. Dadurch können andere modale Strukturen als in zylindersymmetrische Fasern ermöglicht werden. Beispielsweise werden in Ribbon-Fasern rechteckige Kerngeometrien verwendet, wodurch die thermischen Effekte stark unterdrückt werden sollen [74, 75]. In diesem Konzept werden zylindersymmetrische Grundmoden mithilfe von diffraktiven optischen Elementen auf eine gewählte, in der Ribbon-Faser geführten Mode höherer transversaler Ordnung transformiert, die dann in dieser verstärkt wird. Nach der Faser wird diese Mode wieder transformiert, um die exzellente Strahlqualität wiederherzustellen. Nachteile dieses Verfahrens sind unter anderem die Leistungsverluste durch die Transformation der Mode und typischerweise die Notwendigkeit eines faserexternen Aufbaus. Bei der Verwendung einer solchen multimodigen Ribbon-Faser innerhalb eines Resonators kann durch die Verwendung von Volumen-Bragg-Gittern nur die Grundmode angeregt werden [76], dabei sind TMI aber nicht grundsätzlich unterdrückt. Zu Stufenindexfasern mit rechteckigen Kerngeometrien gibt es weitere Ansätze, bei denen es sich aber ebenfalls um keine Singlemode-Fasern handelt [77–80]. Durch die für Ribbon-Fasern gezeigten Vorteile zur Unterdrückung thermischer Effekte und dem zusätzlichen Freiheitsgrad in Form des Aspektverhältnisses, also dem Verhältnis von langer zu kurzer Seitenlänge, können sich insgesamt Vorteile gegenüber klassischen zylindersymmetrischen Fasern ergeben, wobei gleichzeitig die klassischen Herstellungsverfahren von Stufenindexfasern weiterverwendet werden können.

Eine andere Möglichkeit zur Skalierung der Ausgangsleistung durch Variation der modalen Struktur ist die Verwendung einer ringförmigen Kerngeometrie. Dabei wird durch ein zusätzliches niedrigbrechendes Medium im Inneren des Kerns die Mode so modifiziert, dass sich ein homogeneres Strahlprofil ergeben kann [81]. Dies wurde experimentell in mikrostrukturierten Fasern demonstriert [82, 83], dabei handelt es sich aber ebenfalls um keine Singlemode-Fasern, wodurch die TMI nicht grundsätzlich unterdrückt sind. In weiterführenden Few-Mode Faser Konzepten können sehr hohe Modenfeldflächen erzielt werden, dabei ist die Biegeempfindlichkeit jedoch so hoch, dass eine solche Art von Fasern nur in einer Rod-Konfiguration eingesetzt werden sollte [84]. Neben der Verwendung in Hochleistungsfaserlasern können Fasern mit ringförmiger Kerngeometrie größtenteils zur Datenübertragung in Form von Orbital-Angular-Momentum Moden [85] oder Mode-Division-Multiplexing [86] verwendet werden, was Stand aktueller Forschung ist.

Neben der Verwendung von einzelnen Faserlasern ist die Kombination mehrere Faserlaser ebenfalls geeignet, um Leistung passend zur Anwendung zu skalieren. Ansätze, bei denen die Strahlqualität nahezu erhalten bleibt, sind beispielsweise das kohärente Kombinieren mehrerer Faserlaser mithilfe der Polarisationseigenschaften [87] oder kohärentes Kombinieren mithilfe der Phasenbeziehung, wodurch mehr als 10 kW Ausgangsleistung erreicht werden können [88]. Diese Konzepte haben jedoch aufgrund ihrer vielen integrierten Komponenten und Laser sowie ihres nicht komplett faserintegrierten Aufbaus eine hohe Komplexität. Zusätzlich muss eine hohe Kontrolle der Phasenbeziehungen der Faserlaser zueinander sichergestellt sein.

Für Anwendungen, in denen die exzellente Strahlqualität des Singlemode-Faserlasers nicht benötigt wird, können Systeme mit Multimode-Fasern eine Alternative bieten. Konzepte mit den höchstmöglichen Ausgangsleistungen verwenden Faserkoppler zur Kombination der exzellenten Strahlqualität in Fasern geringerer Strahlqualität, wodurch CW-Leistungen von mehr als 100 kW erzielt werden können [89]. Während für diese Kombination Singlemode-Faserlaser als Quellen verwendet werden, können mit aktiv-dotierten Multimode-Fasern direkt höhere Leistungen als mit Singlemode-Faserlaser erreicht werden. Durch die hohe Anzahl von Moden ist der Einfluss nichtlinearer Effekte reduziert und der Einfluss transversaler Modeninstabilitäten hat bei einer ohnehin schon niedrigeren Strahlqualität einen vernachlässigbaren Einfluss. Mit einem solchen Konzept können Ausgangsleistungen aus einem einzelnen Resonator von mehr als 10 kW erreicht werden [90], wobei anstelle von Faser-Bragg-Gittern faserexterne hochreflektierende Spiegel zur Auskopplung und Rückkopplung der Strahlung aus und in den Resonator verwendet werden. Dadurch wird die Komplexität des Systems erhöht.

Faser-Bragg-Gitter (FBG) bestehen aus einer periodischen Modulierung des Brechungsindizes innerhalb der Faser. Dadurch können in einer Faser propagierende Moden bei einer definierten Wellenlänge, welche Bragg-Wellenlänge genannt wird, in rückwärtspropagierende Moden gekoppelt werden. In Abhängigkeit von den Parametern des FBGs können unter anderem die Wellenlänge, die Bandbreite und die Reflektivität angepasst werden. In Bild 2.6 ist das Prinzip eines FBGs zur Illustration dargestellt. In Abhängigkeit von den Parametern des FBGs (mittig) werden unterschiedliche spektrale Anteile der einfallenden Leistung (links oben) im FBG reflektiert (links unten), beziehungsweise transmittiert (rechts).

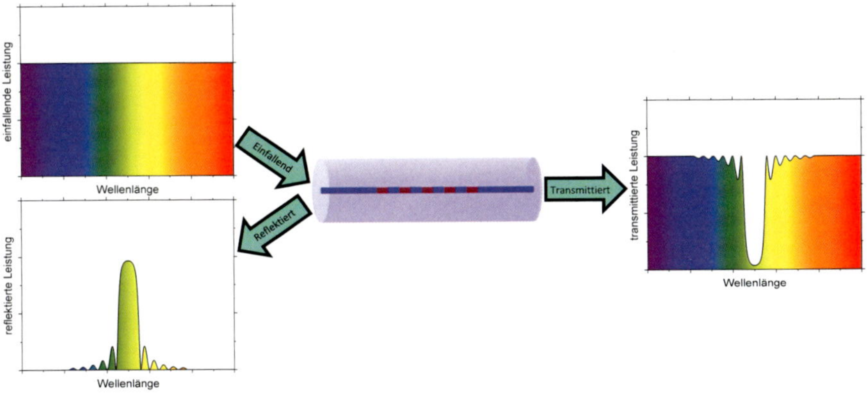


**Bild 2.6:** Modellbild eines Faser-Bragg-Gitters (mittig) und der Aufteilung der einfallenden Strahlung (links oben) in reflektierte (links unten) und transmittierte Strahlungsanteile (rechts)

Seit der ersten Vorstellung eines FBGs als faserintegrierten Reflektor [91] werden Singlemode-FBGs beispielsweise zum Aufbau von Faserresonatoren mit einer Ausgangsleistung bis zu 5 kW verwendet [92, 93]. Neben der Verwendung als eine Art faserintegrierter Resonatorspiegel können FBGs unter anderem zur Dispersionskompensation [94], zum Wellenlängen-Demultiplexing [95] oder zur Sensorik von Temperaturen oder Rissen verwendet werden [96, 97]. Grundlegende Parameter von FBGs sind beispielsweise die Länge des FBGs, welche nahezu beliebig zwischen einzelnen Millimetern bis zu einzelnen Metern variiert werden kann [91, 98–101] und die Größe der Brechungsindexänderung, welche typischerweise im Bereich von $10^{-4}$ – $10^{-5}$ liegt [102–105]. Vereinzelt können jedoch mithilfe spezieller Verfahren auch Brechungsindexänderungen in der Größenordnung von ca. $10^{-2}$ erreicht werden [106]. Durch zusätzliche Eigenschaften, wie die ortsabhängige Variation der Gitterkonstanten innerhalb des Gitters, was als Chirp bezeichnet wird [107] oder die Variation der ortsabhängigen Brechungsindexänderung [108], was als Apodisation bezeichnet wird, kann die spektrale Reflektivität passend zur Anwendung variiert werden.

Abseits der Verwendung von FBGs in Singlemode-Fasern gibt es Konzepte zur Anregung einzelner Moden höherer transversaler Ordnung in LMA-Fasern. Hierbei werden durch die Verwendung von zusätzlichen optischen Komponenten gezielt einzelne Moden höherer transversaler Ordnung angeregt. Dazu werden beispielsweise Polarisationscontroller [109, 110], Komponenten zum spektralen Filtern [111], zwei unterschiedlichen Fasern mit unterschiedlichen optischen Eigenschaften [112], oder die Kombination eines FBGs mit einem Volumen-Bragg-Gitter (VBG) [113] verwendet. Weiterhin können, durch die Verwendung von langperiodischen FBGs, Moden gezielt in einzelne andere Moden höherer transversaler Ordnung umgewandelt werden [114], was jedoch außerhalb des Resonators stattfindet. Ein Nachteil dieser Konzepte ist, dass zusätzliche optische Komponenten zur Anregung dieser einzelnen Moden höherer transversaler Ordnung verwendet werden müssen.

In Fasern mit mehr als nur einzelnen geführten Moden können FBGs zum Beispiel dazu genutzt werden, um gleichzeitige Emission von Strahlung mit beispielsweise bis zu zehn bestimmten Wellenlängen [115] zu ermöglichen. Andere Anwendungen sind die Wellenlängenstabilisierung [116–118] oder die Beeinflussung der spektralen Emissionsbandbreite [116, 119] von Diodenlasern, in denen zum Beispiel anstelle eines VBGs ein FBG zur Rückkopplung genutzt wird, wodurch die Komplexität des Systems verringert wird. Zum Aufbau von Multimode-Faserresonatoren wurden Auskoppelgitter mit einer Reflektivität von ca. 10 % demonstriert [120]. Mithilfe eines solchen FBGs konnte eine Wellenlängenstabilisierung in einem Multimode-Faserresonator mit einer Ausgangsleistung von 8 kW demonstriert werden [121]. Die Validierung eines hochreflektierenden Gitters wurde vorgestellt [122], dabei werden jedoch keine umfassenden Parameterstudien, Skalierungsgrenzen oder Möglichkeiten zur Verbesserung der Strahlqualität von Multimode-Faserlasern dargestellt.

## 2.2 Zielsetzung, Aufgabenstellung und Vorgehensweise

Wie in Abschnitt 2.1 dargestellt, ist die Ausgangsleistung von Faserlasern mit beugungsbegrenztem Strahlprofil ist unter anderem durch nichtlineare Effekte, wie stimulierte Raman-Streuung, stimulierte Brillouin-Streuung, und transversale Modeninstabilitäten, sowie thermische Effekte, wie die thermische Linsenwirkung limitiert. Zur Unterdrückung nichtlinearer Effekte kann die Modenfeldfläche der Mode erhöht, beziehungsweise die Länge der Faser verringert werden. Für klassische, zylindersymmetrische Singlemode-Stufenindexfasern ergeben sich jedoch Grenzen der Skalierung, z.B. durch die technische Limitierung der numerischen Apertur der Faser und durch die steigende Biegeempfindlichkeit bei einer geringeren numerischen Apertur der Faser. Durch die Vergrößerung der Querschnittsfläche des Faserkerns über die Singlemode-Bedingung hinaus kann die Modenfeldfläche der Grundmode weiter erhöht werden. Dadurch erhöht sich aber die Anzahl der in der Faser führbaren Moden, wodurch transversale Modeninstabilitäten als neue Leistungslimitierung auftreten können. Daraus ergibt sich die erste Forschungsfrage:

Kann durch von der klassischen Zylindersymmetrie abweichende Kerngeometrien die Schwellleistung für das Einsetzen nichtlinearer Effekte von Singlemode-Faserlasern weiter erhöht werden?

Zur Beantwortung dieser Forschungsfrage sollen im Rahmen dieser Arbeit Singlemode-Fasern mit von der klassischen, zylindersymmetrischen Kerngeometrien abweichenden Kerngeometrien untersucht werden. Dadurch soll sowohl das Auftreten der transversalen Modeninstabilitäten unterdrückt werden als auch gleichzeitig am Stufenindexfaser-Konzept festgehalten werden, um etablierte Fertigungsverfahren nutzen zu können.

Wie zuvor vorgestellt ändert sich durch die abweichende Kerngeometrie die modale Verteilung innerhalb des Faserkerns, wodurch die realisierbare Ausgangsleistung weiter skaliert werden soll. Dabei sollen sowohl für rechteckige Kerngeometrien als auch für ringförmige Kerngeometrien Parameter gefunden werden, unter welchen die Singlemode-Eigenschaft dieser Fasertypen erhalten bleibt. Das Ziel ist es, eine Kerngeometrie zu entwickeln, in welcher nur die Grundmode mit einer möglichst großen Modenfeldfläche geführt wird und gleichzeitig eine möglichst hohe Kernquerschnittsfläche aufweist, um die Faserlänge von aktiv-dotierten Fasern möglichst kurz zu halten und dadurch nichtlineare Effekte zu unterdrücken.

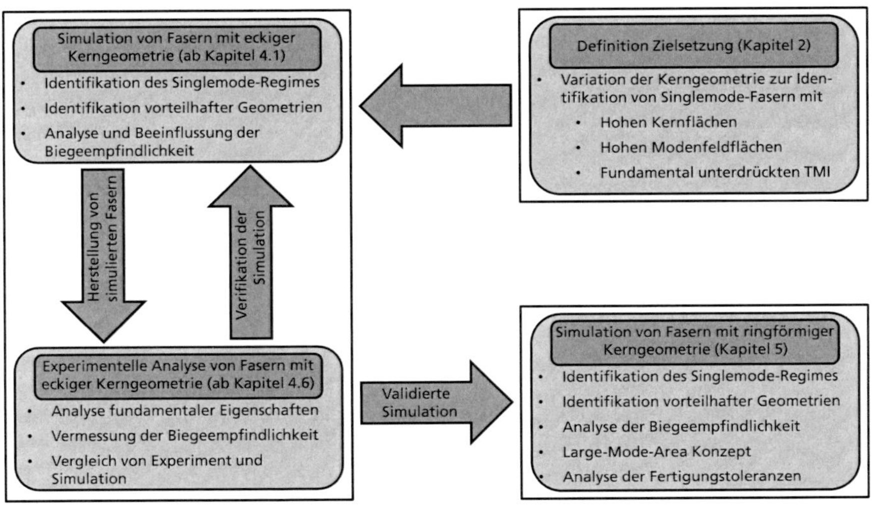


**Bild 2.7:** Vorgehensweise zur Untersuchung der Eigenschaften von Fasern mit eckiger, beziehungsweise ringförmiger Kerngeometrie

In Bild 2.7 ist die Vorgehensweise zur Untersuchung der Eigenschaften von Fasern mit eckiger, beziehungsweise ringförmiger Kerngeometrie, zur Beantwortung der zuvor formulierten Forschungsfrage dargestellt. Zunächst werden Fasern mit rechteckiger Kerngeometrie theoretisch und daraufhin experimentell untersucht. Zur Simulation werden das am Fraunhofer Institut für Lasertechnik (ILT) entwickelte Software-Paket

*SEMSIS* [123], sowie weitere in der vorliegenden Arbeit entwickelte Simulations-Software verwendet. Zunächst wird in Abhängigkeit der Aspektverhältnisses, also dem Verhältnis zwischen kurzer und langer Seite der Rechteckgeometrie, und der numerischen Apertur die größtmögliche Kernquerschnittsfläche gesucht, bei der die Singlemode-Bedingung für Fasern dieser Art noch erfüllt ist. Für diese Fasern werden die modalen Eigenschaften, mit denen einer zylindersymmetrischen Faser mit gleicher numerischer Apertur verglichen, um dieselbe zugrundeliegende technische Limitierung in beiden Fällen abzubilden. Zur Validierung der Simulation werden, im Rahmen eines am ILT durchgeführten Projektes, von einem Projektpartner hergestellte Fasern experimentell analysiert. Dabei wird neben den modalen Eigenschaften auch die Biegeempfindlichkeit in Simulation und Experiment analysiert und verglichen, um Informationen über die Praktikabilität der Fasern zu erhalten. Zusätzlich wird ein Konzept zur Eindämmung der Biegeempfindlichkeit mithilfe zusätzlicher in der Faser verwendeten Strukturen theoretisch analysiert und experimentell validiert.

Mit der anhand der experimentellen Ergebnisse validierten Software, werden daraufhin Fasern mit ringförmiger Kerngeometrie untersucht. Analog zu den Fasern mit rechteckiger Kerngeometrie werden Kerngeometrien gesucht, welche nur eine Mode führen. Ziel ist es, dass diese Mode eine möglichst große Modenfeldfläche hat, wobei gleichzeitig die Fläche der Kerngeometrie möglichst groß sein soll. Die für diese Kerngeometrien resultierenden nichtlinearen Schwellen werden mit denen einer klassischen, zylindersymmetrischen Singlemode-Faser verglichen, um das Skalierungspotential der ringförmigen Kerngeometrie aufzuzeigen. Zusätzlich werden Untersuchungen zur Biegeempfindlichkeit, in Abhängigkeit von den Faserparametern, und zusätzlich zur Verzerrung der Mode unter einem angelegten Biegeradius untersucht. Weiterhin wird ein Few-Mode Faser Konzept analysiert, wodurch die Leistung weiter skaliert werden könnte, solange die nichtlinearen Effekte und nicht die transversalen Modeninstabilitäten für diese spezielle Kerngeometrie die Hauptursache der Leistungslimitierung sind. Abschließend werden die nötigen Fertigungstoleranzen einer solchen Faser analysiert.

Neben beugungsbegrenzten Faserlasern können Multimode-Faserlaser genutzt werden, um hohe mittlere Leistungen bei niedrigerer Strahlqualität zu erzielen. Nach dem Stand der Technik werden Multimode-Faserlaser mithilfe von faserexternen Spiegeln, anstelle von faserintegrierten Faser-Bragg-Gittern realisiert, was die Komplexität des Gesamtsystems erhöht. Weiterhin wird die Strahlqualität der emittierten Strahlung durch die Faserstruktur bestimmt. Daraus ergibt sich die zweite Forschungsfrage:

> Wie können hochreflektierende Faser-Bragg-Gitter in hoch multimodigen Fasern zur Realisierung von faserintegrierten Multimode-Faserresonatoren ermöglicht werden?

In Fasern mit wenigen transversalen Moden kann die Strahlqualität des Resonators mithilfe eines FBGs und zusätzlichen optischen Komponenten beeinflusst werden.

Dies ist jedoch beim aktuellen Stand der Technik nicht ohne zusätzliche optische Komponenten möglich. Für möglichst kompakte Lasersysteme mit möglichst hohen Effizienzen wäre es vorteilhaft, diese Beeinflussung mithilfe einer einzelnen, optischen Komponente zu ermöglichen. In der Literatur gibt es bisher keine Veröffentlichungen zur Beeinflussung der Strahlqualität von hochgradig multimodigen Faserlasern. Daraus ergibt sich die dritte Forschungsfrage:

> Kann die Strahlqualität von Faserresonatoren mithilfe von Faser-Bragg-Gittern beeinflusst werden?

Zusammenfassend soll daher im Rahmen dieser Arbeit basierend auf Forschungsfrage 2 untersucht werden, ob die Realisierung von komplett faserintegrierten Multimode-Faserlasern möglich ist. Weiterhin sollen zur Beantwortung von Forschungsfrage 3 Konzepte zur Beeinflussung der Strahlqualität von Multimode-Faserlasern auf Grundlage des FBGs vorgestellt werden.

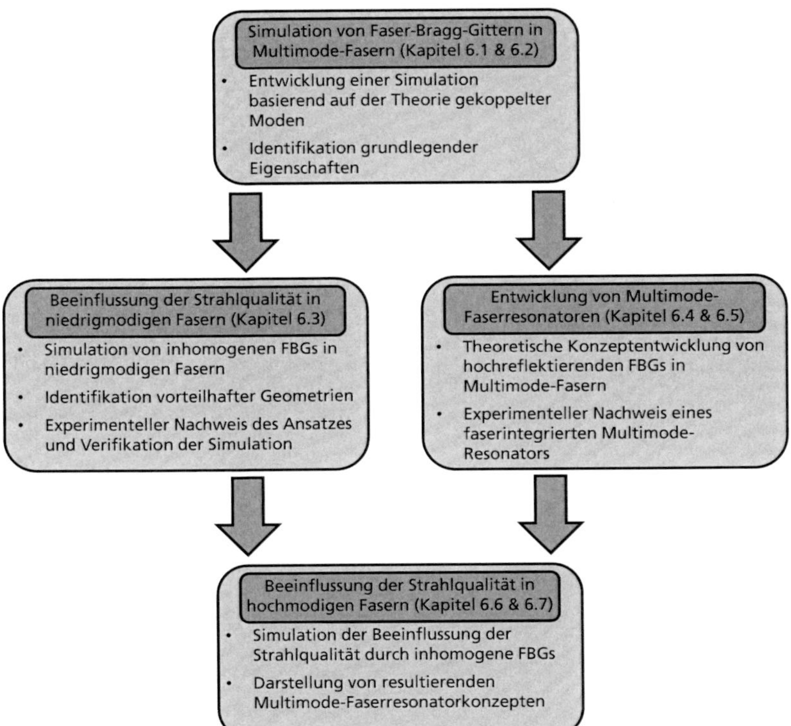


**Bild 2.8:** Vorgehensweise zur Untersuchung der Eigenschaften von Multimode-Faser-Bragg-Gittern

In Bild 2.8 ist die Vorgehensweise zur Beantwortung der Forschungsfragen 2 und 3 dargestellt. Zunächst wird eine numerisches Modell von Multimode-FBGs auf Basis der Theorie gekoppelter Moden entwickelt und implementiert, auf dessen Grundlage die fundamentalen Unterschiede zwischen Singlemode- und Multimode-FBGs herausgearbeitet werden. Auf Basis dieser Ergebnisse wird ein theoretisches Konzept zur Anregung einzelner Moden höherer transversaler Ordnung erarbeitet und durch experimentelle Ergebnisse untermauert. Um komplett faserintegrierte Multimode-Faserresonatoren zu ermöglichen, wird ein Konzept zur Erzeugung von hochreflektierenden Multimode-FBGs, in Abhängigkeit von den Faserparametern dargestellt und experimentell validiert. Das Konzept zur Beeinflussung der Strahlqualität wird auf Multimode-FBGs übertragen, um die aus einem Multimode-Faserresonator emittierte Strahlqualität zu verbessern. Abschließend werden, basierend auf diesen Ergebnissen, mehrere theoretische Möglichkeiten zum Aufbau von komplett faserintegrierten Multimode-Faserlasern, unter Berücksichtigung der Verbesserung der Strahlqualität vorgestellt.

# 3 Grundlagen von Lichtleitfasern und Faserlasern

In diesem Abschnitt werden die zum Verständnis der folgenden Abschnitte nötigen Grundlagen, sowie die zugehörigen Modelle vorgestellt. Dabei wird zunächst auf die Grundlagen von Fasern und die Methodiken zur Bestimmung der Eigenmoden eingegangen. Darauffolgend werden Skalierungsgrenzen, wie nichtlineare und thermische Effekte beleuchtet und auf die Relevanz dieser für die innerhalb der weiteren Abschnitte dargestellten Faserdesigns eingeordnet. Abschließend wird die Theorie gekoppelter Moden zusammen mit Faser-Bragg-Gittern dargestellt.

## 3.1 Optische Stufenindexfasern und Faserlaser

Die grundsätzliche Struktur einer Stufenindexfaser besteht im Allgemeinen aus drei unterschiedlichen Schichten: Dem Kern, dem Mantel und dem Coating. In Bild 3.1 ist die typische Struktur einer solchen Stufenindexfaser dargestellt. Während der Kern und der umgebende Mantel zumeist aus einem hochtransparenten Medium wie Quarzglas mit zusätzlichen Dotierungen zur Erlangung der gewünschten optischen Eigenschaften bestehen, kann das Coating beispielsweise durch eine Kunststoffschicht realisiert werden. Je nach Anwendungsbereich der Faser können zusätzliche Strukturen implementiert werden, um beispielsweise die mechanische Stabilität der Faser zu beeinflussen.

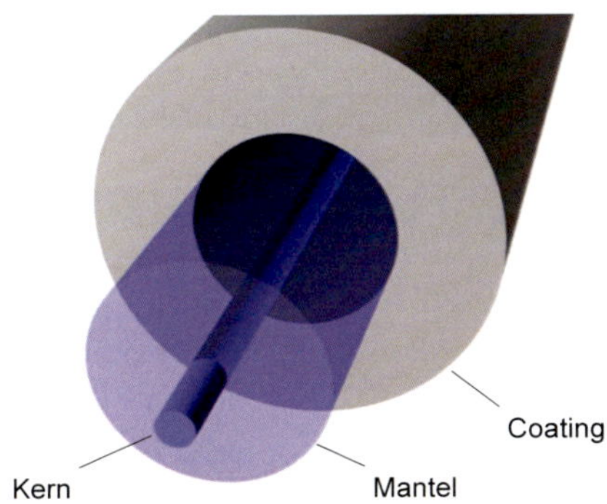


**Bild 3.1:** Modellbild einer klassischen, zylindersymmetrischen Stufenindexfaser

Die Strahlführung innerhalb einer Stufenindexfaser basiert im geometrisch-optischen Modell auf dem Prinzip der Totalreflexion an dielektrischen Grenzflächen. Für einen Faserkern mit dem Brechungsindex $n_{\mathrm{Kern}}$ und einem umgebenden Fasermantel mit dem Brechungsindex $n_{\mathrm{Mantel}}$ ergibt sich aus dem Brechungsgesetz von Snellius die numerische Apertur

$$NA = n_0 \sin \varphi_{\mathrm{A}} = \sqrt{n_{\mathrm{Kern}}^2 - n_{\mathrm{Mantel}}^2} \tag{3.1}$$

des Faserkerns, welche den Sinus des maximalen Akzeptanzwinkels $\varphi_{\mathrm{A}}$ beschreibt, unter dem in den Faserkern einfallende Strahlung mittels Totalreflexion im Faserkern geführt werden kann. Dabei ist $n_0$ der Brechungsindex des umgebenden Mediums. In Bild 3.2 ist das Prinzip dieser Strahlführung für drei Strahlen und für ein Coating mit einem höheren Brechungsindex $n_{\mathrm{Coating}}$ als dem des Mantels dargestellt: Bis zum Überschreiten des maximalen Akzeptanzwinkels $\varphi_{\mathrm{A}}$ kann die Strahlung im Faserkern geführt werden. Für größere Einstrahlwinkel $\varphi_{\mathrm{E}}$ kann die Strahlung nicht mehr im Kern geführt werden.

Zusätzlich zur Strahlführung im Kern ist es in vielen Faserlasersystemen vorteilhaft, Strahlung im Fasermantel zu führen. Analog zur Strahlführung im Kern muss sich zur Strahlführung im Mantel ein Medium mit einem niedrigeren Brechungsindex $n_{\mathrm{Coating}}$ um diesen befinden, was in der Praxis zumeist durch eine Kunststoffbeschichtung oder eine zusätzliche Glasschicht realisiert wird. Eine solche Faser wird in den folgenden Abschnitten als Doppelmantelfaser, beziehungsweise als Double-Clad-Faser bezeichnet.

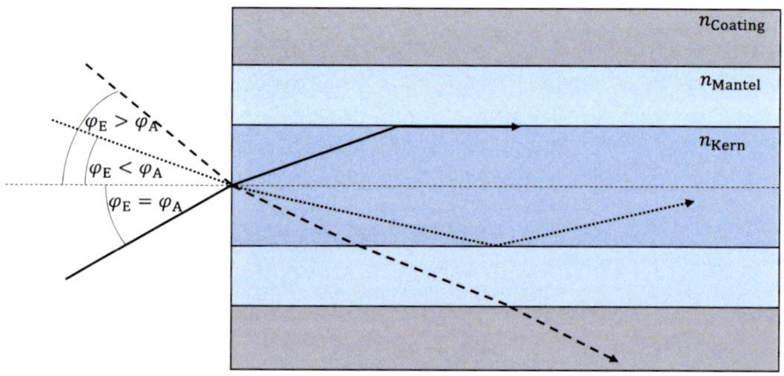


**Bild 3.2:** Modellbild der Strahlführung mit $n_{\mathrm{Coating}} > n_{\mathrm{Mantel}}$ innerhalb einer Stufenindex-Faser

In konventionellen Stufenindex-Lichtleitfasern, welche zur Erzeugung oder zur Verstärkung von Strahlung verwendet werden, ist typischerweise der Faserkern mit laseraktiven Elementen dotiert. Dabei werden zusätzlich zum Quarzglas und anderen Elementen, welche zur Anpassung des Brechungsindex verwendet werden können, typischerweise seltene Erden, wie Ytterbium [3], Erbium [4], Thulium [5] oder Holmium [6] verwendet. Durch die Verwendung einer weiteren Strahlquelle als Pumplaser können die laseraktiven Elemente im Kern angeregt und dadurch zur Erzeugung, beziehungsweise zur Verstärkung von Strahlung mittels stimulierter Emission verwendet werden.

Der Kerndurchmesser $d_{\mathrm{Kern}}$ von konventionellen Singlemode-Stufenindexfasern für Strahlung mit Wellenlängen um 1064 nm beträgt 6-10 µm. Beim Kernpumpen, also bei Einstrahlung der Pumpstrahlung allein in den Faserkern, können nur Strahlquellen mit einer ebenso exzellenten Strahlqualität wie die der Faser verwendet werden, was zum Beispiel beim Pumpen von Holmium-dotierten Faserverstärkern mithilfe der von Thulium-dotierten Faserlasern emittierten Strahlung praktiziert wird [124, 125]. Die maximal erreichbare Leistung von Faserlasern bei der Verwendung des Prinzips des Kernpumpens ist demnach stark abhängig von der Verfügbarkeit hochbrillanter Pumplaser. Um diese technische Limitierung zu umgehen können die zuvor beschriebenen Doppelmantelfasern mit einem laseraktiv dotierten Faserkern verwendet werden: Aufgrund des Überlapps zwischen Kernquerschnittsfläche und Mantelquerschnittsfläche kann die in den Mantel eingestrahlte Pumpstrahlung mit geringerer Strahlqualität im Kern absorbiert werden und dort zur Erzeugung, beziehungsweise zur Verstärkung von Strahlung genutzt werden. Ein Modellbild einer solchen, mantelgepumpten Faser ist in Bild 3.3 dargestellt. Die von rechts oben, in Hellblau dargestellte, eingestrahlte Pumpstrahlung wird entlang der Faserlänge im Kern absorbiert, während die in Gelb dargestellte Signalstrahlung aus dem Kern emittiert wird.

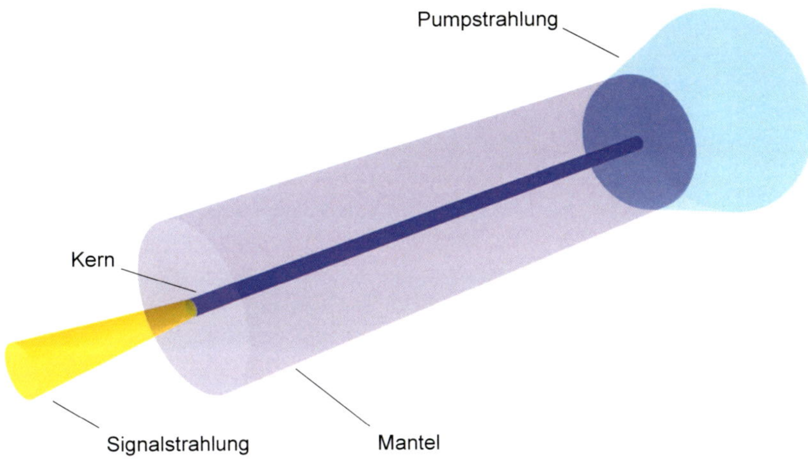


**Bild 3.3:** Modellbild einer Doppelmantel-Stufenindexfaser mit Darstellung von Pumpstrahlung und Signalstrahlung

Durch die Etablierung dieser Doppelmantelfasern können Strahlquellen mit niedrigerer Strahlqualität, aber dennoch hoher Leistung zum Pumpen von Faserlasern verwendet werden. Dadurch können typischerweise auch Diodenlasermodule als Pumplaser verwendet werden. Der Manteldurchmesser $d_{\mathrm{Mantel}}$ kann dabei nahezu beliebig gewählt werden, um für Strahlung niedriger Strahlqualität dennoch Strahlführung zu ermöglichen und diese effizient im Kern zu absorbieren. Für große Manteldurchmesser verringert sich jedoch das Verhältnis von Kern- zu Mantelfläche, wodurch sich die für eine hinreichend hohe Absorption der Pumpstrahlung nötige Faserlänge erhöht. Manteldurchmesser von konventionellen Singlemode-Fasern liegen typischerweise im Bereich von 100 µm bis 400 µm.

## 3.2 Moden in zylindersymmetrischen optischen Stufenindex-Fasern

Während das geometrisch-optische Modell zur Beschreibung von Fasern mit einer sehr großen Anzahl von Moden repräsentative Ergebnisse liefern kann, kann dieses bei Faserkerndurchmessern in der Größenordnung der Wellenlänge $\lambda_0$ der Strahlung nicht mehr verwendet werden. Als Alternative kann ein wellenoptischer Ansatz genutzt werden. In diesem Ansatz wird im Fall schwacher Strahlführung die Helmholtz-Gleichung verwendet, wodurch sich aufgrund der radialen Symmetrie für den radialen Anteil eine Gleichung in der Form [126]

$$r^2 \frac{\mathrm{d}^2 E_m}{\mathrm{d}r^2} + r\frac{\mathrm{d}E_m}{\mathrm{d}r} + \left[\left(k_0^2 n^2 - \beta_{l,m}^2\right)r^2 - l^2\right] \cdot E_m = 0 \tag{3.2}$$

und für den azimutalen Anteil in der Form

$$\frac{\mathrm{d}^2 \Phi(\varphi)}{\mathrm{d}\varphi^2} + l^2 \Phi(\varphi) = 0 \tag{3.3}$$

ergeben. Dabei steht $E_m$ für die $m$-te Komponente des elektrischen Felds, $\Phi(\varphi)$ für die azimutale Funktion, $r$ für die radiale Position, $\varphi$ für die azimutale Koordinate, $k_0$ für die Wellenzahl, $l$ für die azimutale Ordnung und $\beta_{l,m}$ für die Ausbreitungskonstante mit der radialen Ordnung $m$, welche im Folgenden ohne Indizes als Ausbreitungskonstante $\beta$ bezeichnet wird. Als Eigenlösung dieser Gleichung, wobei Strahlungsmoden nicht betrachtet werden, können für ein gewähltes dielektrisches System und eine gewählte Wellenlänge $\lambda$ nur diskrete Werte von $\beta$, beziehungsweise resultierende räumliche Verteilungen bestimmt werden. Diese werden im Folgenden als Eigenmode oder Mode bezeichnet. Im Fall einer klassischen zylindersymmetrischen Faser können die Moden als linear polarisierte $LP_{l,m}$-Moden bezeichnet werden. Aus der Ausbreitungskonstante $\beta$ kann der ebenfalls häufig verwendete effektive Brechungsindex $n_{\text{eff}}$, mit [126]

$$n_{\text{eff}} = \frac{\beta}{k_0} \tag{3.4}$$

bestimmt werden. Die Ausbreitungskonstanten $\beta$ im Kern führbarer Moden liegen im Bereich

$$n_{\text{Mantel}} k_0 \leq \beta \leq n_{\text{Kern}} k_0. \tag{3.5}$$

Moden mit niedrigeren Ausbreitungskonstanten können daher nicht mehr im Kern, im Fall einer Doppelmantelfaser aber eventuell im Fasermantel geführt werden.

Für Moden, welche die Gleichung (3.2) erfüllen, ergibt sich unter dem Ansatz eines unendlich ausgedehnten Mantels für die Felder der geführten LP-Moden für die elektrischen Felder ein analytischer Ausdruck der Form [126]

$$E_m(r,\varphi,z) = E_0 \cdot \exp(-i\beta z) \cdot \cos(l\varphi) \cdot \begin{cases} J_l\left(u\frac{r}{a}\right)/J_l(u) \text{ für } r \leq r_{\text{Kern}} \\ K_l\left(w\frac{r}{a}\right)/K_l(w) \text{ für } r \geq r_{\text{Kern}} \end{cases}. \tag{3.6}$$

Dabei stehen $J_l$ für die Besselfunktion 1. Art und l-ter Ordnung, $K_l$ für die Hankelfunktion und $r_{Kern}$ für den Kernradius. Die Größen

$$u = r_{\mathrm{Kern}} \sqrt{k^2 n_{\mathrm{Kern}}^2 - \beta^2} \tag{3.7}$$

und

$$w = r_{\mathrm{Kern}} \sqrt{\beta^2 - k^2 n_{\mathrm{Kern}}^2} \tag{3.8}$$

können genutzt werden, um die normierte Frequenz, beziehungsweise V-Zahl $V$, mit

$$V = (u^2 + w^2)^{0,5} = \frac{2\pi r_{\mathrm{Kern}}}{\lambda} NA \tag{3.9}$$

zu definieren, welche direkt von den Kernparametern und der Wellenlänge abhängt. Für zylindersymmetrische Fasern, in denen die normierte Frequenz niedriger als ca. 2,405 ist, kann nur eine, aufgrund der beiden zueinander orthogonalen Polarisationsrichtungen, zweifach entartete Mode geführt werden. Eine solche Faser wird als Singlemode-Faser bezeichnet.

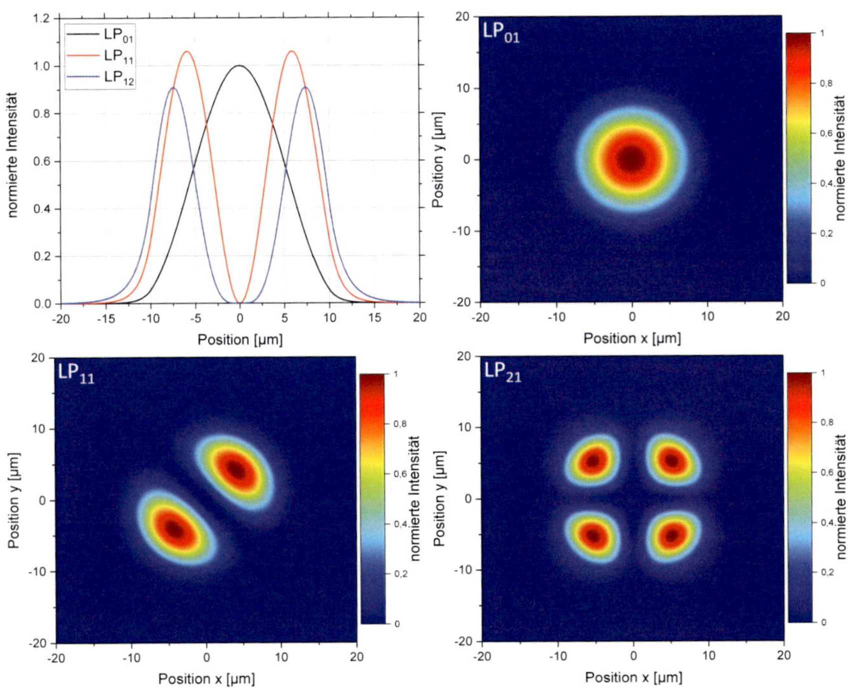


**Bild 3.4:** Auf die Spitzenintensität der $LP_{01}$-Mode normierte Querschnitte (links oben) und normierte Intensitätsverteilungen der $LP_{01}$ (rechts oben), $LP_{11}$ (links unten) und der $LP_{21}$ Mode (rechts unten)

In Bild 3.4 sind exemplarisch die räumlichen Ausprägungen von drei in einer Faser führbaren Moden und die zugehörigen Querschnitte dargestellt. Dabei ist zu beachten, dass die in einer Faser führbaren Moden orthogonal zueinander sind.

## 3.3 Simulation von Eigenmoden in Fasern beliebiger Geometrie

Für dielektrische Systeme mit beliebigen Kerngeometrien gibt es im Allgemeinen keine analytischen Modelle zur Bestimmung der im jeweiligen System führbaren Moden. Daher wird im Folgenden anstelle eines analytischen Modells ein numerisches Modell verwendet. Zur Simulation wird die am Fraunhofer ILT entwickelte Software *SEMSIS* [123] (SEMiconductor SImulation Software) verwendet.

In der Simulation wird die aus den makroskopischen Maxwell-Gleichungen [127]

$$\begin{aligned} \nabla \times \vec{\mathbf{E}} &= -\frac{\partial}{\partial t}\vec{\mathbf{B}} \\ \nabla \times \vec{\mathbf{H}} &= \frac{\partial}{\partial t}\vec{\mathbf{D}} + \vec{\mathbf{J}} \\ \nabla \cdot \vec{\mathbf{D}} &= \rho \\ \nabla \cdot \vec{\mathbf{B}} &= 0 \end{aligned} \tag{3.10}$$

resultierende, voll-vektorielle Darstellung der Wellengleichung zur Beschreibung des elektrischen Feldes [123]

$$\nabla \times \left(\mu^{-1}\nabla \times \vec{\mathbf{E}}\right) + \varepsilon_0 \frac{\partial^2}{\partial t^2}\vec{\mathbf{E}} = -\frac{\partial^2}{\partial t^2}\vec{\mathbf{P}} - \frac{\partial}{\partial t}\vec{\mathbf{J}} \tag{3.11}$$

gebildet. Dabei stehen $\vec{\mathbf{E}}$ und $\vec{\mathbf{H}}$ für die elektrische, beziehungsweise die magnetische Feldstärke, $\vec{\mathbf{B}}$ für die magnetische Flussdichte, $\vec{\mathbf{D}}$ für die elektrische Verschiebungsdichte, $\vec{\mathbf{J}}$ für die freie elektrische Stromdichte, $\vec{\mathbf{P}}$ für die dielektrische Polarisierung, $\rho$ für die freie Ladungsträgerdichte, sowie $\varepsilon_0$ und $\mu_0$ für die elektrische, beziehungsweise die magnetische Feldkonstante. Für die im Rahmen dieser Arbeit betrachteten dielektrischen Systeme gilt $\vec{\mathbf{J}} = 0$. Weiterhin gilt $\vec{\mathbf{P}} = \varepsilon_0 \cdot \chi \cdot \vec{\mathbf{E}}$, mit der elektrischen Suszeptibilität $\chi = \varepsilon_\mathrm{r} - 1$, mit der relativen Permittivität $\varepsilon_\mathrm{r}$. Im Folgenden wird davon ausgegangen, dass die Eigenmode $\vec{\mathbf{e}}(x, y)$ nicht von der longitudinalen Koordinate $z$ und nicht von der Zeit $t$ abhängt, wodurch die Separation der Variablen in der Form

$$\vec{\mathbf{E}}(x, y, z, t) = \vec{\mathbf{e}}(x, y) \cdot \exp(i\beta z - i\omega t) \tag{3.12}$$

durchgeführt und dieser Ausdruck in Gleichung (3.11) eingesetzt werden kann, woraus die Eigenmodengleichung resultiert. Diese Eigenmodengleichung wird mithilfe der Finite-Elemente Methode gelöst [123].

Da im Gegensatz zum in Abschnitt 3.2 vorgestellten, analytischen Modell die Faser im numerischen Modell nicht unendlich, sondern endlich ausgedehnt ist, müssen Randbedingungen gewählt werden. Als Randbedingung wird ein idealer elektrischer Leiter angenommen, weswegen die äußerste Schicht der Faser hinreichend groß gewählt werden muss, um numerische Probleme zu verhindern.

Mithilfe des in Formel (3.5) dargestellten Zusammenhangs

$$n_{\mathrm{Mantel}}k_0 \leq \beta \leq n_{\mathrm{Kern}}k_0. \tag{3.13}$$

und dem Algorithmus der Simulation können alle im Kern führbaren Moden bestimmt werden: Beginnend bei der Mode mit der höchsten Ausbreitungskonstanten, wird die nächstniedrigere, diskrete Ausbreitungskonstante und die zugehörige Mode bestimmt. Dies wird so lange wiederholt, bis eine nicht im Kern führbare Mode gefunden wird, welche somit Formel (3.13) nicht erfüllt. Dadurch kann sichergestellt werden, dass alle im Faserkern führbaren Moden bestimmt werden. Unter anderem wird diese Simulation verwendet, um sowohl die in den folgenden Abschnitten gezeigten Ergebnisse von Fasern mit unkonventionellen Kerngeometrien als auch die gezeigten Ergebnisse der Multimode-Faser-Bragg-Gitter zu berechnen.

## 3.4 Wellenlängenabhängigkeit der Ausbreitungskonstante

Aufgrund der Wellenlängenabhängigkeit des Brechungsindex, was auch als chromatische Dispersion bezeichnet wird, ergibt sich in einer Faser für Strahlung unterschiedlicher Wellenlängen immer ein anderes, effektives dielektrisches System. Um den Einfluss dieses Effektes auf die Wellenlängenabhängigkeit der Ausbreitungskonstanten der Moden zu bestimmen, wird dieser Effekt an dieser Stelle analysiert.

Dazu wird der Brechungsindex in der Faser als der Brechungsindex von Quarzglas approximiert. Mithilfe der Sellmeier-Gleichung in der Form

$$n_{\mathrm{Kern}}^2 - 1 = \frac{S_1 \cdot \lambda^2}{\lambda^2 - S_2^2} + \frac{S_3 \cdot \lambda^2}{\lambda^2 - S_4^2} + \frac{S_5 \cdot \lambda^2}{\lambda^2 - S_6^2} \tag{3.14}$$

und den zugehörigen Sellmeier-Koeffizienten [128], mit $S_1 = 0{,}6961663$, $S_2 = 0{,}0684043$, $S_3 = 0{,}4079426$, $S_4 = 0{,}1162414$, $S_5 = 0{,}8974794$ und $S_6 = 9{,}896161$, wird die Wellenlängenabhängigkeit des Brechungsindex berechnet. Zur Berechnung der Abhängigkeit der Ausbreitungskonstanten von der chromatischen Dispersion werden die Eigenmoden einer Faser simuliert, dessen numerische Apertur des Kerns bei einer Wellenlänge von 1064 nm 0,1 beträgt. Aufgrund der chromatischen Dispersion resultieren daraus bei anderen Wellenlängen abweichende numerische Aperturen und ein abweichendes dielektrisches System. Die Faser wird bei unterschiedlichen Wellenlängen simuliert und die resultierenden effektiven Brechungsindizes der $LP_{01}$, der $LP_{11}$ und der $LP_{12}$ Mode berechnet.

Zur Untersuchung, ob die Betrachtung der chromatischen Dispersion für die Berechnung der wellenlängenabhängigen Ausbreitungskonstanten in einem Bereich von ±15 nm um die Zentralwellenlänge vernachlässigbar ist, werden als Vergleichswerte die effektiven Brechungsindizes der betrachteten Moden bei der Zentralwellenlänge von 1064 nm berechnet und mit

$$\beta(\lambda) = 2 \cdot \pi \frac{n_{\mathrm{eff}}(1064\ \mathrm{nm})}{\lambda} \tag{3.15}$$

über den gesamten Wellenlängenbereich approximiert. In Bild 3.5 ist die relative Abweichung dieser berechneten Werte, zu den simulierten Werten unter Berücksichtigung der chromatischen Dispersion dargestellt. Für Abweichungen von der Zentralwellenlänge um ±15 nm ergeben sich relative Abweichungen von weniger als 0,02 %. Im Rahmen der Simulation ist die chromatische Dispersion daher vernachlässigbar und die Ausbreitungskonstanten können mithilfe des in Formel (3.15) dargestellten Zusammenhangs berechnet werden.

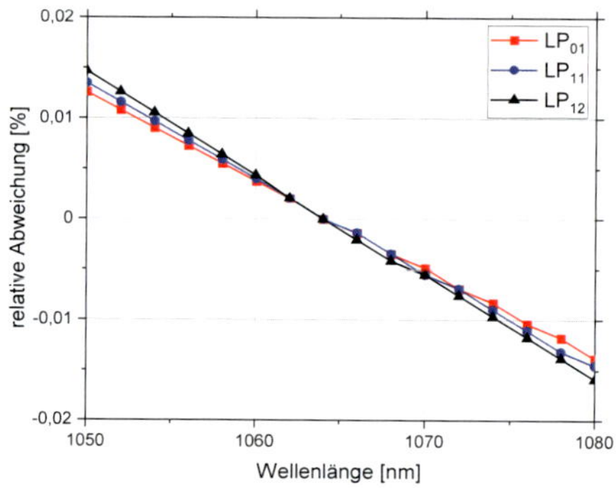


**Bild 3.5:** Relative Abweichung der Ausbreitungskonstanten ohne Berücksichtigung der chromatischen Dispersion im Vergleich mit Berücksichtigung der chromatischen Dispersion

## 3.5 Nichtlineare Effekte in optischen Lichtleitfasern

Durch die Wechselwirkung eines elektrischen Feldes mit einem Material können Effekte auftreten, welche die Eigenschaften der transportierten Strahlung beeinflussen können. Aufgrund der hohen Wechselwirkungslängen sind nichtlineare Effekte in vielen Faserlasern ein leistungslimitierender Faktor. Für CW-Faserverstärker sind typischerweise die stimulierte Raman-Streuung, sowie die stimulierte Brillouin-Streuung die Effekte, welche die Ausgangsleistung am stärksten limitieren. Aufgrund der Wechselwirkung der Strahlung mit akustischen Phononen im Fall der Brillouin-Streuung, beziehungsweise optischen Phononen im Fall der Raman-Streuung kann innerhalb der Faser eine periodische Struktur entstehen. Durch die Wechselwirkung mit dieser kann die propagierende Strahlung in eine andere Propagationsrichtung, sowie einen anderen Wellenlängenbereich gestreut werden. Im Fall eines Faserverstärkers könnte durch rückgestreute Leistung sowohl beispielsweise der Seeder beschädigt oder die Effizienz des Gesamtsystems verringert werden. Daher sollte das Auftreten dieser Effekte für die meisten Systeme verhindert werden.

Für die Schwellleistung $P_{\mathrm{Th,NL}}$ des jeweiligen nichtlinearen Effektes ergibt sich im Fall der stimulierten Raman-Streuung und der stimulierten Brillouin-Streuung die Proportionalität [129]

$$P_{\mathrm{Th,NL}} \propto \frac{A_{\mathrm{eff}}}{L_{\mathrm{eff}}}. \tag{3.16}$$

Abhängig davon, ob es sich um den Fall der stimulierten Raman-Streuung oder der stimulierten Brillouin-Streuung handelt, ergeben sich dabei andere Vorfaktoren. Weiterhin steht $A_{\mathrm{eff}}$ für die Modenfeldfläche, mit

$$A_{\mathrm{eff}} = \frac{(\int |E|^2 \,\mathrm{dA})^2}{\int |E|^4 \,\mathrm{dA}} \tag{3.17}$$

und $L_{\mathrm{eff}}$ für die effektive Faserlänge, mit [130]

$$L_{\mathrm{eff}} = \int_0^L \exp(g \cdot z)\mathrm{dz}. \tag{3.18}$$

Dabei steht $g$ für den Verstärkungskoeffizienten und $L$ für die Gesamtlänge der Faser. Mithilfe des Verstärkungsfaktors $G = P_{\mathrm{L}}/P_0$ und

$$P_{\mathrm{L}} = P_0 \cdot \exp(g \cdot L). \tag{3.19}$$

ergibt sich für die effektive Faserlänge unter der Näherung eines homogenen Verstärkungskoeffizienten der Ausdruck

$$L_{\mathrm{eff}} = L \cdot \frac{G-1}{\ln(G)}. \tag{3.20}$$

In Kombination mit Formel (3.16) ist es für eine möglichst hohe Schwellleistung demnach vorteilhaft die Modenfeldfläche zu erhöhen und die Faserlänge möglichst gering zu halten. Um eine hohe Leistung zu erzielen, muss der Verstärkungsfaktor möglichst groß sein.

Für Multimode-Fasern müssen für die Berechnung der nichtlinearen Schwellen zusätzlich die modalen Eigenschaften der geführten Moden betrachtet werden. Während sich schon allein aufgrund der in Multimode-Fasern großen Modenfeldflächen Vorteile zur Unterdrückung nichtlinearer Effekte ergeben, kann durch die hohe Anzahl der Moden die Schwellleistung weiter erhöht werden. Zur Berechnung der Raman-Verstärkung $g_n$ einer Mode in einer Multimode-Fasern kann die Proportionalität [131]

$$g_n \sim \sum_m P_m^L(0) \int \left|E_{n,x}\right|^2 \left|E_{m,x}\right|^2 \mathrm{dA} \tag{3.21}$$

verwendet werden, mit der in der Literatur häufig verwendeten Näherung, dass alle Moden dieselbe Polarisationsrichtung haben [131, 132]. Dabei steht $P_m^L(0)$ für die Leistung der *m*-ten Mode des Pumplichtes am Beginn der Faser, sowie $E_{n,x}$ für die modale Verteilung der *n*-ten Mode in *x*-Polarisation. Insgesamt ist zu erkennen, dass die Raman-Verstärkung sowohl von der Leistung in jeder geführten Mode als auch von dem Überlappintegral der Intensitätsverteilungen der jeweiligen Moden abhängt.

Um zusätzlich den Einfluss von Moden mit voneinander abweichenden Polarisationsrichtungen mit in die Berechnung einfließen zu lassen, muss der Wirkungsquerschnitt der Raman-Streuung betrachtet werden. Bei der Kopplung in eine andere Polarisationsrichtung ist der Wirkungsquerschnitt um mehr als eine Größenordnung niedriger, als bei Kopplung in derselben Polarisationsrichtung [129, 133]. Für Singlemode-Fasern mit nicht-polarisierter Strahlung ergibt sich daraus eine Verringerung der Raman-Verstärkung um den Faktor 2 [134]. Analog ergibt sich für Multimode-Fasern, bei der Betrachtung der Polarisationsrichtungen ein ähnliches Verhalten.

Zusätzlich dazu ist der Einfluss der Modenkopplung bei der Propagation der Strahlung durch die Faser eine weitere wichtige Einflussgröße. Während sich bei vernachlässigbarer Modenkopplung unterschiedliche Verstärkungen zwischen den einzelnen Moden und damit auch unterschiedliche Leistungen ergeben, koppeln die Moden bei starker Modenkopplung während der Propagation ineinander, sodass sich eine homogene Verteilung ergibt. Für die rückgestreute Leistung, beziehungsweise die Stokes-Leistung der *m*-ten Mode $P_{\mathrm{Stokes},m}$ ergibt sich im Fall von vernachlässigbarer Modenkopplung der Zusammenhang [131]

$$P_{\mathrm{Stokes},m}(z) = P_{\mathrm{Stokes},m}(0) \cdot \exp(g_m \cdot z), \tag{3.22}$$

während für starke Modenkopplung

$$P_{\mathrm{Stokes},m}(z) \approx P_{\mathrm{Stokes},n}(z) \approx \frac{P_{\mathrm{Stokes,Ges}}(0)}{N} \cdot \exp\left(\sum_n \frac{g_n}{N} \cdot z\right) \tag{3.23}$$

mit

$$P_{\mathrm{Stokes,Ges}}(z) = \sum_m P_{\mathrm{Stokes},m}(z) \tag{3.24}$$

verwendet werden kann, in dem sich für jede Mode dieselbe Stokes-Leistung ergibt.

Zur Quantifizierung der Verringerung der Raman-Verstärkung aufgrund der höheren Anzahl der Moden werden die Eigenmoden einer Multimode-Faser mit einem Kerndurchmesser von 105 µm und einer numerischen Apertur von 0,1 berechnet. Für jede dieser Moden wird mithilfe von Formel (3.21) die Raman-Verstärkung berechnet, unter der Annahme, dass alle Moden die gleiche Leistung führen. Insgesamt ergibt sich im Vergleich zur polarisationserhaltenden Singlemode-Faser für eine vernachlässigbare Modenkopplung eine um den Faktor 3,99 verringerte Raman-Verstärkung, während sich für starke Modenkopplung ein Faktor 4,13 ergibt. Dadurch können in Multimode-Faserlasern höhere Leistungen ohne das Auftreten von nichtlinearen Effekten erreicht werden.

## 3.6 Thermische Effekte in optischen Lichtleitfasern

Neben den in aktueller Forschung betrachteten transversalen Modeninstabilitäten als nichtlinearen thermischen Effekt, welcher wie in Abschnitt 4 und 5 diskutiert durch die Verwendung von wirklichen Singlemode-Fasern unterdrückt werden soll, gibt es weitere klassische thermische Effekte, welche ebenfalls die Ausgangsleistung von Faserlasern limitieren können.

Einer dieser Effekte ist die thermische Linse. Durch Wärmequellen innerhalb einer Faser, die beispielsweise aufgrund des Quantendefektes bei der Absorption von Pumpstrahlung und Emission in Signalstrahlung entstehen können, können sich Temperaturgradienten in der Faser entwickeln, aus denen eine Brechungsindexänderung resultiert. Diese Brechungsindexänderung kann dabei spezielle Formen haben, sodass diese wie eine fokussierende Linse wirkt. Für hinreichend starke thermische Linsen kann die Fokussierwirkung dieser stärker als das Index-Guiding der in der Faser geführten Strahlung werden, wodurch kritische Selbstfokussierung entstehen kann. Zur Abschätzung der kritischen Leistung $P_{\mathrm{Linse}}$, ab der dieser Effekt stärker als das Index-Guiding der Faser wird, kann der Zusammenhang [24]

$$P_{\mathrm{Linse}} = \frac{\eta_{\mathrm{Laser}}}{\eta_{\mathrm{Wärme}}} \cdot \frac{\pi \cdot k_{\mathrm{Th}} \cdot \lambda^2 \cdot L}{2 \cdot \frac{\mathrm{d}n}{\mathrm{d}T} \cdot r_{\mathrm{Kern}}^2} \tag{3.25}$$

verwendet werden. Dabei steht $k_{\mathrm{Th}} = 1{,}38\ \mathrm{W/(m \cdot K)}$ für die Wärmeleitfähigkeit bei einer Temperatur von 20°C [135], $\eta_{\mathrm{Laser}}$ für die optisch-optische Effizienz des Lasers, welche im Rahmen dieser Analyse mit einem Wert von ca. 80 % genähert wird, $\eta_{\mathrm{Wärme}}$ für den Leistungsanteil der Pumpstrahlung, der in Wärme umgewandelt wird, $\mathrm{d}n/\mathrm{d}T = 8{,}6 \cdot 10^{-6}/\mathrm{K}$ für die temperaturabhängige Änderung des Brechungsindex [136] und $L$ für die Faserlänge. Aufgrund der starken Absorption werden Yb-dotierte Faserlaser, falls diese mit Diodenlasern gepumpt werden, typischerweise mit Wellenlängen um 920 nm oder 975 nm gepumpt. Im Fall einer Wellenlänge von 975 nm resultiert aus einer Signalwellenlänge von 1064 nm für $\eta_{\mathrm{Wärme}}$ ein Wert von ca. 91 %.

Neben Effekten, die sich auf die Eigenschaften der Strahlführung auswirken, gibt es Effekte, welche die Faser selbst beschädigen können. Dazu gehört beispielsweise das Auftreten einer thermischen Fraktur, dessen kritische Leistung $P_{\mathrm{Fraktur}}$ mithilfe von [24, 137]

$$P_{\mathrm{Fraktur}} = \frac{\eta_{\mathrm{Laser}}}{\eta_{\mathrm{Wärme}}} \cdot \frac{4 \cdot \pi \cdot R_{\mathrm{m}} \cdot L}{1 - \frac{r_{\mathrm{Kern}}^2}{2 \cdot r_{\mathrm{Mantel}}^2}} \tag{3.26}$$

beschrieben werden kann. Dabei steht $R_m = 4300\ \mathrm{W/m}$ für das Bruchmodul [138].

Ein weiterer leistungslimitierender Effekt kann das Aufschmelzen des Fasermaterials sein, dessen Schwellleistung $P_{\mathrm{Schmelz}}$ mit [24, 137]

$$P_{\mathrm{Schmelz}} = \frac{\eta_{\mathrm{Laser}}}{\eta_{\mathrm{Wärme}}} \cdot \frac{4 \cdot \pi \cdot k_{\mathrm{Th}} \cdot (T_{\mathrm{Schmelz}} - T_{\mathrm{K}}) \cdot L}{1 + \frac{2 \cdot k_{\mathrm{Th}}}{r_{\mathrm{Mantel}} \cdot h} + 2 \cdot \ln\left(\frac{r_{\mathrm{Mantel}}}{r_{\mathrm{Kern}}}\right)} \tag{3.27}$$

bestimmt werden kann. $T_{\mathrm{Schmelz}} = 1983\ \mathrm{K}$ ist die Schmelztemperatur der Faser [135], $T_{\mathrm{K}}$ die Kühltemperatur, die hier mit 300 K angenommen und $h = 5000\,\mathrm{W/(m^2 \cdot K)}$ ist der Wärmeübergangskoeffizienten [139], welcher so gewählt wird, dass dieser im Bereich typischer Fälle praktischen Interesses liegt [139]. Um zusätzlich in den Formeln (3.25), (3.26) und (3.27) einen Zusammenhang zwischen dem Manteldurchmesser und der Faserlänge herzustellen, wird die minimal nötige Faserlänge $L_{\mathrm{min}}$, um 95 %

der Pumpstrahlung in Abhängigkeit von dem Kerndurchmesser zu absorbieren, mithilfe von

$$L_{\min} = \frac{r_{\text{Mantel}}^2}{r_{\text{Kern}}^2} \cdot \frac{\ln(0{,}05)}{\alpha_{\text{Kern}}} = \frac{A_{\text{Mantel}}}{A_{\text{Kern}}} \cdot \frac{\ln(0{,}05)}{\alpha_{\text{Kern}}} \tag{3.28}$$

abgeschätzt, was sich aus dem Bouguer-Lambert'schen Gesetz ergibt. Dabei steht $\alpha_{\text{Kern}} = 500\,\text{dB/m} \approx 115/\text{m}$ bei einer Wellenlänge von 975 nm für den Absorptionskoeffizienten im Kern, welcher im Bereich typischer Absorptionskoeffizienten kommerziell verfügbarer Fasern liegt. $A_{\text{Kern}}$, beziehungsweise $A_{\text{Mantel}}$ stehen für die Kern, beziehungsweise Mantelfläche. Die Absorption von 95 % der Pumpstrahlung liegt dabei im Bereich typischer Werte von Faserresonatoren, beziehungsweise Faserverstärkern.

In Veröffentlichungen [24] wurden Untersuchungen zur Leistungslimitierung von Faserlasern vorgestellt, bei denen die fundamentalen leistungslimitierenden thermischen und nichtlinearen Effekte, zusammen mit dem damaligen Stand der Technik an Pumpleistung typischer Diodenlasermodule verglichen wurden. Für typische kommerziell verfügbare Fasern mit Kerndurchmessern um 20 µm war zum damaligen Zeitpunkt die verfügbare Pumpleistung, beziehungsweise Pumpbrillanz die leistungslimitierende Komponente. Da sich der Stand der Technik stetig weiterentwickelt und die Relevanz thermischer Effekte auf die folgenden Untersuchungen abgeschätzt werden soll, werden im Folgenden die drei zuvor dargestellten thermischen Effekte miteinander verglichen. Die dabei ermittelte Schwellleistung beschreibt die maximal erreichbare Leistung, die bei der Betrachtung des jeweiligen Effektes in Abhängigkeit von den Faserparametern erreicht werden kann.

Für die genutzten Materialkonstanten ist die Schwellleistung der thermischen Fraktur im gewählten Parameterraum immer höher als die der anderen beiden Effekte, weswegen sich die Analyse auf die anderen beiden Effekte konzentriert. In Bild 3.6 sind die Schwellleistungen der kritischen Selbstfokussierung durch eine thermische Linse (links), sowie der des Aufschmelzens des Kernes (rechts) in Abhängigkeit von dem Kerndurchmesser und dem Manteldurchmesser in logarithmischer Darstellung aufgetragen. Für größer werdende Kerndurchmesser sinkt die Schwellleistung in beiden Fällen ab. Daraus resultiert, dass für größer werdende Kerne, die wie in Abschnitt 3.5 dargestellt zur Unterdrückung nichtlinearer Effekte benötigt werden, der Einfluss thermischer Effekte ansteigt.

Dem Einfluss dieser thermischen Effekte kann durch die Verwendung größerer Manteldurchmesser entgegengewirkt werden: Durch das niedrigere Verhältnis von Kern- zu Mantelfläche werden längere Fasern zur Absorption der Pumpstrahlung benötigt. Dadurch wird die benötigte Faserlänge vergrößert, wodurch sich die Wärmelast stärker verteilt. Die Schwellleistung des Aufschmelzens ist für niedrige Kerndurchmesser um 10 µm bis 20 µm dominant, liegt jedoch auch weit über den derzeit erreichten Rekordleistungen und hat daher für die in den weiteren Abschnitten folgenden Untersuchungen keine Relevanz.

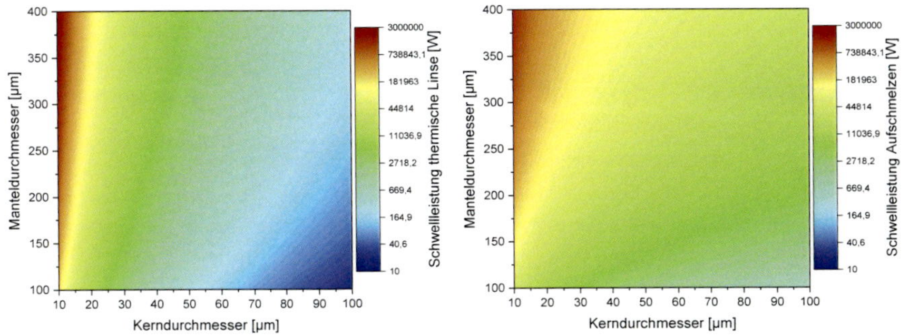


**Bild 3.6:** Schwellleistungen der kritischen Selbstfokussierung durch eine thermischen Linse (links) und des Aufschmelzens des Kerns (rechts) in Abhängigkeit von dem Kerndurchmesser und dem Manteldurchmesser

Für große Kernradien und niedrige Manteldurchmesser ist die thermische Linse ein leistungslimitierender Effekt. Exemplarisch liegt für einen Kerndurchmesser von 40 µm und einem Manteldurchmesser von ca. 360 µm die Schwellleistung bei ca. 10 kW und damit in der Größenordnung der dem Stand der Technik entsprechenden erreichten Rekordleistungen. Dennoch kann diese Schwellleistung durch die Absenkung der Dotierungskonzentration weiter erhöht werden, wodurch die Absorption der Pumpstrahlung in der Faser verringert wird. Für Fasern mit Kerndurchmessern um 20 µm liegt die Schwellleistung der kritischen Selbstfokussierung durch eine thermischen Linse bei einem Manteldurchmesser von 300 µm bei mehr als 100 kW, was weit über den im Stand der Technik erzielten Rekordwerten liegt. Da die in Abschnitt 5 vorgestellten radialsymmetrischen Fasern Durchmesser der Kerngeometrie in ca. der Größenordnung von 20 µm haben, können die klassischen thermischen Effekte für die weiteren Analysen zunächst vernachlässigt werden, sodass der Fokus zunächst auf der Erhöhung der Schwellleistung für das Einsetzen nichtlinearer Effekte liegt. Perspektivisch wird die Relevanz dieser klassischen, thermischen Effekte für größer werdende Kerndurchmesser jedoch steigen. Dazu wird in Abschnitt 5.4 eine Analyse durchgeführt.

## 3.7 Theorie gekoppelter Moden

In einem idealen Wellenleiter bilden die Eigenmoden ein orthogonales System, wodurch die Kopplung zwischen den Moden nicht möglich ist. Im Falle eines reellen Wellenleiters können durch Störstellen Abweichungen vom idealen dielektrischen System auftreten, wodurch die Kopplung zwischen den einzelnen Moden ermöglicht werden kann. Diese Abweichungen können beispielsweise durch thermische Einflüsse, mechanische Einflüsse oder durch Fremdatome entstehen. Zur Beschreibung der Kopplung zwischen den Eigenmoden eines nicht idealen Wellenleiters kann die Theorie gekoppelter Moden (*Coupled mode theory*) verwendet werden.

Im Rahmen der Theorie gekoppelter Moden wird das elektrische Feld $E_m$ als Linearkombination aller Eigenmoden $\boldsymbol{e}_u$ des dielektrischen Systems in der Form [140]

$$E_m(x,y,z,t) = \sum_u [A_u(z)\exp(i\beta_u z) + B_u(z)\exp(-i\beta_u z)]\, \boldsymbol{e_u}(x,y)\exp(i\omega t) \tag{3.29}$$

dargestellt. Dabei sind $A_u(z)$ und $B_u(z)$ die positionsabhängigen Amplituden der Moden in Vorwärts- und Rückwärtsrichtung. Durch das Auftreten einer inhomogenen Störung $\Delta n(x,y,z)$ des dielektrischen Systems kann die Kopplung zwischen den einzelnen Moden ermöglicht werden. Dadurch ergibt sich aus den Maxwell-Gleichungen ein Differentialgleichungssystem zur Beschreibung der Änderungsrate der Modenamplituden zu [140]

$$\begin{aligned}\frac{\mathrm{d}A_m}{\mathrm{d}z} &= \sum_n i(K_{mn}^{\mathrm{T}} + K_{mn}^{\mathrm{Z}})\exp(i(\beta_n - \beta_m)z)\, A_n \\ &+ \sum_n i(K_{mn}^{\mathrm{T}} - K_{mn}^{\mathbf{Z}})\exp(-i(\beta_n + \beta_m)z)\, B_n\end{aligned} \tag{3.30}$$

für die vorwärtspropagierenden Eigenmoden und

$$\begin{aligned}\frac{\mathrm{d}B_m}{\mathrm{d}z} &= \sum_n -i(K_{mn}^{\mathrm{T}} - K_{mn}^{\mathrm{Z}})\exp(i(\beta_n + \beta_m)z)\, A_n \\ &- \sum_n i(K_{mn}^{\mathrm{T}} + K_{mn}^{\mathrm{Z}})\exp(-i(\beta_n - \beta_m)z)\, B_n\end{aligned} \tag{3.31}$$

für die rückwärtspropagierenden Eigenmoden. Mit $K_{mn}^{\mathrm{T}}$ und $K_{mn}^{\mathrm{Z}}$ werden die transversalen, beziehungsweise die longitudinalen Kopplungsterme bezeichnet. In Fasern ist der transversale Kopplungsterm typischerweise dominant gegenüber dem longitudinalen Kopplungsterm, mit $K_{mn}^{\mathrm{T}} \gg K_{mn}^{\mathrm{Z}}$, weswegen die Kopplung aufgrund von longitudinalen Kopplungsterme im Folgenden vernachlässigt wird [140]. Für den ortsabhängigen transversalen Kopplungsterm $K_{mn}^{\mathrm{T}}(z)$ ergibt sich der Zusammenhang [141]

$$K_{mn}^{\mathrm{T}} = \frac{\omega}{2 \cdot c} \iint \Delta n(x,y,z)\, \boldsymbol{e_m}(x,y)\boldsymbol{e_n^*}(x,y)\mathrm{d}x\mathrm{d}y. \tag{3.32}$$

Die hier vorgestellten Zusammenhänge werden im Folgenden zur Simulation von Faser-Bragg-Gittern verwendet.

## 3.8 Faser-Bragg-Gitter

Faser-Bragg-Gitter sind optische Elemente, die dazu genutzt werden können, Strahlung bestimmter Wellenlängen zu reflektieren, beziehungsweise zu transmittieren. Dadurch können beispielsweise komplett faserintegrierte Resonatoren mit nahezu beliebiger Güte ermöglicht werden. Die Funktionsweise eines Faser-Bragg-Gitters basiert auf einer periodischen Modellierung des Brechungsindex innerhalb einer Faser. Im Rahmen dieses Abschnitts werden die theoretischen Grundlagen erläutert, während im darauffolgenden Abschnitt die im Rahmen dieser Arbeit entwickelte Simulation zur Modellierung von Faser-Bragg-Gittern vorgestellt wird. In Abschnitt 6.1 werden die grundlegenden Eigenschaften von Faser-Bragg-Gittern vorgestellt.

Die periodische Modellierung des Brechungsindex $\Delta n(x,y,z)$ in einem Faser-Bragg-Gitter kann beispielsweise durch die Superposition trigonometrischer Funktionen, in diesem Fall von Cosinus-Funktionen in der Form

$$\Delta n(x,y,z) = \Delta n_0 + \sum_i^{\infty} \Delta n_i(x,y) \cdot 2 \cdot \cos(\xi_i \cdot z) \tag{3.33}$$

dargestellt werden, mit

$$\xi_i = \frac{2\pi}{\Lambda_i}. \tag{3.34}$$

Dabei steht $\Lambda_i$ für die Gitterkonstante der jeweiligen Strukturierungsordnung. Im Rahmen der in Abschnitt 3.7 vorgestellten Theorie gekoppelter Moden ergibt sich daraus mit Formel (3.32) der gesamte, ortsabhängige, transversale Kopplungskoeffizient zu

$$K_{mn}^{\mathrm{T.Ges}} = K_{mn}^{\mathrm{T.0}} + \sum_i^{\infty} K_{mn}^{\mathrm{T}.i} \cdot 2 \cdot \cos(\xi_i \cdot z). \tag{3.35}$$

Dabei stehen $K_{mn}^{\mathrm{T}.i}$ für die in Formel (3.32) vorgestellten transversalen Kopplungsterm, aber hier zusätzlich in Abhängigkeit von der Ordnung $i$ der jeweiligen Strukturierung. Zusammen mit den in Formel (3.30) und Formel (3.31) dargestellten Differentialgleichungen ergibt sich im Fall einer periodischen Strukturierung ein Differentialgleichungssystem in der Form

$$\begin{aligned} \frac{\mathrm{d}A_m}{\mathrm{d}z} &= \sum_n iK_{mn}^{\mathrm{T.0}} \exp(i(\beta_n - \beta_m)z) A_n \\ &+ \sum_n \sum_i^{\infty} iK_{mn}^{\mathrm{T},i} \big(\exp(i(\beta_n - \beta_m + \xi_i)z) + \exp(i(\beta_n - \beta_m - \xi_i)z)\big) A_n \\ &+ \sum_n \sum_i^{\infty} iK_{mn}^{\mathrm{T},i} \big(\exp(-i(\beta_n + \beta_m + \xi_i)z) + \exp(-i(\beta_n + \beta_m - \xi_i)z)\big) B_n \end{aligned} \tag{3.36}$$

für die vorwärtspropagierenden Eigenmoden und

$$\begin{aligned} \frac{\mathrm{d}B_m}{\mathrm{d}z} &= \sum_n -iK_{mn}^{\mathrm{T.0}} \exp(i(\beta_n + \beta_m)z) B_n \\ &- \sum_n \sum_i^{\infty} iK_{mn}^{\mathrm{T},i} \big(\exp(i(\beta_n + \beta_m + \xi_i)z) + \exp(i(\beta_n + \beta_m - \xi_i)z)\big) B_n \\ &- \sum_n \sum_i^{\infty} iK_{mn}^{\mathrm{T},i} \big(\exp(-i(\beta_n - \beta_m + \xi_i)z) + \exp(-i(\beta_n - \beta_m - \xi_i)z)\big) A_n \end{aligned} \tag{3.37}$$

für die rückwärtspropagierenden Eigenmoden. Die Kopplung einzelner Moden ineinander ist dem Differentialgleichungssystem entsprechend dann maximal, wenn die Ausbreitungskonstanten $\beta_n$ und $\beta_m$ passend zur Periodizität der Störung $\xi_i$ sind; der Einfluss der verbleibenden Terme kann dabei vernachlässigt werden [142].

Insgesamt ergeben sich zwei grundlegen Fälle: Bei einem gegebenen transversalen Kopplungskoeffizienten $K_{mn}^{\mathrm{T},i}$ ist die Kopplung zwischen zwei in gleicher Richtung propagierenden Moden maximal, wenn die Bedingung

$$\xi = \beta_n + \beta_m \tag{3.38}$$

erfüllt ist. Für in entgegengesetzter Richtung propagierende Moden muss der Zusammenhang

$$|\beta_n - \beta_m| = \xi_i = \frac{2\pi}{\Lambda_i}, \tag{3.39}$$

erfüllt sein, um maximale Kopplung zwischen den Moden zu ermöglichen. Diese Gleichung ist auch als Bragg-Bedingung bekannt [140]. Daraus ergibt sich die sogenannte Bragg-Wellenlänge $\lambda_\mathrm{B}$ zu

$$\lambda_\mathrm{B} = 2 \cdot n_\mathrm{eff} \cdot \Lambda_i, \tag{3.40}$$

welche die Zentralwellenlänge des aus dem Faser-Bragg-Gitter resultierenden Reflexionsspektrums beschreibt.

## 3.9 Simulation von Faser-Bragg-Gittern

Zur Simulation von Faser-Bragg-Gittern wird eine numerische Simulation in *Python*, basierend auf den in Abschnitt 3.8 vorgestellten Grundlagen von Faser-Bragg-Gittern implementiert. Ziel der Simulation ist die Berechnung der wellenlängenabhängigen Reflektivität von beliebigen Faser-Bragg-Gittern. Aus den in Formel (3.35) und Formel (3.36) dargestellten Gleichungen ergibt sich ein Gleichungssystem in der Form [143]

$$\frac{d}{dz}\begin{pmatrix}\vec{\mathbf{A}}_\mathbf{Mode}\\ \vec{\mathbf{B}}_\mathrm{Mode}\end{pmatrix} = \boldsymbol{S}(z)\begin{pmatrix}\vec{\mathbf{A}}_\mathbf{0}\\ \vec{\mathbf{B}}_\mathbf{0}\end{pmatrix}, \tag{3.41}$$

wobei die Vektoren $\vec{\mathbf{A}}_\mathbf{Mode}$ und $\vec{\mathbf{B}}_\mathrm{Mode}$ aus den Amplituden $A_u(z)$ und $B_u(z)$ der Eigenmoden bestehen. $\boldsymbol{S}(z)$ ist eine die komplexe Streumatrix, die sich aus den zuvor genannten Gleichungen ergibt und das Faser-Bragg-Gitter beschreibt. Bei den Vektoren $\vec{\mathbf{A}}_\mathbf{0}$ und $\vec{\mathbf{B}}_\mathbf{0}$ handelt es sich um die Amplituden am Ort $z = 0$. In der Simulation werden die Anfangsbedingungen der Amplituden der Moden in Vorwärtsrichtung mit $\vec{\mathbf{A}}_\mathbf{Mode}(z = 0)$ und Rückwärtsrichtung mit $\vec{\mathbf{B}}_\mathbf{Mode}(z = L)$ dargestellt, wobei $L$ der Länge des Faser-Bragg-Gitters entspricht. Ziel der Simulation ist die Bestimmung der Vektoren $\vec{\mathbf{A}}_\mathbf{Mode}(z = L)$, sowie $\vec{\mathbf{B}}_\mathbf{Mode}(z = 0)$. In Bild 3.7 ist die Vorgehensweise der Simulation modellhaft dargestellt. Mittig sind die einzelnen Abschnitte des FBGs dargestellt, während außerhalb die Anfangsbedingungen und die im Rahmen der Simulation bestimmten Vektoren dargestellt sind. Die Vorgehensweise zur Bestimmung des unten dargestellten Gleichungssystems, welches einer alternativen Darstellung des in Formel (3.41) gezeigten Gleichungssystems mit der Matrix $\boldsymbol{S}(z)$ entspricht, wird im Folgenden erläutert.

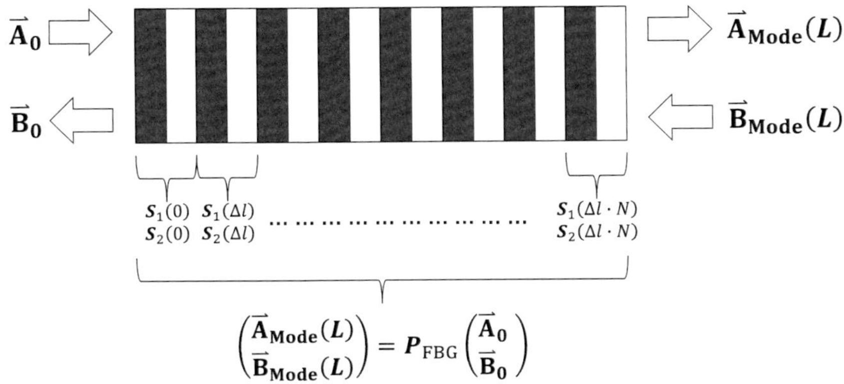


**Bild 3.7:** Modellhafte Darstellung der Simulation zur Berechnung der Eigenschaften von Faser-Bragg-Gittern

Aufgrund der Ortsabhängigkeit der Matrix $\boldsymbol{S}(z)$ kann zur Lösung des Gleichungssystem nicht direkt ein Matrixexponentialansatz verwendet werden. Um dies zu ermöglichen wird die Matrix $\boldsymbol{S}(z)$ umgeformt und dadurch die Ortsabhängigkeit durch Faserstücke einer definierten Länge ersetzt. Unter der Annahme, dass für die Matrix $\boldsymbol{S}(z)$ der Zusammenhang [143]

$$\frac{d}{dz}\boldsymbol{S}(z) = \boldsymbol{S}_1\boldsymbol{S}(z) - \boldsymbol{S}(z)\boldsymbol{S}_1 \tag{3.42}$$

gilt, ergibt sich für das in Formel (3.40) dargestellte Differentialgleichungssystem eine Fundamentalmatrix $\boldsymbol{P}_{\mathrm{FBG}}$ der Form

$$\boldsymbol{P}_{\mathrm{FBG}} = \exp(\boldsymbol{S}_1 L) \cdot \exp(\boldsymbol{S}_2 L). \tag{3.43}$$

Die komplexen Matrizen $\boldsymbol{S}_1$ und $\boldsymbol{S}_2$ können mithilfe der Differenz

$$\Delta\beta_i = \beta_i - \frac{\pi}{\Lambda}, \tag{3.44}$$

welche sich aus der jeweiligen Ausbreitungskonstante $\beta_i$ und der Gitterkonstante $\Lambda$ ergibt, sowie der in Formel (3.32) dargestellten Kopplung zwischen zwei Moden $K_{mn}$ bestimmt werden. Dabei können diese für ein System mit zwei in Vorwärts- sowie Rückwärtsrichtung propagierenden Moden, unter Berücksichtigung der Hin- und Rückkopplung von Vor- in Rückwärtsrichtung, in der Form [143]

$$\boldsymbol{S}_1 = \begin{pmatrix} i\Delta\beta_1 & 0 & 0 & 0 \\ 0 & i\Delta\beta_2 & 0 & 0 \\ 0 & 0 & -i\Delta\beta_1 & 0 \\ 0 & 0 & 0 & -i\Delta\beta_1 \end{pmatrix} \tag{3.45}$$

und

$$\boldsymbol{S}_2 = \begin{pmatrix} -i\Delta\beta_1 & 0 & -iK_{11} & -iK_{12} \\ 0 & -i\Delta\beta_2 & -iK_{12} & -iK_{22} \\ iK_{11}^* & iK_{12}^* & i\Delta\beta_1 & 0 \\ iK_{12}^* & iK_{22}^* & 0 & i\Delta\beta_1 \end{pmatrix} \tag{3.46}$$

dargestellt werden. Mittels der Fundamentalmatrix $\boldsymbol{P}_{\mathrm{FBG}}$ ergibt sich für das in Formel (3.40) dargestellte Differentialgleichungssystem das lineare Gleichungssystem

$$\begin{pmatrix} \vec{\mathbf{B}}_{\mathbf{Mode}}(\boldsymbol{L}) \\ \vec{\mathbf{A}}_{\mathbf{Mode}}(\boldsymbol{L}) \end{pmatrix} = \boldsymbol{P}_{\mathrm{FBG}}(L) \begin{pmatrix} \vec{\mathbf{A}}_{\mathbf{0}} \\ \vec{\mathbf{B}}_{\mathbf{0}} \end{pmatrix}, \tag{3.47}$$

welches genutzt werden kann, um den Einfluss der Eigenschaften des FBGs auf die Strahlung zu berechnen.

Um zusätzlich zur Variation des Faser-Bragg-Gitters in transversaler Ebene, eine Variation des Gitters in longitudinaler Ebene zu ermöglichen, wird die Theorie gekoppelter Moden durch die Unterteilung der Faser in $N$ Stücke der Länge $\Delta l_i$ erweitert. Dadurch ergibt sich für die Matrix $\boldsymbol{P}_{FBG}$ die Form

$$\boldsymbol{P}_{FBG} = \prod_i^N \exp(\boldsymbol{S}_{\mathbf{1},i}\Delta l_i) \cdot \prod_i^N \exp(\boldsymbol{S}_{\mathbf{2},i}\Delta l_i). \tag{3.48}$$

Mithilfe dieses Formalismus kann für beliebige Anfangsbedingungen und für beliebig viele Moden die wellenlängenabhängige Reflektivität für Faser-Bragg-Gitter beliebiger Länge und schwacher Störung modenaufgelöst berechnet werden. Effekte, wie die Interferenz der Moden, werden aufgrund der modenaufgelösten Struktur daher nicht betrachtet.

Für Singlemode-Faser-Bragg-Gitter, also für Faser-Bragg-Gitter mit nur einer vorwärts- und einer rückwärtspropagierenden Mode, kann eine analytische Funktion zur Berechnung der Reflektivität hergeleitet werden. Die wellenlängenabhängige Reflektivität $R$ kann mithilfe von [140]

$$R = \frac{\sinh^2\left(\sqrt{\kappa^2 - \sigma^2}L\right)}{\cosh^2\left(\sqrt{\kappa^2 - \sigma^2}L\right) - \frac{\sigma^2}{\kappa^2}} \tag{3.49}$$

bestimmt werden, mit

$$\kappa = \frac{\pi}{\lambda} \upsilon_{\mathrm{FBG}} \cdot \Delta n \tag{3.50}$$

und

$$\sigma = \beta - \frac{\pi}{\Lambda} + \frac{\pi}{\lambda}\Delta n. \tag{3.51}$$

Dabei steht $\upsilon_{\mathrm{FBG}}$ für die Sichtbarkeit des Gitters für die Mode, $L_{\mathrm{Gitter}}$ für die Gitterlänge und $\Delta n$ für die Änderung des Brechungsindex aufgrund der periodischen Modellierung. Zur Validierung der zuvor implementierten numerischen Simulation wird die Lösung dieser mit der analytischen Lösung aus Formel (3.49) verglichen. In Bild 3.8 ist die wellenlängenabhängige Reflexion für ein Faser-Bragg-Gitter mit einer Länge von 1 cm und einer homogenen Brechungsindexänderung von $\Delta n = 10^{-4}$ aufgetragen. Dabei lässt sich ein sowohl qualitativ als auch quantitativ exakt übereinstimmendes Verhalten feststellen. Die hier präsentierte numerische Simulation ist demnach zur Simulation von Singlemode-Faser-Bragg-Gittern geeignet und wird für die Simulation von multimodigen Fasern erweitert und verwendet.

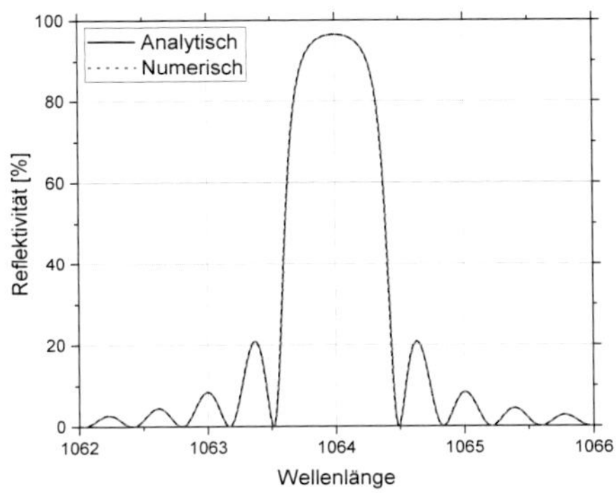


**Bild 3.8:** Vergleich der wellenlängenabhängigen Reflektivität der numerischen, sowie der analytischen Berechnung eines exemplarischen Singlemode-Faser-Bragg-Gitters

## 3.10 Biegung optischer Fasern

Zur Beschreibung des Einflusses von Biegungen auf die Eigenschaften von optischen Fasern wird typischerweise zwischen Mikro- und Makrobiegungen unterschieden. Bei Mikrobiegungen handelt es sich um mikroskopische Abweichungen von dem idealen dielektrischen System, was häufig durch den Herstellungsprozess bestimmt wird. Als Makrobiegung werden Biegungen mit Biegeradien im Bereich von Millimetern bis Meter bezeichnet. Die daraus resultierenden Biegeeffekte können beispielsweise durch Leistungsverluste im Lasersystem beobachtet werden.

Durch die Biegung der Faser erhöht sich die optische Weglänge der außen im Mantel propagierenden Strahlung. Dabei wird die Differenz der optischen Weglänge zwischen im Kern und im Mantel propagierender Strahlung umso größer, je kleiner der Biegeradius ist. Bei einem hinreichend kleinen Biegeradius kann der Gangunterschied an der Außenseite der Biegung so groß werden, dass dieser durch den kleineren Brechungsindex des Mantels nicht mehr ausgeglichen werden kann, wodurch Leistungsverluste auftreten können [144]. Dieser Leistungsverlust kann für zylindersymmetrische Fasern durch den Biegeverlustkoeffizienten $\alpha_{\text{Biegung}}$, mit [145]

$$\alpha_{\text{Biegung}} = \frac{\sqrt{\pi} \cdot u^2 \cdot \exp\left(-\frac{2}{3}(w^3/\beta^2) \cdot R_{\text{Biegung}}\right)}{e_l \cdot w^{1,5} \cdot V^2 \sqrt{R_{\text{Biegung}}} \cdot J_{\text{B},l-1}(w \cdot r_{\text{Kern}}) \cdot J_{\text{B},l+1}(w \cdot r_{\text{Kern}})}, \tag{3.52}$$

sowie mit

$$e_l = \begin{cases} 2, \text{für } l = 0 \\ 1, \text{für } l \neq 0 \end{cases} \tag{3.53}$$

beschrieben werden. Dabei steht $J_{B,l}$ für die modifizierte Besselfunktion zweiter Art, $R_{\text{Biegung}}$ für den Biegeradius und der Index $l$ für die Ordnung der jeweiligen $LP_{lm}$ Mode. Dabei ergeben sich in Abhängigkeit von den Parametern der jeweiligen Faser für unterschiedliche Moden unterschiedliche Biegeempfindlichkeiten. Dies kann beispielsweise ausgenutzt werden, um bei einer Few-Mode Faser Moden höherer transversaler Ordnung zu unterdrücken und nur eine nahezu verlustfreie Propagation für die Grundmode zu ermöglichen [18, 19]. Nachteile des in Formel (3.52) dargestellten analytischen Ansatzes sind die Beschränktheit auf zylindersymmetrische Fasern, sowie Ungenauigkeiten bei multimodigen Fasern [146].

Eine weitere Methode zur Berechnung der Biegeempfindlichkeit basiert auf der Propagation der Strahlung durch die gebogene Faser, ausgedrückt durch eine Variation des idealen dielektrischen Systems in Abhängigkeit des Biegeradius [147]. Dabei wird die gebogene Faser durch eine konforme Abbildung auf eine ungebogene Faser abgebildet, wodurch ein modifiziertes Brechungsindexprofil entsteht. Der ortsabhängige Brechungsindex $n_{\text{Biegung}}$ dieser gebogenen Faser in Abhängigkeit vom Ort $x_{\text{Biegeachse}}$ in der Achse der Biegung kann dabei durch

$$n_{\text{Biegung}} = n \cdot \left(1 + \frac{x_{\text{Biegeachse}}}{R_{\text{eff}}}\right) \tag{3.54}$$

ausgedrückt werden, mit dem effektiven Biegeradius $R_{\text{eff}}$, welcher mit

$$R_{\text{eff}} = \frac{R_{\text{Biegung}}}{1 - \frac{n^2}{2}\left(P_{12} - v_{\text{Poisson}}(P_{11} + P_{12})\right)} \tag{3.55}$$

berechnet werden kann, mit der Poissonzahl $v_{\text{Poisson}} = 0{,}17$ [148] und den Komponenten des photoelastischen Tensors $P_{11} = 0{,}113$ und $P_{12} = 0{,}252$ [149]. Der Querschnitt eines sich daraus ergebenden Brechungsindexprofils bei Biegung in der x-Ebene ist in Bild 3.9 dargestellt.

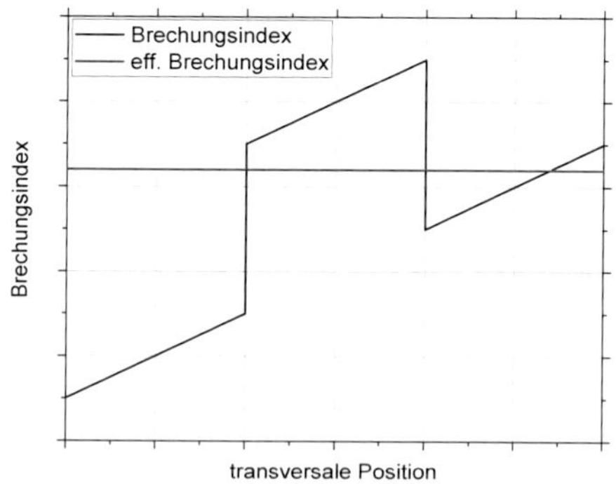


**Bild 3.9:** Aus einer Biegung resultierendes Brechungsindexprofil, bei der Transformation der Änderung des effektiven Brechungsindizes der Mode auf das Brechungsindexprofil

Zur Bestimmung der Biegeverluste bei der Propagation von Eigenmoden durch Fasern beliebiger Geometrien wird im Rahmen dieser Arbeit die am Fraunhofer ILT entwickelte Software *SEMSIS* [123] so erweitert, dass diese Verzerrung des idealen dielektrischen Systems mit denen in SEMIS implementierten Algorithmen berechnet werden kann. Im Rahmen der Simulation wird die wellenoptische Propagation des elektrischen Feldes mithilfe einer Wide-Angle Beam-Propagation-Methode (WA-BPM) simuliert und mithilfe eines Finite-Differenzen Verfahren diskretisiert. Die zugrundeliegenden Ansätze der WA-BPM wurden bereits in zuvor veröffentlichen Dissertationen dargestellt und werden im Folgenden zur vollständigen Darstellung innerhalb dieser Arbeit wiedergegeben [123, 150].

Im Rahmen der WA-BPM wird das elektrische Feld mit einer langsam veränderlichen Einhüllenden $\psi_m(x, y, z)$ und mit entsprechenden Phasentermen in der Form

$$E_m(x, y, z, t) = \psi_m(x, y, z) \cdot \exp(i\beta z - i\omega t) \tag{3.56}$$

dargestellt, mit der Polarisation $m \in \{x_{\mathrm{Pol}}, y_{\mathrm{Pol}}\}$. Unter Verwendung der Helmholtz-Gleichung kann ein Ausdruck der Form

$$\left(1 - \alpha\left(\sqrt{1+X} - 1\right)\right) \psi_m(x, y, z + \Delta z) = \left(1 + \alpha\left(\sqrt{1+X} - 1\right)\right) \psi_m(x, y, z) \tag{3.57}$$

hergeleitet werden, welcher zur Bestimmung der Einhüllenden am Ort $z + \Delta z$ genutzt werden kann, mit

$$\alpha = i \cdot \beta \cdot \Delta z / 2 \tag{3.58}$$

und dem Operator

$$X_{\mu m} \psi_m = \frac{1}{\beta^2} \left( k_0 \left( n_{\mu m}^2 - n_{\mathrm{eff}}^2 \delta_{\mu m} \right) \psi_m + \partial_{ii} \psi_\mu - \partial_\mu \partial_i \psi_i + \partial_\mu \left( \frac{1}{n_{zz}^2} \partial_j \left( n_{jm}^2 \psi_m \right) \right) \right) \tag{3.59}$$

mit $\mu, i, j \in \{x_{\mathrm{Pol}}, y_{\mathrm{Pol}}\}$, mit $x_{\mathrm{Pol}}$ und $y_{\mathrm{Pol}}$ als Komponenten des elektrischen Feldes in den jeweiligen Polarisationsrichtungen, dem Brechungsindextensor $n_{\mu m}$, dem Kronecker-Delta $\delta_{\mu m}$ und unter Verwendung der Einsteinschen Summenkonvention. Durch die Padé-Näherung kann der zuvor dargestellte Operator als eine rationale Funktion in der Form

$$\sqrt{1+X} - 1 \approx \frac{P_p(X)}{Q_q(X)} \tag{3.60}$$

genähert werden, mit dem Zählerpolynom der WA-BPM $P_p$ und dem Nennerpolynom der WA-BPM $Q_q$, sowie dem Grad des Zähler- beziehungsweise des Nennerpolynoms $p$ und $q$. Im Rahmen dieser Arbeit wird die Padé-Näherung der Ordnung (1, 1) verwendet. Weitere Informationen zur Implementierung in das am Fraunhofer ILT entwickelte Softwarepaket *SEMSIS* können wie bereits zuvor beschrieben weiteren Dissertationsschriften entnommen werden [123, 150].

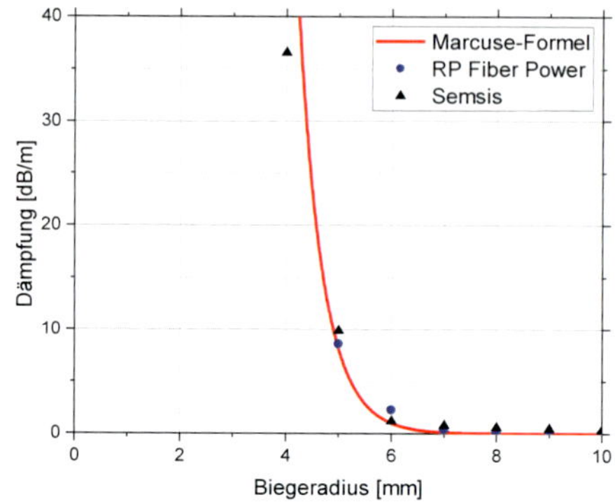


**Bild 3.10:** Vergleich der Dämpfung in Abhängigkeit von dem Biegeradius für die Formel von Marcuse, der Software RP-Fiber Power und der implementierten numerischen Simulation

Zur Validierung der im Rahmen dieser Arbeit durchgeführten Erweiterung des Softwarepakets *SEMSIS* zur Berechnung der Biegedämpfung werden exemplarisch die Propagationsverluste einer zylindersymmetrischen Faser mit einem Kerndurchmesser von 6 µm bei einer numerischen Apertur von 0,14 in Abhängigkeit von dem Biegeradius berechnet. Zur Berechnung der elektrischen Felder der Eigenmoden wird die in Abschnitt 3.3 vorgestellte Methodik verwendet. Die Ergebnisse werden mit der Marcuse-Formel (3.52) und einer kommerziell erhältlichen Software (RP Fiber Power) verglichen, mit denen die Propagationsverluste von Strahlung in klassischen zylindersymmetrischen Fasern, aber nicht in Fasern mit beliebigen Kerngeometrien berechnet werden können. Dabei werden im Rahmen der kommerziell verfügbaren Software mithilfe einer numerischen Simulation die Leistungsverluste der gewählten Mode bei der Propagation durch das durch die Biegung beeinflusste dielektrische System ermittelt. In Bild 3.10 sind die Ergebnisse dargestellt. Insgesamt lässt sich für die 3 Methoden ein qualitativ übereinstimmendes Verhalten feststellen, wodurch die Funktionalität der Simulation zur Bestimmung der Biegedämpfung gezeigt ist. Die Simulation wird in Abschnitt 4 anhand experimenteller Ergebnisse weiter validiert.

# 4 Fasern mit rechteckiger Kerngeometrie

Wie in Abschnitt 2 vorgestellt, werden Singlemode-Fasern in vielen Applikationen unter anderem aufgrund ihrer exzellenten Strahlqualität und ihrer hohen Praktikabilität verwendet. Dabei werden Singlemode-Fasern sowohl zur Erzeugung als auch zum Transport von Strahlung verwendet. Leistungslimitierungen der Fasern können beispielsweise durch stimulierte Raman- oder Brillouin-Streuung auftreten. Das Auftreten dieser Effekte kann durch die Erhöhung der Modenfeldfläche unterdrückt werden. Die maximal erreichbare Modenfeldfläche von runden Singlemode-Fasern ist jedoch durch die Singlemode-Bedingung und die fertigbare numerische Apertur begrenzt.

Um die in einer Faser transportierbare und erzeugbare Leistung ohne das Auftreten von nichtlinearen Effekten weiter zu skalieren, werden innerhalb des folgenden Abschnitts Untersuchungen zu Fasern mit einer eckigen Kerngeometrie, sowie in Abschnitt 5 Untersuchungen zu Fasern mit einer ringförmigen Kerngeometrie vorgestellt. Dabei wird untersucht, unter welchen Bedingungen die Fasern nur eine Mode führen, sowie inwieweit die daraus resultierenden eckigen Singlemode-Fasern mit größtmöglicher Kernquerschnittsfläche zur Unterdrückung nichtlinearer Effekte geeignet sind.

Zunächst werden in den Abschnitten 4.1 und 4.2 die Grundlagen von Fasern mit rechteckiger Kerngeometrie vorgestellt und gezeigt, unter welchen Bedingungen eine solche Faser nur noch eine, zweifach entartete Mode führen kann. Basierend darauf werden in 4.3 die modalen Eigenschaften analysiert und untersucht, ob sich Vorteile im Vergleich zu konventionellen Fasern mit zylindersymmetrischer Kerngeometrie ergeben. In Abschnitt 4.4 wird untersucht, ob sich durch ein Few-Mode Faser Konzept Vorteile ergeben. Eine weitere wichtige Eigenschaft ist die Robustheit der Faser. Dazu werden in Abschnitt 4.5 die Simulationsergebnisse der Dämpfung in Abhängigkeit von dem angelegten Biegeradius präsentiert und in 4.6 eine Möglichkeit zur Eindämmung dieser Biegeempfindlichkeit vorgestellt. In den Abschnitten 4.7 und 4.8 werden anhand von mehreren Fasern experimentell erzielte Ergebnisse vorgestellt und mit den simulierten Daten zur Validierung der Simulation verglichen.

## 4.1 Simulation der Strahlungsmoden in Singlemode-Fasern mit rechteckiger Kerngeometrie

Analog zu runden Singlemode-Fasern sind die Kernquerschnittsfläche und die numerische Apertur zwei Freiheitsgrade, welche die modalen Eigenschaften der Faser beeinflussen. Zusätzlich kann bei einer eckigen Faser das Aspektverhältnis zwischen langer und kurzer Achse als Freiheitsgrad betrachtet werden. Zur Bestimmung des Singlemode-Regimes für Fasern mit einer rechteckigen Kerngeometrie wird im Folgenden mithilfe numerischer Simulationen bei einem gewählten Aspektverhältnis und einer gewählten numerischen Apertur die Kernquerschnittsfläche variiert, um die größtmögliche Kernfläche zu finden, bei der die Singlemode-Bedingung erfüllt wird, sodass nur noch eine einzige Mode für jede der beiden Polarisationsrichtungen im

Faserkern geführt werden kann. Dies wird für unterschiedliche Aspektverhältnisse, sowie numerische Aperturen wiederholt. Insgesamt wird dadurch ein dreidimensionaler Parameterraum aufgespannt, womit die Parameter für Singlemode-Fasern mit rechteckiger Kerngeometrie bestimmt werden können.

In Bild 4.1 ist exemplarisch ein normiertes Brechungsindexprofil (links), sowie der Querschnitt in x- und y-Richtung einer Faser mit rechteckiger Kerngeometrie (rechts) dargestellt. Im Folgenden wird die kürzere Seite der rechteckigen Kerngeometrie als kurze Achse oder als Fast-Axis und die längere Seite als lange Achse, beziehungsweise Slow-Axis bezeichnet. Die numerische Apertur der Fasern wird analog zu Fasern mit runder Kerngeometrie aus dem Brechungsindex des Kerns $n_{\mathrm{Kern}}$ und des Mantels $n_{\mathrm{Mantel}}$ bestimmt.

Zur Simulation der Eigenmoden wird die in Abschnitt 3.3 vorgestellte Methode verwendet. Im Rahmen der Simulation wird mit einer Auflösung von 0.2 µm in x- und y-Richtung bei einer Wellenlänge von 1064 nm gerechnet. Der Manteldurchmesser wird auf 100 µm festgelegt, welcher im Bereich typischer Manteldurchmesser kommerziell verfügbarer Fasern liegt. Da der Brechungsindex des Coatings niedriger als der des Mantels ist, können mithilfe der Simulationsrechnungen ebenfalls die im Fasermantel geführten Moden bestimmt werden. Dadurch kann bei der Variation der Kernfläche der Übergang der Moden höherer transversaler Ordnung von Kern- zu Mantelmoden beobachtet werden. Bei der Mode nächsthöherer transversaler Ordnung handelt es sich hier und im Folgenden um die in der Faser geführte Mode mit dem höchsten effektiven Brechungsindex nach der Grundmode. Die Kernfläche, bei der bei einer gewählten numerischen Apertur keine Mode höherer transversaler Ordnung mehr im Kern geführt wird, wird im Folgenden als Cutoff-Fläche bezeichnet und stellt die Grenze zu Multimode-Fasern dar.

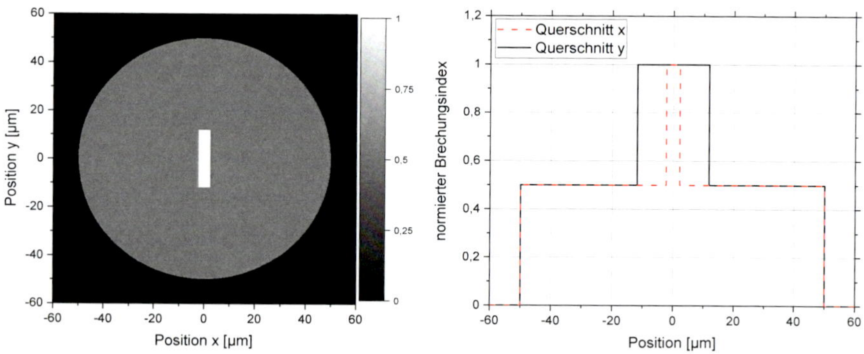


**Bild 4.1:** Exemplarisches normiertes Brechungsindexprofil (links) und Querschnitt einer Faser mit einer rechteckigen Kerngeometrie (rechts)

## 4.2 Singlemode-Bedingung von Fasern mit rechteckiger Kerngeometrie

Wie zuvor beschrieben, sind die Freiheitsgrade einer Faser mit rechteckiger Kerngeometrie die Brechungsindizes des Kerns und des Mantels, beziehungsweise die daraus resultierende numerische Apertur, und weiterhin das Aspektverhältnis, sowie die Kernfläche. Diese Designparameter werden im Folgenden variiert und analysiert, um eine Singlemode-Bedingung zu finden.

Exemplarisch sind in Bild 4.2 (oben) Brechungsindexprofile von rechteckigen Fasern mit einem Aspektverhältnis von 1:3 bei variierender Kernfläche und in Bild 4.2 (unten) die jeweils resultierende Mode nächsthöherer transversaler Ordnung dargestellt, also der Mode mit dem höchsten effektiven Brechungsindex nach der Grundmode. Dabei ist der Übergang der Mode nächsthöherer transversaler Ordnung von einer Kern- zu einer Mantelmode zu erkennen: Während die Mode im Beispiel a) eine stabil im Kern geführte Mode ist, ist diese im Beispiel b) nur noch schwach im Kern geführt und stärker in den Mantel delokalisiert. Im Beispiel c) ist die Mode als Mantelmode zu bezeichnen. Dieses Verhalten ist ebenfalls anhand des effektiven Brechungsindex zu erkennen, welcher in Beispiel c) zwischen dem Brechungsindex des Mantels und des Coatings liegt. Diese Analyse wird nun für unterschiedliche Aspektverhältnisse durchgeführt.

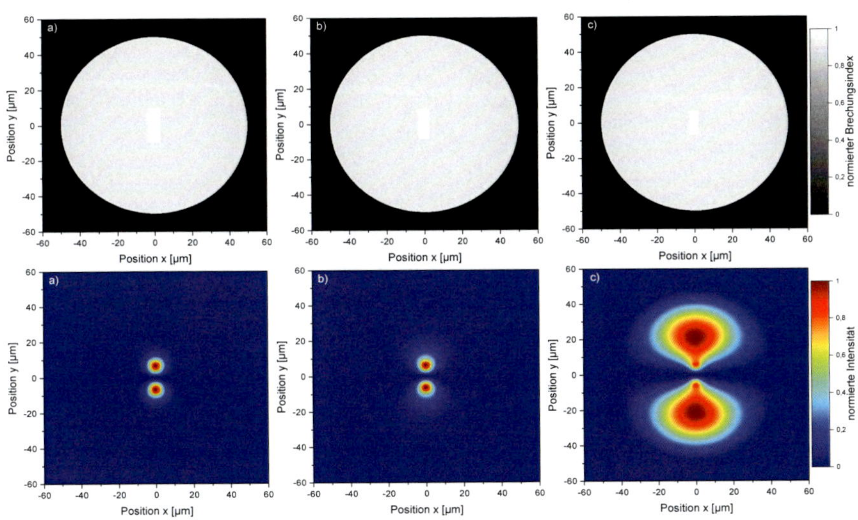


**Bild 4.2:** Normiertes Brechungsindexprofil und resultierende räumliche Verteilung der Mode nächsthöherer transversaler Ordnung für unterschiedliche Kernflächen

In Bild 4.3 ist der effektive Brechungsindex der Mode nächsthöherer transversaler Ordnung für unterschiedliche Aspektverhältnisse in Abhängigkeit von der Kernfläche dargestellt. Die numerische Apertur beträgt 0,06, der Brechungsindex des Kerns beträgt 1,45. Der Schnittpunkt der Kurvenscharen mit dem Brechungsindex des Mantels $n_{\mathrm{Mantel}}$, welche ca. 1,44876 beträgt, bestimmt beim jeweiligen Aspektverhältnis die größtmögliche Singlemode-Kernfläche. Dabei ist zu erkennen, dass die Cutoff-Fläche für höhere Aspektverhältnisse bei niedrigeren Kernflächen liegt. Weiterhin wird der Kernflächenunterschied zwischen zwei benachbarten Kurven für höhere Aspektverhältnisse kleiner.

Aufgrund der diskreten Auflösung der Diskretisierung des Rechengebiets kann die Kernfläche nicht kontinuierlich, sondern nur diskret variiert werden. Dadurch entsprechen die berechneten effektiven Brechungsindizes nicht exakt dem Brechungsindex des Mantels. Daher wird für die weiteren Analysen zur exakteren Bestimmung des Schnittpunktes für jede berechnete Kurve eine lineare Interpolation zwischen dem nächstgelegenen Punkt über und unter dem Brechungsindex des Kerns durchgeführt.

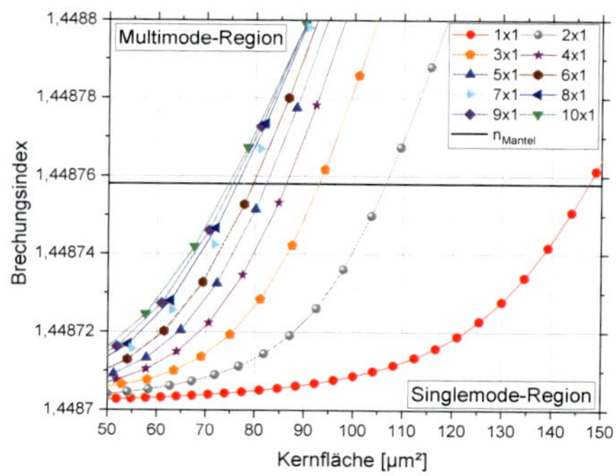


**Bild 4.3:** Effektiver Brechungsindex der Mode nächsthöherer transversaler Ordnung in Abhängigkeit von der Kernfläche für unterschiedliche Aspektverhältnisse

In Bild 4.4 sind die, mithilfe der zuvor beschriebenen linearen Interpolation berechneten, Kernflächen für die unterschiedlichen Aspektverhältnisse $\gamma$ aufgetragen. Auch hier ist zu erkennen, dass für höhere Aspektverhältnisse die maximal mögliche Kernfläche absinkt, bei der die Faser nur die Grundmode führt. Als Fitfunktion zu den simulierten Daten wird eine Hyperbelfunktion in der Form

$$A_{\mathrm{Kern}}^{\gamma}(\gamma, NA = 0{,}06) = \frac{A_{\mathrm{Fit}}}{\gamma} + B_{\mathrm{Fit}} \tag{4.1}$$

verwendet, welche für $A_{\mathrm{Fit}} = 81{,}07\ \mu\mathrm{m}$ und $B_{\mathrm{Fit}} = 66{,}08\ \mu\mathrm{m}$ eine gute Übereinstimmung zu den simulierten Daten hat. Die Hyperbelfunktion könnte auf ein konvergentes Verhalten der Kernfläche für größer werdende Aspektverhältnisse schließen lassen.

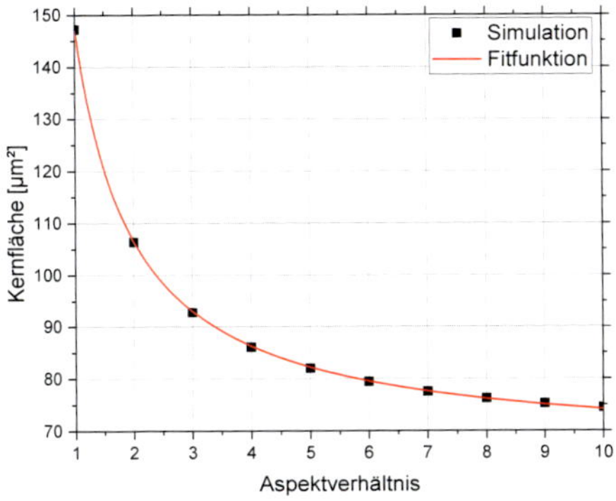


**Bild 4.4:** Maximal mögliche Kernfläche von rechteckigen Singlemode-Fasern bei unterschiedlichen Aspektverhältnissen bei einer numerischen Apertur von 0.06

Um den Einfluss der numerischen Apertur auf die Singlemode-Eigenschaften zu zeigen, wird exemplarisch für ein konstantes Aspektverhältnis von 10:1 die maximale Kernfläche gesucht, bei der die Singlemode-Bedingung erfüllt wird. Die Ergebnisse sind in Bild 4.5 dargestellt. Als Fitfunktion wird hier, analog zur runden Faser, ein antisymmetrischer Zusammenhang zwischen numerische Apertur und Kernfläche in der Form

$$A_{\mathrm{Kern}}^{NA}(\gamma = 10, NA) = \frac{C_{\mathrm{Fit}}}{NA^2} + D_{\mathrm{Fit}} \tag{4.2}$$

angenommen, welcher für $C_{\mathrm{Fit}} = 0{,}72\ \mu\mathrm{m}$ und $D_{\mathrm{Fit}} = -1{,}28\ \mu\mathrm{m}$ eine gute Übereinstimmung mit den simulierten Daten hat.

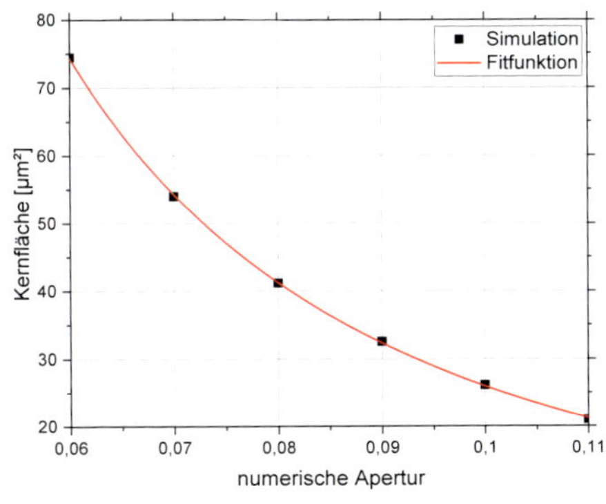


**Bild 4.5:** Maximal mögliche Kernfläche von rechteckigen Singlemode-Fasern in Abhängigkeit von der numerischen Apertur bei einem Aspektverhältnis von 10:1

Durch den in Bild 4.4 und den in Bild 4.5 dargestellten Fit, können die diskret bestimmten Simulationswerte durch zwei kontinuierliche Funktionen ausgedrückt werden. Zum

Vergleich der beiden Fitfunktionen, wird die zum Punkt zugehörige Kernfläche mit beiden Fitfunktionen berechnet. Insgesamt tritt eine Abweichung beider berechneten Flächen von ca. 0,13 % auf. Unter der Näherung

$$A_{\mathrm{Kern}}^{\gamma}(\gamma = 10, NA = 0{,}06) = A_{\mathrm{Kern}}^{NA}(\gamma = 10, NA = 0{,}06) \tag{4.3}$$

ergibt sich, mithilfe der zuvor bestimmten Fitfunktionen, der Zusammenhang zur Berechnung der größtmöglichen Kernfläche, bei der eine Faser mit rechteckiger Kerngeometrie singlemodig ist, in der Form

$$A_{\mathrm{Kern}}^{\mathrm{Ges}}(\gamma, NA) = \frac{1}{A_{\mathrm{Kern}}^{NA}(\gamma = 10, NA = 0{,}06)} \cdot \left(\frac{A_{\mathrm{Fit}}}{\gamma} + B_{\mathrm{Fit}}\right) \cdot \left(\frac{C_{\mathrm{Fit}}}{NA^2} + D_{\mathrm{Fit}}\right) \tag{4.4}$$

in Abhängigkeit von dem Aspektverhältnis und der numerischen Apertur, Separierbarkeit der Variablen vorausgesetzt. In Bild 4.6 ist die Kernfläche in Abhängigkeit vom Aspektverhältnis und der numerischen Apertur dargestellt, wobei analog zu Bild 4.4 und Bild 4.5 derselbe Zusammenhang erkannt werden kann.

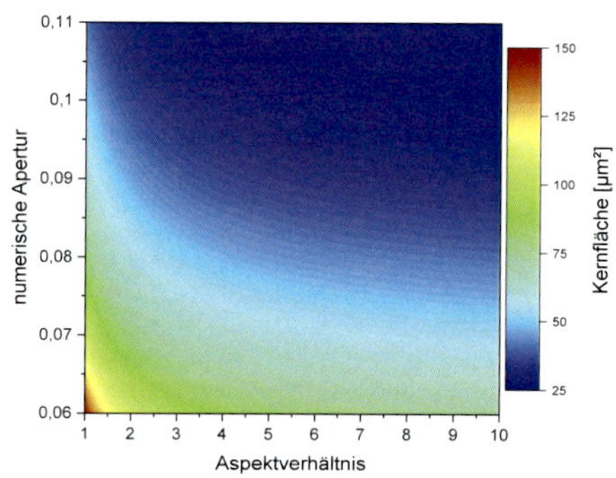


**Bild 4.6:** Maximal mögliche Kernfläche von rechteckigen Singlemode-Fasern in Abhängigkeit von der numerischen Apertur und dem Aspektverhältnis

## 4.3 Modale Eigenschaften von Singlemode-Fasern mit rechteckiger Kerngeometrie

Nachdem im vorherigen Abschnitt gezeigt wurde, unter welchen Bedingungen Fasern mit rechteckiger Kerngeometrie singlemodig sind, wird der Schwerpunkt innerhalb dieses Abschnitts auf die modalen Eigenschaften der in der Faser geführten Strahlung gelegt. Wichtige Eigenschaften sind dabei sowohl die Modenfeldfläche und die Kernfläche im Vergleich zu einer runden Singlemode-Faser als auch die Praktikabilität der Fasern im Hinblick auf die Biegeempfindlichkeit.

Grundlegend ergeben sich, aufgrund der nicht vorhanden Rotationssymmetrie im Vergleich zur runden Faser, unterschiedliche modale Eigenschaften in den beiden Achsen der Fasern. Die Simulationsrechnungen zeigen, dass für eine Singlemode-Faser mit rechteckigem Kern die Fernfelddivergenzwinkel in beiden Achsen unterschiedlich groß sind. In Bild 4.7 ist die Nahfeldcharakteristik, sowie die Fernfeldcharakteristik der aus einer Faser mit rechteckiger Kerngeometrie austretenden Strahlung für ein Aspektverhältnis von 1:5 dargestellt. Dabei ist zu erkennen, dass in der kurzen Achse der Faser der Fernfelddivergenzwinkel größer ist, während der Modenfelddurchmesser kleiner ist als in der anderen Achse. Insgesamt ist die Strahlqualität in beiden Achsen jedoch ungefähr gleich.

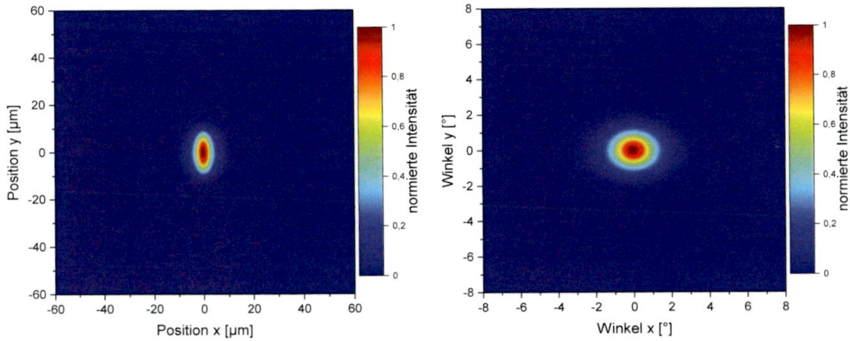


**Bild 4.7:** Nahfeld- (links) und Fernfeldcharakteristik (rechts) der aus einer Singlemode-Faser mit rechteckigem Kern bei einem Aspektverhältnis von 1:5 austretenden Strahlung

In einer zylindersymmetrischen Faser ist jede transversale Mode innerhalb einer Faser aufgrund der beiden möglichen Polarisationsrichtungen mindestens zweifach entartet. Aufgrund der bei Fasern mit rechteckigem Kern nicht vorhanden Rotationssymmetrie, kann es im Gegensatz zu zylindersymmetrischen Fasern zu Unterschieden zwischen den Polarisationsrichtungen kommen.

In Bild 4.8 sind die relative Abweichung der Modenfeldflächen und die absolute Abweichung des effektiven Brechungsindex entsprechenden Strahlungsmoden der beiden Polarisationsrichtungen in Abhängigkeit vom Aspektverhältnis aufgetragen. Für größer werdende Aspektverhältnisse steigt die relative Abweichung der Modenfeldfläche auf einen Wert von 0,3 % bei einem Aspektverhältnis von 10:1 an. Aufgrund dieser kleinen relativen Abweichung wird in den folgenden Abschnitten dieser Unterschied vernachlässigt.

Bei der Betrachtung der absoluten Abweichung des relativen Brechungsindex werden für Aspektverhältnisse größer als 1:1 für alle Aspektverhältnisse ähnliche Werte im Bereich zwischen $10^{-6}$ – $10^{-7}$ erreicht, was auch als geometrische Doppelbrechung bezeichnet wird. Aus dieser Doppelbrechung folgt, unter Betrachtung der Theorie gekoppelter Moden und Formel (3.38), dass die beiden Polarisationsmoden bei einer Störung mit einer Periodizität von ca. 1 m bis 10 m mit der maximalen Rate ineinander koppeln können. Für Fasern, bei denen aufgrund des Herstellungsprozesses keine Periodizität in dieser Größenordnung auftritt, könnte eine Doppelbrechung im Bereich zwischen $10^{-6}$ – $10^{-7}$ ausreichend sein, um die Kopplung zwischen den beiden Polarisationsmoden zu unterdrücken.

Aufgrund der Materialeigenschaften von optischen Fasern werden Störungen mit einer Periodizität um 1 mm unterdrückt [151]. Daraus ergeben sich zum Beispiel folgende Schlussfolgerungen: Wie bereits zuvor beschrieben ist nach der Theorie gekoppelter Moden die Rate der Kopplung zwischen zwei Moden dann maximal, wenn die Periodizität der Störung und die Ausbreitungskontanten der beiden Moden Gleichung (3.38) erfüllen. Um die Kopplung zweier Moden ineinander möglichst zu unterdrücken, ist es demnach vorteilhaft ihre Ausbreitungskonstanten, beziehungsweise die effektiven Brechungsindizes durch das Faserdesign so anzupassen, dass die Kopplung zwischen den beiden Moden bei einer Periodizität von 1 mm maximal ist, da diese Periodizität in einer Faser intrinsisch unterdrückt ist [151]. Für eine Periodizität von 1 mm ergibt sich dadurch eine Doppelbrechung von $10^{-4} – 10^{-3}$ bei der die Kopplung unterdrückt werden könnte. Die geometrische Doppelbrechung von rechteckigen Fasern mit einem Wert von ca. $10^{-6} – 10^{-7}$ wird demnach voraussichtlich nicht ausreichen, um gegenüber den typischen, im Herstellungsprozess induzierten Störungen resistent zu sein, wodurch die Polarisation der Strahlung in der Faser nicht erhalten werden sollte.

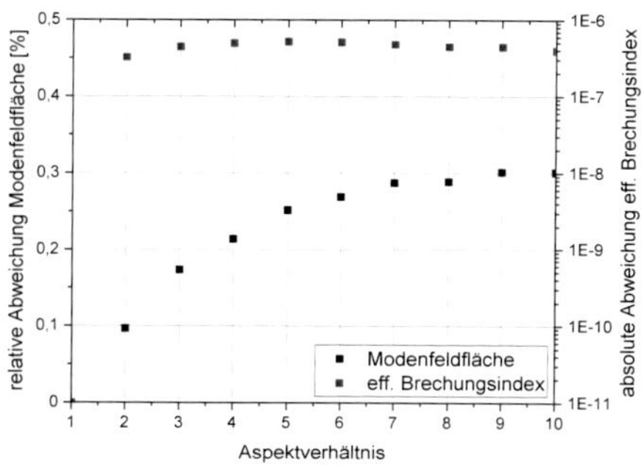


**Bild 4.8:** Relative Abweichung der Modenfeldfläche und absolute Abweichung der effektiven Brechungsindizes der beiden Polarisationsrichtungen in Abhängigkeit von dem Aspektverhältnis für Fasern mit rechteckiger Kerngeometrie

Für die Erzeugung, beziehungsweise die Verstärkung von Strahlung in einer Faser können nichtlineare Effekte, wie die stimulierte Raman-Streuung oder die stimulierte Brillouin-Streuung, die Ausgangsleistung limitieren. Daher ist die Leistungsskalierbarkeit im Hinblick auf nichtlineare Effekte eine weitere zentrale Eigenschaft von Fasern. Da die Schwellleistungen nichtlinearer Effekte proportional zur Modenfeldfläche sind, hängen diese nicht nur von der in der Mode geführten Leistung, sondern auch von der transversalen Ausdehnung der jeweiligen Mode ab, wie in Abschnitt 3.5 dargestellt. Demnach sind Fasern mit einer hohen Modenfeldfläche vorteilhaft, um Strahlung zu transportieren.

Zur Untersuchung, ob eckige Singlemode-Fasern zum Transport von Strahlung hoher Leistung geeignet sind, werden die Modenfeldfläche, jeweils für die Singlemode-Faser mit größtmöglicher Kernfläche für unterschiedliche Aspektverhältnisse berechnet. Zur Berechnung der nichtlinearen Schwellleistung $P_{\mathrm{Th,NL,eckig}}$ dieser Fasergeometrien wird analog zu der in Abschnitt 3.5 vorgestellten Berechnung der nichtlinearen Schwellleistung $P_{\mathrm{Th,NL}}$ derselbe grundlegende Zusammenhang verwendet. Um unterschiedliche Fasern bei derselben Faserlänge miteinander zu vergleichen, wird die aus der Modenfeldfläche resultierende Schwellleistung für das Einsetzen nichtlinearer Effekte $P_{\mathrm{Th,NL,rund}}$ einer zylindersymmetrischen Faser mit einer numerischen Apertur von 0,06 und einer V-Zahl von 2,405 bestimmt, wie zuvor für die Fasern mit eckiger Kerngeometrie analog zu der in Abschnitt 3.5 vorgestellten Berechnung der nichtlinearen Schwellleistung $P_{\mathrm{Th,NL}}$. Diese Schwellleistung für das Einsetzen nichtlinearer Effekte wird im Folgenden zur Normierung genutzt, um einen übersichtlichen Vergleich mit anderen Kerngeometrien zu ermöglichen und um mögliche Vorteile und Nachteile einer eckigen Kerngeometrie im Vergleich zur zylindersymmetrischen Singlemode-Faser darzustellen. Die Schwellleistung für das Einsetzen nichtlinearer Effekte wird im Folgenden als normierte Leistung bezeichnet und mithilfe von

$$P_{\mathrm{Norm,NL}} = \frac{P_{\mathrm{Th,NL,eckig}}}{P_{\mathrm{Th,NL,rund}}} \tag{4.5}$$

berechnet.

In Bild 4.9 sind die normierte Kernquerschnittsfläche, Modenfeldfläche und die normierte Leistung in Abhängigkeit vom Aspektverhältnis aufgetragen. Zur Normierung der Kernfläche, sowie der Modenfeldfläche werden die aus der zylindersymmetrischen Faser mit einer numerischen Apertur von 0,06 und einer V-Zahl von 2,405 resultierende Kernquerschnittsfläche sowie Modenfeldfläche genutzt. Wie schon in Bild 4.4 gezeigt, ergibt sich für die Kernfläche ein konvergenzähnliches Verhalten für steigende Aspektverhältnisse. Die Kernfläche bei einem Aspektverhältnis von 1:1 entspricht ungefähr der Kernfläche der runden Singlemode-Faser. Während die Modenfeldfläche für ein Aspektverhältnis von 2:1 im Vergleich zu 1:1 leicht absinkt, ergeben sich für höhere Aspektverhältnisse Vorteile im Vergleich zur runden Faser. Ein ähnliches Verhalten ist bei der Betrachtung der normierten Leistung zu erkennen. Während sich für ein Aspektverhältnisse von 2:1 Nachteile im Vergleich zur runden Faser und zum Aspektverhältnis 1:1 aufgrund der geringeren Modenfeldfläche ergeben, hat eine rechteckige Kerngeometrie ab einem Aspektverhältnis von 3:1 Vorteile vorzuweisen. Für ein Aspektverhältnis von 10:1 kann ca. 2,2-mal so viel Leistung ohne das Auftreten nichtlinearer Effekte, im Vergleich zu einer passiven, zylindersymmetrischen Singlemode-Faser, transportiert werden. Aufgrund des linearen Verhaltens der normierten Leistung in Abhängigkeit des Aspektverhältnisses, könnte für größere Aspektverhältnisse eine weitere Leistungsskalierung erzielt werden.

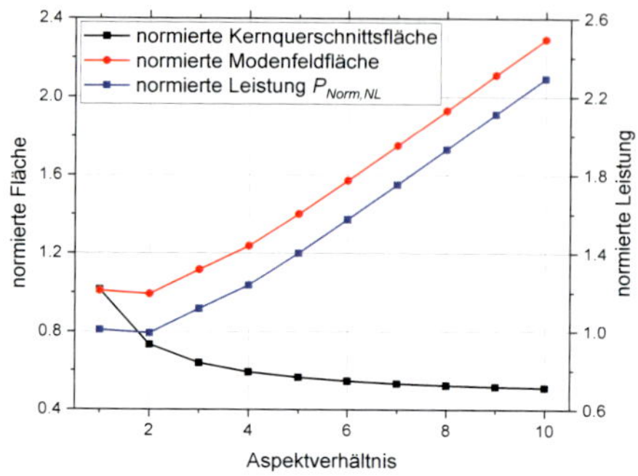


**Bild 4.9:** Auf die größtmögliche, zylindersymmetrische Singlemode-Faser mit einer numerischen Apertur von 0,06 normierte Kernquerschnittsfläche, Modenfeldfläche und in der Faser führbare Leistung in Abhängigkeit von dem Aspektverhältnis von Fasern mit eckiger Kerngeometrie

Während für passive Fasern die Kernquerschnittsfläche zwar einen Einfluss auf die Modenfeldfläche hat, jedoch keine fundamentale limitierende Größe im Hinblick auf die Schwellleistung nichtlinearer Effekte ist, ist die Kernquerschnittsfläche für laseraktiv dotierte Fasern eine relevante Größe: In laseraktiv dotierten Doppelmantel-Fasern bestimmt die Größe der Kernquerschnittsfläche, bei konstantem Manteldurchmesser und konstanter Dotierungskonzentration, die Absorption der Pumpstrahlung und damit die nötige Faserlänge, um einen definierten prozentualen Anteil der Pumpstrahlung zu absorbieren, was für die Vergleichbarkeit unterschiedlicher Fasern elementar ist. Unter der Näherung, dass die im Fasermantel befindliche Pumpstrahlung homogen über die Kernquerschnittsfläche absorbiert wird, ist die nötige Faserlänge daher invers proportional zur Kernquerschnittsfläche. Für die Schwellleistung nichtlinearer Effekte in laseraktiv dotierten Fasern $P_{\mathrm{Th,NL,AF}}$, ergibt sich daher mit Formel (3.16), (3.20) und (3.28) über den Zusammenhang

$$P_{\mathrm{Th,NL,AF}} \propto \frac{A_{\mathrm{eff}}}{L_{\mathrm{eff}}} \propto A_{\mathrm{eff}} \cdot A_{\mathrm{Kern}} \tag{4.6}$$

eine Proportionalität zur Kernquerschnittsfläche $A_{\mathrm{Kern}}$. Diese Kenngröße kann nun verwendet werden, um analog die Schwellleistung nichtlinearer Effekte in laseraktiv dotierte Fasern mit rechteckiger Kerngeometrie $P_{\mathrm{Th,NL,AF,eckig}}$ mit der von zylindersymmetrischen Fasern $P_{\mathrm{Th,NL,AF,rund}}$ zu vergleichen. Daraus ergibt sich die normierte Schwellleistung nichtlinearer Effekte

$$P_{\mathrm{Norm,NL,AF}} = \frac{P_{\mathrm{Th,NL,AF,eckig}}}{P_{\mathrm{Th,NL,AF,rund}}}, \tag{4.7}$$

welche im Rahmen der folgenden Untersuchungen verwendet wird.

In Bild 4.10 sind die auf eine zylindersymmetrische Singlemode-Faser normierte Kernquerschnittsfläche, Modenfeldfläche und Schwellleistung nichtlinearer Effekte von eckigen Singlemode-Fasern für unterschiedliche Aspektverhältnisse aufgetragen.

Während, wie schon in Bild 4.9 gezeigt, die Modenfeldfläche für Aspektverhältnisse größer als 3:1 ansteigt, ist die Kernquerschnittsfläche für größere Aspektverhältnisse kleiner. Aufgrund des konvergenzähnlichen Verhaltens der Kernquerschnittsfläche ergeben sich ab einem Aspektverhältnis von ca. 9:1 Vorteile im Hinblick auf die normierte Schwellleistung für das Einsetzen nichtlinearer Effekte, im Vergleich zur zylindersymmetrischen Singlemode-Faser. Bei einem Aspektverhältnis von 10:1 ist die Schwellleistung für das Einsetzen nichtlinearer Effekte um ca. 17 % erhöht. Aufgrund des linearen Verhaltens der Modenfeldfläche und des konvergenzähnlichen Verhaltens der Kernfläche ist für höhere Aspektverhältnisse weiterhin eine höhere Schwellleistung für das Einsetzen nichtlinearer Effekte zu erwarten.

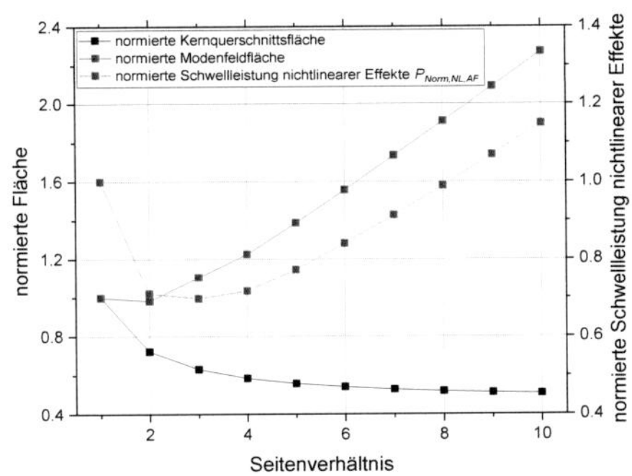


**Bild 4.10:** Auf die größtmögliche, zylindersymmetrische Singlemode-Faser mit einer numerischen Apertur von 0,06 normierte Kernquerschnittsfläche, Modenfeldfläche und Schwellleistung für das Einsetzen nichtlinearer Effekte in Abhängigkeit von dem Aspektverhältnis für aktiv-dotierte Fasern mit eckiger Kerngeometrie

Insgesamt zeigen sich für Fasern mit rechteckiger Kerngeometrie für größere Aspektverhältnisse Vorteile im Hinblick auf die in einer Faser transportierbare und erreichbare Leistung, ohne das Auftreten nichtlinearer Effekte. Dies gilt sowohl für laseraktiv dotierte als auch für passive Fasern. Dabei ist zu beachten, dass für höhere Aspektverhältnisse die Kernfläche absinkt und gleichzeitig die Modenfeldfläche ansteigt. Ein ähnliches Verhalten, nämlich das Ansteigen der Modenfeldfläche, bei sinkender Kernfläche, lässt sich auch bei zylindersymmetrischen Singlemode-Fasern beobachten. Dabei kann zur Berechnung des Modenfelddurchmessers der Zusammenhang [152]

$$MFD = d_{\text{Kern}} \cdot (0.65 + 1.619V^{-1.5} + 2.879V^{-6}) \tag{4.8}$$

verwendet werden.

Zum Vergleich der zylindersymmetrischen Fasern mit den Fasern mit eckiger Kerngeometrie sind in Bild 4.11 die Modenfeldfläche in Abhängigkeit von der Kernfläche, sowie die zugehörigen V-Zahl der zylindersymmetrischen Singlemode-Fasern bei einer numerischen Apertur von 0,06 aufgetragen. Für die Fasern mit eckiger Kerngeometrie entsprechen die eingezeichneten Punkte den Singlemode-Fasern mit der jeweils größtmöglichen Kernquerschnittsfläche, bei unterschiedlichen Aspektverhältnissen. Für beide Kurven ist ab einer gewissen Kernfläche ein divergierendes Verhalten zu erkennen. Dabei tritt dieses Verhalten bei eckigen Fasern schon bei einer ca. dreimal größeren Kernfläche im Vergleich zur zylindersymmetrischen Faser auf, was ein fundamentaler Vorteil der eckigen Faser zur Unterdrückung nichtlinearer Effekte ist. Dabei ist jedoch zu beachten, dass die Verwendung von zylindrischen Fasern mit solchen Kerndurchmessern unüblich ist.

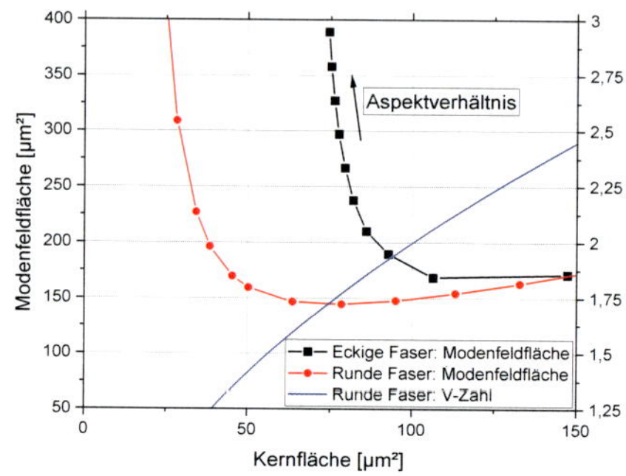


**Bild 4.11:** Modenfeldfläche für Singlemode-Fasern mit rechteckiger Kerngeometrie unterschiedlicher Aspektverhältnisse und Modenfeldfläche für zylindersymmetrische Fasern in Abhängigkeit von der Kernfläche und zugehörige V-Zahl für eine numerische Apertur von 0,06

## 4.4 Few-Mode Faser Konzept

Bei den vorangehenden Analysen wurden Singlemode-Fasern betrachtet, um transversale Modeninstabilitäten zu unterdrücken. Unter bestimmten Voraussetzungen, wie zum Beispiel bei der Verwendung schmalbandiger Laser, bei niedrigen mittleren Leistungen oder Hochenergielasern im Einzelschussbetrieb, können vor allem nichtlineare Effekte, welche durch höhere Modenfeldflächen unterdrückt werden können und nicht transversale Modeninstabilitäten die limitierende Größe sein. Für solche Parameterräume können daher Few-Mode Fasern (FM-Fasern), also Fasern, die mehr als eine zweifach entartete transversale Mode führen, vorteilhaft sein.

In Bild 4.12 ist exemplarisch die Modenfeldfläche und die Schwellleistung für das Einsetzen nichtlinearer Effekte für eine Faser mit rechteckiger Kerngeometrie bei einem Aspektverhältnis von 7:1 dargestellt. Die Werte sind dabei auf die Werte der größtmöglichen, Singlemode-Faser mit rechteckiger Kerngeometrie bei einem Aspektverhältnis von 7:1 und einer numerischen Apertur von 0,06 normiert. Für größer werdende Seitenlängen sinkt die Modenfeldfläche zunächst ab, bis sie ab einer Seitenlänge von ca. 4 µm wieder linear ansteigt. Für leicht größere Kernflächen im Vergleich zur maximalen Singlemode-Kernfläche ergeben sich daher also Nachteile im Hinblick auf die Modenfeldfläche. Im Vergleich dazu ist bei einer zylindersymmetrischen Faser das lineare Ansteigen der Modenfeldfläche schon vor der maximalen Singlemode-Kernfläche zu erkennen, wie in Bild 4.11 dargestellt. Aufgrund der größer werdenden Kernfläche ergeben sich im Hinblick auf die Schwellleistung für das Einsetzen nichtlinearer Effekte für größer werdende Kernflächen Vorteile, analog zur zylindersymmetrischen

Faser. Insgesamt können sich daher Vorteile zur Unterdrückung nichtlinearer Effekte ergeben, die Vorteile eines Few-Mode Faser Konzeptes überwiegen jedoch bei einer zylindersymmetrischen Faser.

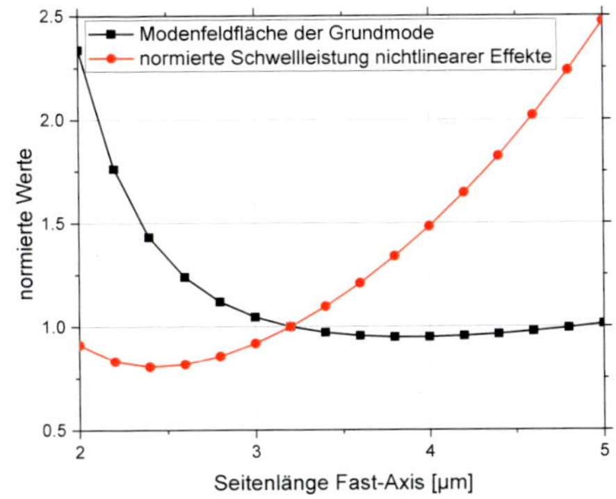


**Bild 4.12:** Auf die größtmögliche Singlemode-Faser mit rechteckiger Kerngeometrie bei einem Aspektverhältnis von 7:1 und mit einer numerischen Apertur von 0,06 normierte Modenfeldfläche und normierte Schwellleistung nichtlinearer Effekte in Abhängigkeit von der Seitenlänge der Fast-Axis für die Grundmode einer 7:1-Faser

## 4.5 Simulation der Biegeverluste eckiger Singlemode-Fasern

Die maximal in einer Faser erreichbaren Parameter werden vor allem durch die in den vorherigen Abschnitten vorgestellten modalen Eigenschaften, sowie den Eigenschaften der Faser selbst, bestimmt. Dabei bestimmen die Modenfeldfläche die Schwellleistung nichtlinearer Effekte sowie die Kernfläche in aktiv-dotierten Fasern die nötige Faserlänge, um eingestrahlte Pumpstrahlung effizient zu absorbieren. Eine weitere wichtige Eigenschaft einer Faser ist die Biegeempfindlichkeit, welche die Praktikabilität einer Faser bestimmt. Um möglichst kompakte Lasersysteme zu ermöglichen, ist es vorteilhaft, Fasern mit möglichst niedrigen Biegeempfindlichkeiten zu verwenden. Dies gilt ebenfalls für die Verwendung von passiven Transportfasern, welche bei einer zu hohen Biegeempfindlichkeit Leistungseinbußen zu verzeichnen haben.

Neben den Leistungsverlusten aufgrund des Biegens der Faser kann es in Abhängigkeit vom Biegeradius zu unterschiedlich starken Deformationen der Mode kommen. In Bild 4.13 sind die Intensitätsverteilungen in einer Faser mit eckiger Kerngeometrie und einem Aspektverhältnis von 10:1 bei einem Biegeradius von 0.2 m bei Biegung in der Slow- und in der Fast-Axis, zusammen mit den zugehörigen Querschnitten der Eigenmode der nicht gebogenen Faser dargestellt. Hier und im Folgenden wird die Biegung in der längeren Achse des Kerns als Biegung in der Slow-Axis bezeichnet, während die Biegung in der kürzeren Achse als Biegung in der Fast-Axis bezeichnet wird. Für die Biegung in der Slow-Axis lässt sich die Deformation der Mode gut erkennen. Die Mode wird zu den durch die Biegung resultierenden höheren Brechungsindizes hin verschoben. Für die Biegung in der Fast-Axis lässt sich derselbe Effekt erkennen, dieser ist jedoch schwächer ausgeprägt als in der Slow-Axis. Prinzipiell können die modalen Eigenschaften in Abhängigkeit von dem Biegeradius aufgrund der Deformation der Mode stark variieren.

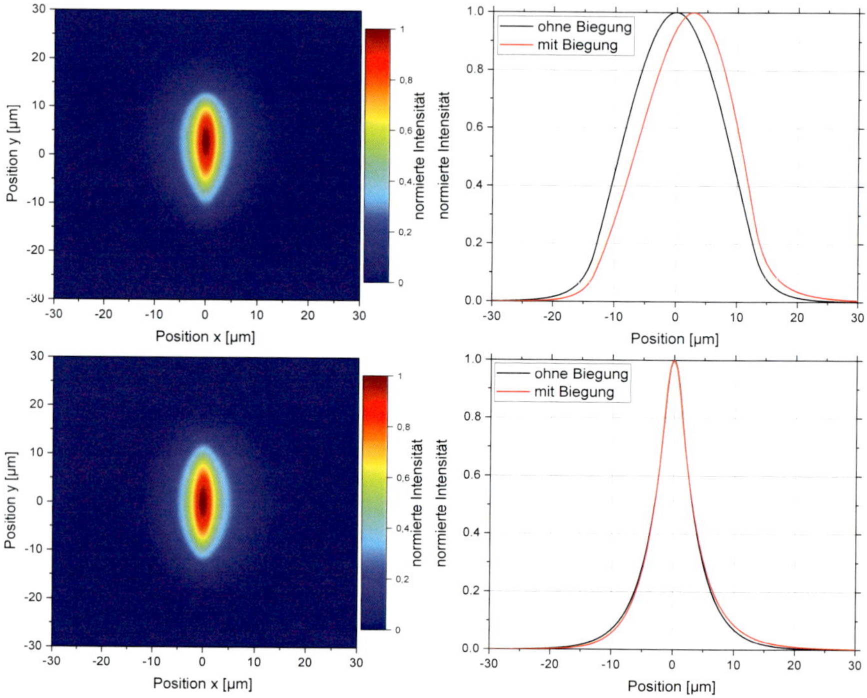


**Bild 4.13:** Intensitätsverteilungen der Eigenmode einer Singlemode-Faser mit rechteckiger Kerngeometrie bei einem Aspektverhältnis von 10:1 für einen Biegeradius von 0.2 m bei Biegung in Slow- und Fast-Axis (links, oben bzw. unten), sowie zugehörige Querschnitte der gebogenen und der nicht gebogenen Eigenmode (rechts, oben bzw. unten)

Während für zylindersymmetrische Fasern die Achse, in der gebogen wird, keinen Einfluss auf die Biegeempfindlichkeit von rotationssymmetrischen Moden hat, ist für Fasern mit rechteckiger Kerngeometrie eine unterschiedliche Biegeempfindlichkeit, in Abhängigkeit von der Achse in der gebogen wird, zu erwarten. Zur Analyse ist in Bild 4.14 die Dämpfung in Abhängigkeit vom Biegeradius für die größtmögliche, rechteckige Singlemode-Faser mit einem Aspektverhältnis von 10:1 und einer numerischen Apertur von 0,06 für Biegung in der Slow-Axis und in der Fast-Axis gezeigt. Für beide Kurven ist ein ähnlicher Verlauf zu beobachten, für die Biegung in der Slow-Axis ist die Kurve zu leicht höheren Dämpfungen, beziehungsweise zu leicht höheren Biegeradien hin verschoben. Dies lässt darauf schließen, dass der Modenfelddurchmesser der

Mode, beziehungsweise die Abmessungen des Kerns in der jeweiligen Biegeachse einen Einfluss auf die Biegeempfindlichkeit haben.

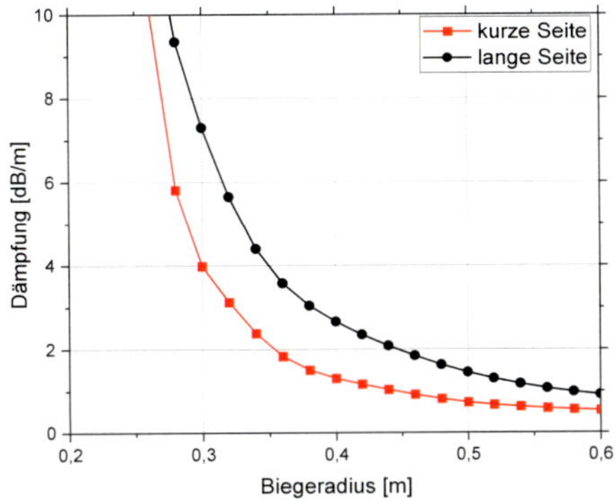


**Bild 4.14:** Dämpfung in Abhängigkeit des Biegeradius der kurzen und der langen Achse einer Faser mit einem Aspektverhältnis von 10:1 für eine numerische Apertur von 0,06

Zur Analyse der Praktikabilität für Singlemode-Fasern mit rechteckiger Kerngeometrie wird die Dämpfung der Grundmode der jeweiligen Singlemode-Faser mit größtmöglicher Kernfläche und einer numerischen Apertur von 0,06 in Abhängigkeit vom Biegeradius für unterschiedliche Aspektverhältnisse berechnet. In Bild 4.15 sind die Ergebnisse für Biegung in der kurzen Achse der Fasern dargestellt. Dabei ist für alle Kurven ein ähnliches Verhalten zu erkennen.

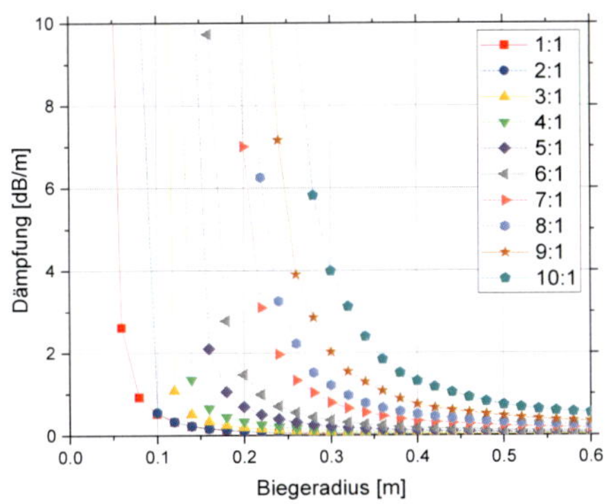


**Bild 4.15:** Dämpfung in Abhängigkeit des Biegeradius für unterschiedliche Aspektverhältnisse bei Biegung in der Fast-Axis für die jeweils größtmögliche Singlemode-Faser mit rechteckiger Kerngeometrie und einer numerischen Apertur von 0,06

Des Weiteren steigt für größer werdende Aspektverhältnisse die Biegeempfindlichkeit an. Dadurch sind gerade die Fasern besonders empfindlich gegenüber Biegungen, welche eher zur Unterdrückung nichtlinearer Effekte geeignet sind, wie in Abschnitt

4.3 gezeigt. Ursachen dafür können zum einen die größere Modenfeldfläche der Moden bei höheren Aspektverhältnissen sein, zum anderen sind diese Moden schwächer im Kern lokalisiert, wodurch sich die Biegeempfindlichkeit ebenfalls erhöhen kann.

Insgesamt zeigen die Simulationsrechnungen, dass für Singlemode-Fasern mit rechteckiger Kerngeometrie die Praktikabilität vor allem bei hohen Aspektverhältnissen eingeschränkt sein kann. Beispielsweise entspricht die Dämpfung der Grundmode bei einem Biegeradius von ca. 0,3 m ca. 4 dB/m, wodurch der Aufbau kompakter, industrieller Lasersysteme erschwert werden kann. Zur Untersuchung, wie groß der Einfluss der Biegedämpfung auf die Ausgangsleistung unterschiedlicher Faserlasersysteme sind, werden mehrere Faserverstärker mit unterschiedlichen Faserlängen sowie Zielparametern untersucht. Um die Vergleichbarkeit der Ergebnisse innerhalb jeder Analyse zu gewährleisten, wird für unterschiedliche Faserlängen hierbei die Dotierung der Faser jeweils angepasst, sodass bei gleicher Pumpleistung die gleiche Ausgangsleistung ohne die Berücksichtigung der Biegedämpfungen ermöglicht wird.

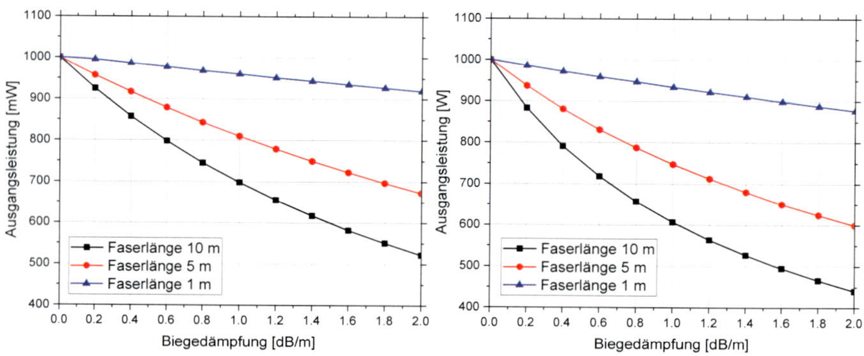


**Bild 4.16:** Ausgangsleistung in Abhängigkeit von der Biegedämpfung für unterschiedliche Faserlängen von Faserverstärkern zur Verstärkung von 1 mW auf 1 W (links) und von 100 W auf 1000 W (rechts)

In Bild 4.16 sind dazu die normierte Ausgangsleistung in Abhängigkeit von der Biegedämpfung für unterschiedliche Faserlängen dargestellt. In Bild 4.16 links ist die Verstärkung eines Signals mit einer geringen Leistung von ca. 1 mW um 30 dB auf 1 W und rechts die Verstärkung eines Signals mit höherer Leistung von ca. 100 W um 10 dB auf 1 kW eine typische Verstärkung im Bereich höherer Leistungen, dargestellt. Für Systeme mit längeren Faserlängen können aufgrund der Biegedämpfung insgesamt geringere Ausgangsleistungen erreicht werden: während, wie in Bild 4.16 (links) gezeigt, für eine Faserlänge von 1 m bei einer Biegedämpfung von 2.0 dB/m im Vergleich zur nicht gebogenen Faser noch ca. 92% der Ausgangsleistung erzielt werden, beträgt die Ausgangsleistung für das System mit einer Faserlänge von 10 m ca. 52 % der Ausgangsleistung. Dasselbe Verhalten lässt sich auch in Bild 4.16 (rechts) für die Analyse mit einer Verstärkung um 10 dB beobachten. Auffällig ist hierbei, dass im Fall des Systems mit einer Faserlänge von 10 m das Signal verstärkt wird, obwohl die absolute Biegedämpfung von 20 dB über der Designverstärkung von 10 dB liegt. Dementsprechend können keine allgemeinen Aussagen darüber gefällt werden, bis zu welcher Biegedämpfung eine Faser praktikabel ist, sondern es muss immer das konkrete System betrachtet werden, da z.B. die Verstärkung eine Ortsabhängigkeit von der Faserlänge haben kann. Insgesamt lässt sich festhalten, dass für Systeme mit kurzen Faserlängen und hohen Verstärkungen insgesamt höhere Biegeverluste toleriert werden können, da in diesen Fällen der relative Einfluss dieses Verlustkanals geringer ist.

## 4.6 Reduzierung der Biegeempfindlichkeit von Fasern mit rechteckiger Kerngeometrie mithilfe eines Brechzahlpodests

Die Biegeempfindlichkeit ist ein Parameter, der im allgemeinen Auswirkungen auf die Praktikabilität von optischen Fasern hat. Sowohl zum Aufbau von Faserlasersystemen als auch im Bereich der Telekommunikation und insbesondere FTTH-Applikationen, werden neue Fasern mit einer möglichst niedrigen Biegeempfindlichkeit entwickelt [153]. Für Stufenindexfasern können zur Verbesserung der Biegeempfindlichkeit zusätzliche Strukturen in die Faser implementiert werden, wie beispielsweise ein Brechzahlprofil um den Kern, was im Folgenden als Brechzahlpodest bezeichnet wird, oder ein zusätzlicher Brechzahltrench im Fasermantel [153–155].

In Bild 4.17 sind exemplarisch der Querschnitt einer solchen Faser mit einem zusätzlichen Brechzahlpodest und in Bild 4.18 mit einem Brechzahltrench, beziehungsweise einem Graben im Brechungsindexprofil dargestellt. Im Fall des Brechzahlpodests werden der Brechungsindex des Faserkerns und der Brechungsindex in einem Bereich um diesen erhöht, während im Fall des Brechzahltrenches der Brechungsindex in einem Abschnitt des Fasermantels abgesenkt wird. In beiden Fällen kann dadurch die Biegeempfindlichkeit der Faser verringert werden.

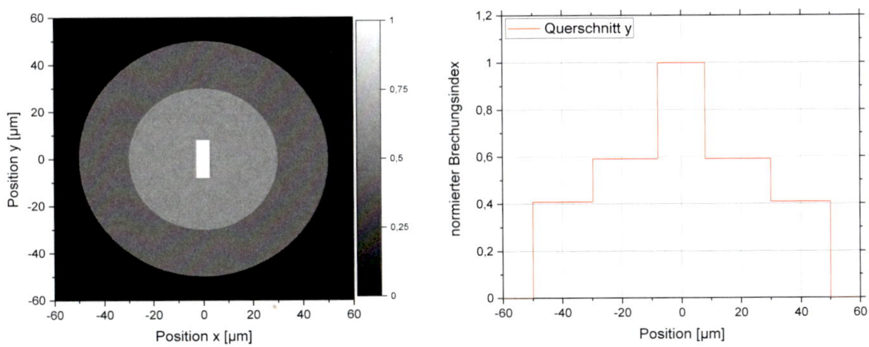


**Bild 4.17:** Exemplarische Darstellung einer Faser mit Brechzahlpodest (links) und zugehöriges Brechungsindexprofil (rechts)

Die Größe der Makrobiegung hat einen Einfluss auf die in einer Faser propagierende Strahlung. Durch die Biegung der Faser erhöht sich die optische Weglänge der im Mantel propagierenden Strahlung. Dabei wird die Differenz der optischen Weglänge zwischen im Kern und im Mantel propagierender Strahlung umso größer, je kleiner der Biegeradius ist. Wie in Abschnitt 3.10 vorgestellt, erhöht sich durch die Biegung der Faser die optische Weglänge der im Mantel propagierenden Strahlung, beziehungsweise der effektive Brechungsindex der Mode. Bei einer zu starken Biegung kann dadurch der Gangunterschied an der Außenseite der Biegung so groß werden, dass die im Mantel propagierende Strahlung von der Mode getrennt wird [144]. Durch die Verwendung eines Brechzahlpodestes oder eines Trenches kann die Trennung der Strahlung von der Mode verringert werden: Bei gleichen Biegeradien bleibt die Mode näher am Kern lokalisiert. Dadurch wird die Erhöhung des effektiven Brechungsindex der Mode zum Rand der Faser hin unterdrückt [154], wie dies bei der Biegung von Fasern ohne Brechzahlpodest oder Trench der Fall ist, wie in Bild 3.9 dargestellt. Da die Leistungsverluste bei der Biegung von Fasern durch die Anteile der Strahlung auftreten, die bis in die Coating-Region ragen, ist eine Methode zur Unterdrückung der Biegeverluste daher die Deformation der Mode in diese Regionen zu unterdrücken und den Brechungsindex in den Regionen starker Biegung effektiv abzusenken [155].

Das Konzept des Brechzahlpodestes wird im Folgenden auf eine Faser mit rechteckiger Kerngeometrie angewendet und die daraus resultierenden optischen Eigenschaften werden analysiert. Dabei werden unter anderem die Biegedämpfung für unterschiedliche Podestradien $r_{\mathrm{Podest}}$ und unter Variation der numerischen Apertur des Podests wiedergegeben. Die numerische Apertur des Brechzahlpodestes kann mit dem Brechungsindex des Brechzahlpodestes $n_{\mathrm{Podest}}$ und dem des Mantels $n_{\mathrm{Mantel}}$ mit

$$NA_{\mathrm{Podest}} = \sqrt{n_{\mathrm{Podest}}^2 - n_{\mathrm{Mantel}}^2} \tag{4.9}$$

bestimmt werden. Da sich das Brechzahlpodest um den Kern herum befindet, bezieht sich die numerische Apertur des Kerns nun nicht mehr auf den Fasermantel, sondern auf den Brechungsindex des Brechzahlpodestes. Da die Einbringung eines Brechzahlpodestes in eine Faser das dielektrische System verändert, werden zusätzlich die modalen Eigenschaften der Moden im Kern beeinflusst.

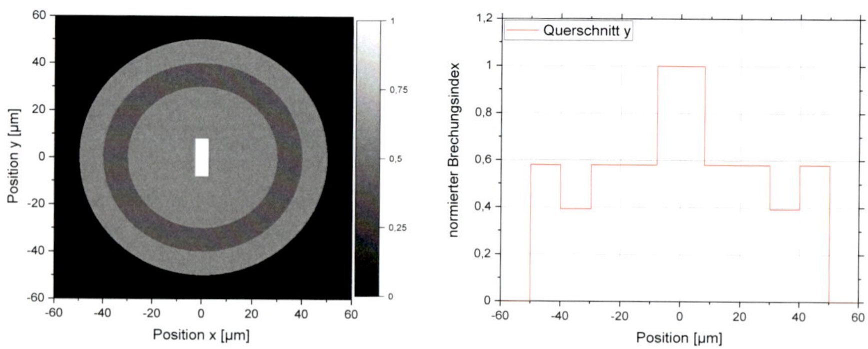


**Bild 4.18:** Exemplarische Darstellung einer Faser mit einem Brechzahltrench (links) und zugehöriges Brechungsindexprofil (rechts)

Zur Analyse ist in Bild 4.19 die normierte Modenfeldfläche der Mode des Kerns in Abhängigkeit vom Podestradius bei einer numerischen Apertur des Brechzahlpodestes von 0,08 dargestellt. Die Modenfeldfläche ist auf die Modenfeldfläche einer Faser mit gleichen Kernabmessungen, aber ohne Brechzahlpodest normiert. Die Abmessungen des Kerns betragen 5,4 µm mal 16,2 µm bei einer numerischen Apertur von 0,06, welche ungefähr den Abmessungen der hergestellten Faser entsprechen, die in den folgenden Abschnitten beschrieben wird. Die durch experimentelle Untersuchungen erlangten Erkenntnisse werden in Abschnitt 4.8 diskutiert. Für Podestradien größer als ca. 25 µm entspricht die normierte Modenfeldfläche ca. 1. Demnach hat das Brechzahlpodest in diesem Fall keinen relevanten Einfluss auf die Modenfeldfläche. Für kleinere Podestradien wird die Mode stärker in den Kern lokalisiert, wodurch die normierte Modenfeldfläche absinkt. Zur weiteren Analyse wird bei einem Podestradius von 30 µm die numerische Apertur des Brechzahlpodestes variiert. Dabei lässt sich für die Variation der numerischen Apertur um 0,07 eine Änderung der Modenfeldfläche um weniger als 0,05 % feststellen.

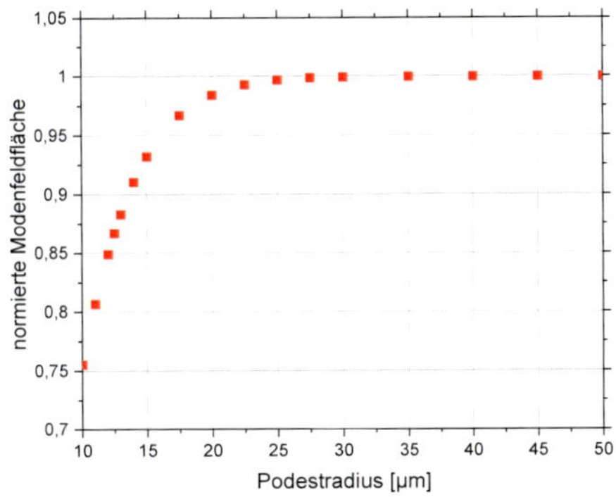


**Bild 4.19:** Normierte Modenfeldfläche der Grundmode in Abhängigkeit von dem Podestradius der Faser mit Abmessungen des Kerns von 5,4 µm mal 16,2 µm Kern und einer numerischen Apertur des Kerns von 0,06 und einer numerischen Apertur des Brechzahlpodests von 0,08

Zur Analyse des Einflusses des Podestradius auf die Biegeempfindlichkeit wird für unterschiedliche Podestradien die Dämpfung in Abhängigkeit vom Biegeradius simuliert. Dabei betragen die Abmessungen des Kerns 5,4 µm mal 16,2 µm bei einer numerischen Apertur des Kerns von 0,06 und des Brechzahlpodestes von 0,08. Die Ergebnisse sind in Bild 4.20 dargestellt. Für sinkende Podestradien steigt die Biegeempfindlichkeit an; hohe Dämpfungswerte um 5 dB/m werden beispielsweise für Podestradien um 20 µm bei einem Biegeradius um 0,015 m erreicht, während diese bei einem Podestradius von 50 µm bereits bei einem Biegeradius von 0,1 m erreicht werden. In Kombination mit den in Bild 4.19 gezeigten Ergebnissen kann dabei festgestellt werden, dass auch für Podestradien, bei denen die Modenfeldfläche nicht beeinflusst wird, die Biegeempfindlichkeit durch ein Brechzahlpodest positiv beeinflusst werden kann.

Dadurch ist gezeigt, dass die Biegeempfindlichkeit nicht nur von den Kerneigenschaften, sondern vom gesamten dielektrischen System der Faser abhängig ist und besonders biegeempfindliche Systeme durch zusätzliche Strukturen beeinflusst werden können.

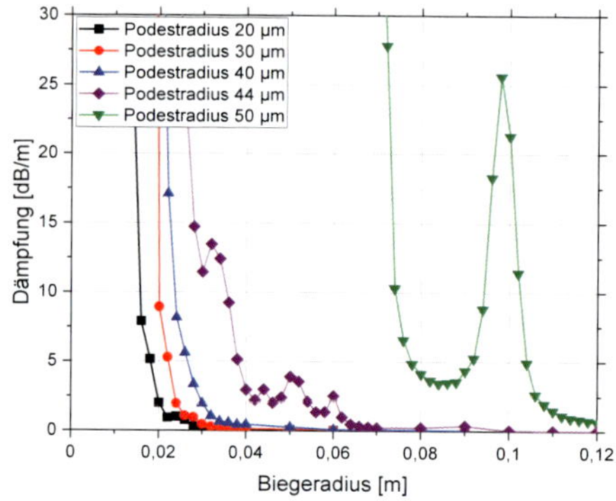


**Bild 4.20:** Dämpfung in Abhängigkeit von dem Biegeradius für unterschiedliche Podestradien bei einer numerischen Apertur des Kernes von 0,06 und einer numerischen Apertur des Brechzahlpodestes von 0,08

In Bild 4.21 die Biegeempfindlichkeit für einen Podestradius von 30 µm bei der Variation der numerischen Apertur des Brechzahlpodestes dargestellt. Für kleinere numerische Aperturen steigt die Biegeempfindlichkeit an. Demnach ist es zur Unterdrückung der Biegeempfindlichkeit vorteilhaft, ein hinreichend kleines Brechzahlpodest, bei dem die modalen Eigenschaften des Kernes noch nicht beeinflusst werden, bei einer gleichzeitig möglichst hohen numerischen Apertur zu verwenden. In den folgenden Abschnitten werden diese simulierten Ergebnisse zur Validierung mit den aus den experimentellen Untersuchungen erlangten Ergebnissen verglichen. Dabei werden in Abschnitt 4.7 und in Abschnitt 4.8 Fasern ohne beziehungsweise mit Brechzahlpodest analysiert.

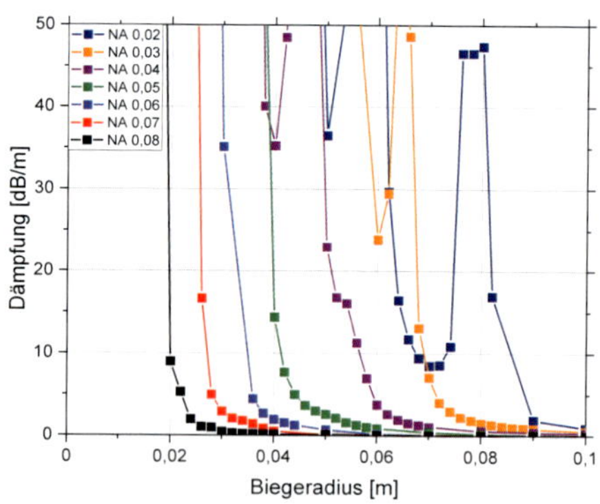


**Bild 4.21:** Dämpfung in Abhängigkeit von dem Biegeradius für unterschiedliche numerische Aperturen des Brechzahlpodests bei einem Podestradius von 30 µm

## 4.7 Experimentelle Analyse von Fasern mit rechteckiger Kerngeometrie

Zur experimentellen Analyse von Fasern mit rechteckiger Kerngeometrie werden Fasern mit unterschiedlichen Parametern, wie Kernquerschnittsfläche, numerische Apertur und Aspektverhältnis von einem Projektpartner des Fraunhofer ILTs hergestellt. Diese werden im Hinblick auf ihre optischen Eigenschaften, wie Nah- und Fernfeldcharakteristik, sowie Biegeempfindlichkeit untersucht. Durch den Abgleich der experimentell erzielten Ergebnisse, mit denen der Simulation, kann die Simulation validiert werden und bei einer erfolgreichen Validierung zur Simulation weiterer Faserdesigns verwendet werden. Teile der innerhalb der folgenden Abschnitte vorgestellten Ergebnisse, wurden bereits zuvor veröffentlicht [156].

In Bild 4.22 ist eine mikroskopische Aufnahme der gecleavten Faserfacette einer Faser mit rechteckigem Kern gezeigt. Die Abmessungen des Ytterbium-dotierten Faserkerns sind ca. 3 µm x 11 µm, bei einer numerischen Apertur von ca. 0,1. Der Durchmesser des Fasermantels beträgt ca. 125 µm. Während des Herstellungsprozesses ist es zu Deformationen des Kerns gekommen, die vor allem in der kurzen Achse der Faser zu erkennen sind.

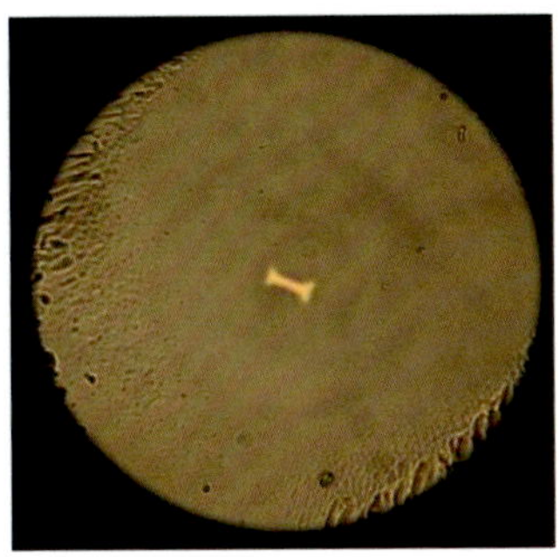

**Bild 4.22:** Mikroskopische Aufnahme der Faserfacette der hergestellten Faser mit einem 3 µm x 11 µm Faserkern

Zur Analyse der modalen Eigenschaften, wird die Faser sowohl in Form einer ASE-Quelle (Amplified Spontaneous Emission) als auch in Form eines Resonators getestet. Dadurch soll überprüft werden, ob durch die Architektur des Resonators bestimmte Moden bevorzugt oder unterdrückt werden. In Bild 4.23 sind die gemessene Nahfeldcharakteristik (links) und die gemessene Fernfeldcharakteristik (rechts) dargestellt. Dabei ist zu erkennen, dass in Übereinstimmung zur Simulation der Fernfelddivergenzwinkel in der kurzen Achse der Faser größer ausgeprägt ist als in der langen Achse. Dieser beträgt in der langen Achse ca. 0,072 und in der kurzen Achse ca. 0,098, was ungefähr der numerischen Apertur des Faserkerns entspricht. Sowohl für die ASE-Quelle als auch für die Resonator-Konfiguration ergeben sich dieselben modalen Eigenschaften.

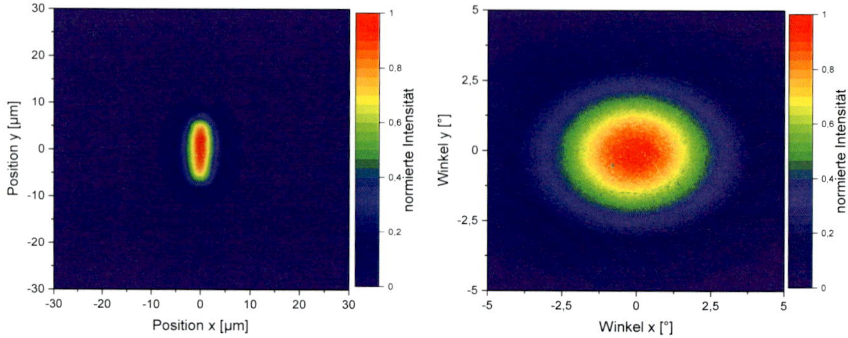


**Bild 4.23:** Gemessene Nah- (links) und Fernfeldcharakteristik (rechts) der experimentell analysierten Faser mit einem ca. 3 µm x 11 µm Faserkern

In Bild 4.24 sind gemessene Strahldurchmesser in Abhängigkeit von der Position entlang der Strahlachse zur Vermessung der Beugungsmaßzahl dargestellt. Als Fitfunktion wird die Funktion zur Beschreibung des Strahldurchmessers eines Gaußstrahls verwendet.

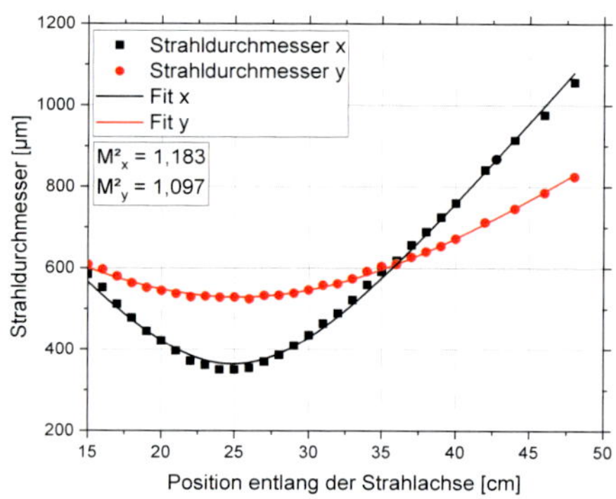


**Bild 4.24:** Gemessene Strahlkaustik für Fast- und Slow-Axis zur Bestimmung der Beugungsmaßzahl der emittierten Strahlung der vorgestellten Faser mit einem ca. 3 µm x11 µm Faserkern

Aus der resultierenden Rayleigh-Länge können daraufhin die Beugungsmaßzahlen beider Achsen bestimmt werden. Dabei ergeben sich $M_x^2 = 1{,}2$ und $M_y^2 = 1{,}1$ für die beiden Achsen der Faser, was zeigt, dass es sich bei der vermessenen Strahlung um fast beugungsbegrenzte Strahlung handelt. Daraus kann geschlossen werden, dass es sich bei der vermessenen Faser um eine Singlemode-Faser handelt, was auch durch die Simulation gezeigt worden ist. Ein direkter Vergleich der Nah- und Fernfeldcharakteristik zwischen Experiment und Simulation ist aufgrund der unregelmäßigen Verzerrung des Kerns nur begrenzt möglich, da die experimentelle Situation in der Modellierung nicht exakt implementiert werden kann. Übereinstimmungen können in der Strahlqualität in der Singlemode-Eigenschaft gefunden werden.

In Bild 4.15 in Abschnitt 4.5 ist die Biegeempfindlichkeit unterschiedlicher Fasern dargestellt. Vor allem für Fasern mit einem hohen Aspektverhältnis, wie beispielsweise 10:1, weisen gemäß der Simulation hohe Biegeverluste auf, welche die Praktikabilität von Fasern dieser Art einschränken können. Um diese Ergebnisse zu validieren, wird die hergestellte Faser im Hinblick auf ihre Biegeempfindlichkeit experimentell charakterisiert.

Zur Analyse wird der in Bild 4.25 gezeigte Messaufbau verwendet. Mithilfe einer Freistrahlkopplung wird Pumpstrahlung in den Fasermantel der Yb-dotierten Faser abgebildet. Beide Facetten an den Faserenden sind mit einem Winkel von ca. 8 % versehen, um die Rückkopplung der Strahlung in den Resonator zu verhindern und den Laserbetrieb von diesem zu unterdrücken, sodass es sich hierbei um eine ASE-Quelle handelt. Um nicht-absorbierte Pumpstrahlung aus der Faser zu entfernen, wird der von links betrachtet erste Modestripper (1) verwendet. Danach wird die Faser auf definierte Biegeradien gewickelt. Die dabei aus dem Kern in den Mantel gekoppelte Signalstrahlung wird mithilfe des 2. Modestrippers aus dem Fasermantel entfernt. Durch das Messen der Leistung vor und während der Biegung können mithilfe dieses Messaufbaus die Biegeverluste bestimmt werden.

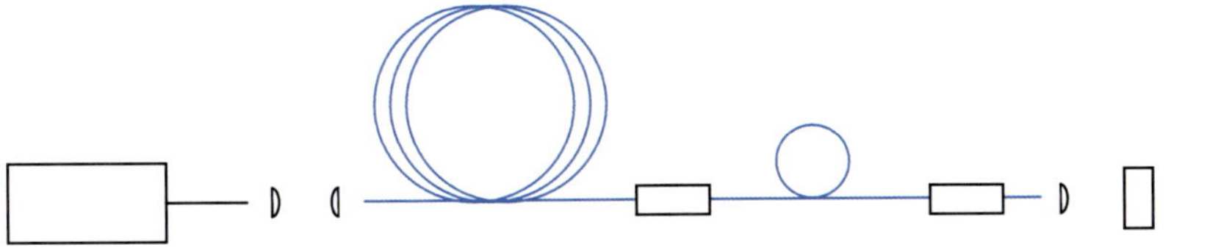


**Bild 4.25:** Messaufbau zur Messung der Dämpfung in Abhängigkeit von dem Biegeradius der verwendeten Faser

Simulationsrechnungen der Biegeempfindlichkeit haben gezeigt, dass diese eine hohe Abhängigkeit von der genauen Struktur des Kernes hat. Der in Bild 4.22 gezeigte Faserkern sollte daher möglichst genau in der Simulation approximiert werden, um vergleichbare Ergebnisse zwischen Simulation und Experiment zu erhalten. In Bild 4.26 ist das im Rahmen der Simulation verwendete Brechungsindexprofil dargestellt. Zu diesem werden die Eigenmoden berechnet, die dann in der Simulation zur Berechnung der Biegeempfindlichkeit verwendet werden.

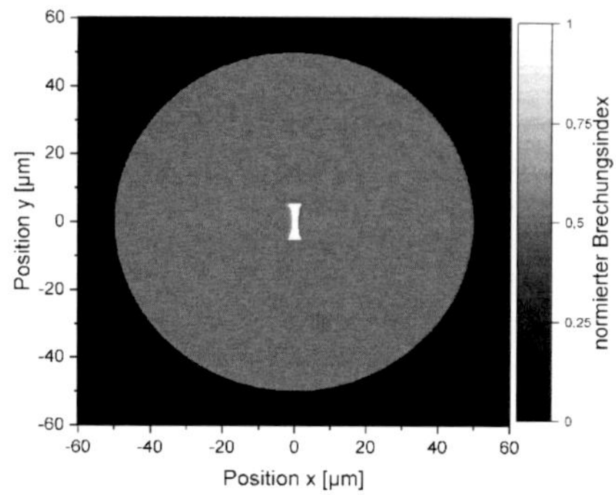


**Bild 4.26:** In der Simulation verwendetes normiertes Brechungsindexprofil des verzerrten Kernes

In Bild 4.27 (unten, links und rechts) sind die Ergebnisse der Simulation dargestellt. In der Simulation lässt sich für Biegung in beiden Achsen ein qualitativ ähnliches Verhalten feststellen, quantitativ ergeben sich kleine Unterschiede durch unterschiedliche Biegeverluste und zu anderen Biegeradien hin verschobene Charakteristika. Auffällig an der Simulation sind die zusätzlichen Peaks bei einem Biegeradius von ca. 0,03 m, beziehungsweise 0,032 m die in beiden Achsen vor dem typischen starken Anstieg auftreten, welche in einfachen Modellen zur Beschreibung der Biegeverluste, wie etwa dem Modell von Marcuse [145] nicht auftritt. Im Modell von Marcuse wird von einem unendlich ausgedehnten Fasermantel ausgegangen, wodurch Wechselwirkungen an der Mantel-Coating- oder der Coating-Luft-Grenzfläche durch dieses Modell nicht abgebildet werden. In mehreren weiterführenden Modellen [157–159] werden diese Grenzflächen betrachtet, wodurch ähnliche Oszillationen, wie in Bild 4.27 dargestellt, auftreten. In den zugehörigen Veröffentlichungen wird erläutert, dass in Abhängigkeit von dem exakten Biegeradius Anteile der Mode an der Oberfläche reflektiert werden können. Da in der verwendeten Simulation die Oberfläche zwischen Fasermantel und Coating betrachtet wird, wie in Bild 4.26 dargestellt, treten auch dort diese zusätzlichen Oszillationen auf. Die experimentellen Ergebnisse sind in Bild 4.27 (oben) dargestellt. Im Vergleich zu den Simulationsergebnissen lässt sich eine qualitativ gute Übereinstimmung feststellen. Aufgrund des runden Fasermantels lässt sich die Achse, in der die Faser gebogen wird, nicht feststellen.

Insgesamt lässt sich aus den dargestellten Ergebnissen schließen, dass die Biegeempfindlichkeit die Praktikabilität von Fasern mit rechteckiger Kerngeometrie einschränken kann. In Abschnitt 4.6 wird daher die Anwendung und Analyse eines Brechzahlpodest als Möglichkeit zur Unterdrückung von Biegeverlusten aufgrund von Makrobiegungen und zusätzlich auch Mikrobiegungen [160] auf Fasern mit rechteckiger Kerngeometrie behandelt.

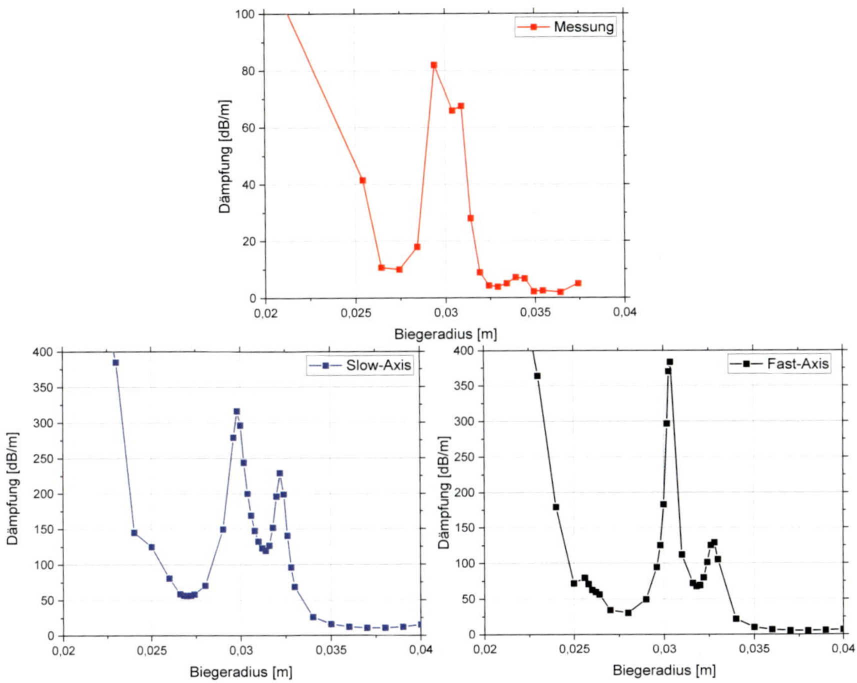


**Bild 4.27:** Gemessene Dämpfung in Abhängigkeit des Biegeradius (oben) und simulierte Dämpfung in Abhängigkeit des Biegeradius in Slow- (links) und Fast-Axis (rechts)

## 4.8 Experimentelle Analyse von Fasern mit Brechzahlpodest

Zur experimentellen Analyse des in Abschnitt 4.6 vorgestellten Konzepts zur Eindämmung der Biegeempfindlichkeit mithilfe eines Brechzahlpodestes werden mehrere Fasern von einem Projektpartner des Fraunhofer ILTs hergestellt und im Hinblick auf ihre optischen Eigenschaften charakterisiert.

In Bild 4.28 sind Mikroskopieaufnahmen der gecleavten Faserfacetten zweier Fasern mit rechteckiger Kerngeometrie und zusätzlichem Brechzahlpodest zu sehen. Die numerische Apertur des Kerns beträgt in beiden Fällen 0,06, während die numerische Apertur des Brechzahlpodestes 0,1 beträgt. Die Abmessungen des Kernes entsprechen ca. 4,4 µm x 16,2 µm (links), beziehungsweise 4,0 µm x 14,8 µm (rechts).

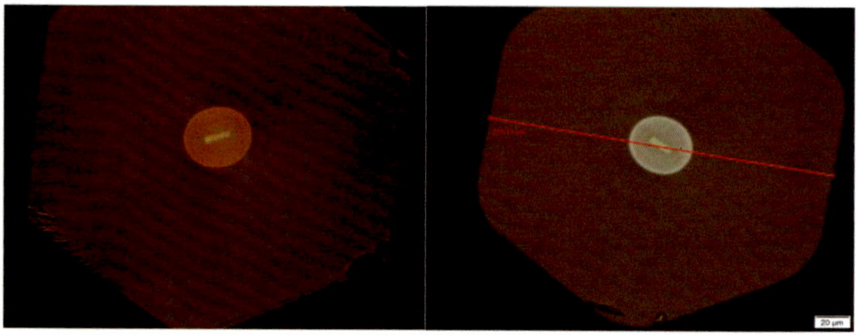

**Bild 4.28:** Mikroskopieaufnahmen von Fasern mit Kernabmessungen von ca. 4,4 µm x 16.2 µm (links) und 4,0 µm x 14,8 µm (rechts)

Zur Analyse der modalen Eigenschaften, werden die Fasern sowohl in Form einer ASE-Quelle als auch in Form eines Resonators getestet. Dadurch soll getestet werden, ob durch die Eigenschaften des Resonators Moden unterdrückt werden. Zum Vergleich zwischen Experiment und Simulation werden zunächst die Intensitätsverteilung des Nahfeldes $I_{\mathrm{Nah},i}$ und die zugehörigen Fernfeldverteilungen $I_{\mathrm{Fern},i}$ der innerhalb des Kerns und des Brechzahlpodestes geführten Eigenmoden simuliert. Durch die Verwendung der Methode der kleinsten Quadrate sollen die Gewichtungsfaktoren $\rho_i$ der simulierten Moden bestimmt werden, womit die beiden Bedingungen

$$I_{\mathrm{Nah}}^{\mathrm{Mess}}(x,y) = I_{\mathrm{Nah}}^{\mathrm{Sim}}(x,y) = \sum_i \rho_i \cdot I_{\mathrm{Nah},i} \tag{4.10}$$

und

$$I_{\mathrm{Fern}}^{\mathrm{Mess}}(x,y) = I_{\mathrm{Fern}}^{\mathrm{Sim}}(x,y) = \sum_i \rho_i \cdot I_{\mathrm{Fern},i} \tag{4.11}$$

möglichst genau erfüllt werden, um eine möglichst hohe Übereinstimmung zwischen der experimentell gemessenen $I_{\mathrm{Nah}}^{\mathrm{Mess}}$ und der simulierten $I_{\mathrm{Nah}}^{\mathrm{Sim}}$ Intensitätsverteilung des Nahfeldes, beziehungsweise zwischen der gemessenen $I_{\mathrm{Fern}}^{\mathrm{Mess}}$ und der simulierten $I_{\mathrm{Fern}}^{\mathrm{Sim}}$ Intensitätsverteilung des Fernfeldes zu erhalten. Dadurch kann die modale Zusammensetzung der gemessenen Strahlung bestimmt werden. Aufgrund der großen spektralen Bandbreite der ASE-Quelle von mehr als 10 nm und der nicht vorhandenen konstanten Phasenbeziehungen wird davon ausgegangen, dass Interferenzeffekte keinen Einfluss auf die Nahfeldcharakteristik haben, weswegen an dieser Stelle nicht die E-Felder, sondern die Intensitäten betrachtet werden.

Zum Aufbau der ASE-Quelle wird eine Faserlänge von ca. 1 m verwendet. Zunächst wird die Faser mit Kernabmessungen von 4,4 µm x 16,2 µm analysiert. In Bild 4.29 sind die gemessene und darauf angepasste simulierte Nahfeldcharakteristik, und die zugehörigen Querschnitte in x- und y-Achse dargestellt. In beiden Achsen lässt sich eine gute Übereinstimmung feststellen. Sowohl die Hauptmaxima als auch die jeweils beiden Nebenmaxima, welche aufgrund der modalen Zusammensetzung innerhalb des Brechzahlpodestes entstehen, sind klar zu erkennen. In der y-Achse sind im

Hauptmaximum beim Vergleich zwischen Simulation und Experiment leichte Abweichungen zu erkennen, welche möglicherweise aufgrund der leichten Verzerrung des Kernes und damit der Abweichung von der idealen, simulierten rechteckigen Kerngeometrie auftreten.

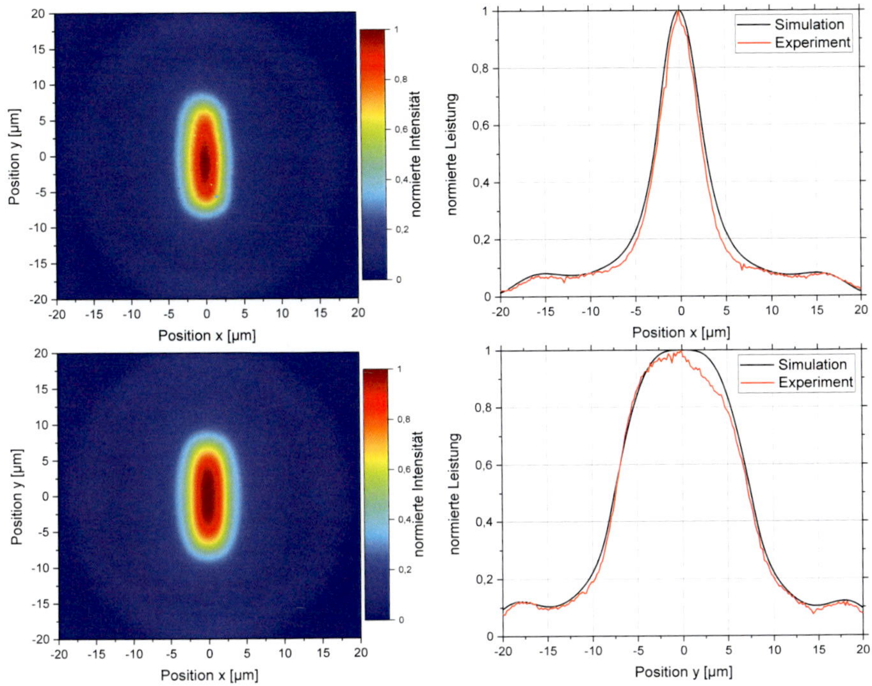


**Bild 4.29:** Gemessene und zugehörige simulierte Nahfeldcharakteristik (links, oben und unten) und zugehörige Querschnitte in x- und y-Achse (rechts, oben und unten) der Faser mit Kernabmessungen von 4,4 µm x 16,2 µm

Zur Messung der Fernfeldcharakteristik wird der in Bild 4.30 dargestellte Messaufbau verwendet. Mithilfe einer Freistrahlkopplung wird die Pumpstrahlung in die aktiv-dotierte Faser eingekoppelt. Durch den Modestripper wird die nicht absorbierte Pumpstrahlung am Ende der Faser ausgekoppelt. Die aus der Faser propagierende Signalstrahlung wird an einem Streuschirm homogen gestreut und mithilfe eines Objektives und der CCD-Kamera in der Ebene des Schirms gemessen.

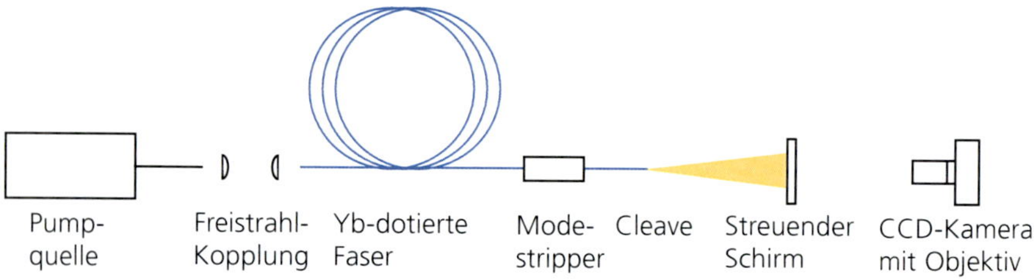


**Bild 4.30:** Messaufbau zur Charakterisierung der Fernfeldcharakteristik

In Bild 4.31 sind die gemessene und die mithilfe der Methode der kleinsten Quadrate darauf angepasste simulierte Fernfeldcharakteristik dargestellt. Zusätzlich sind die Querschnitte in x- und y-Achse aufgetragen.

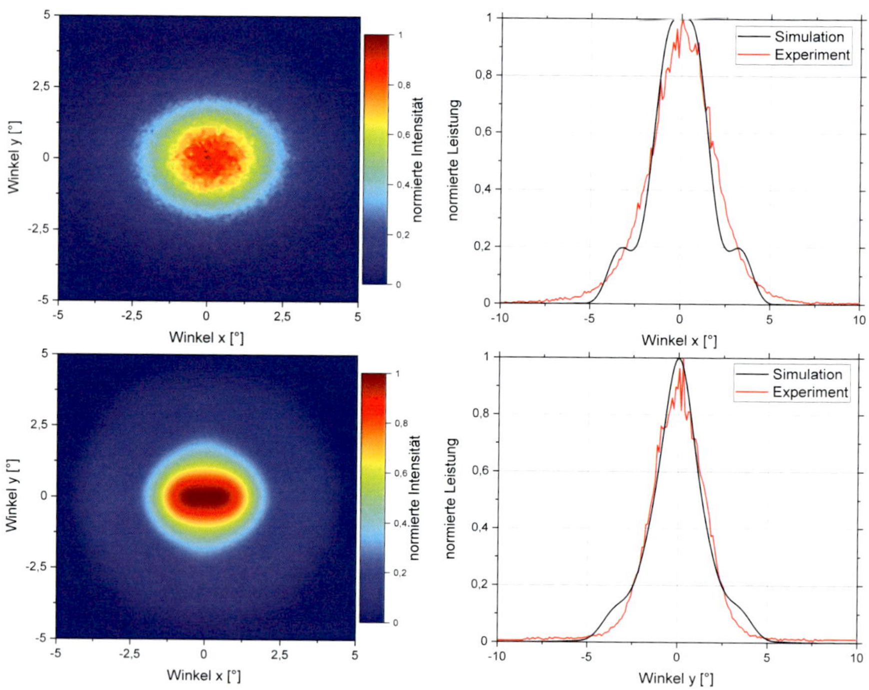


**Bild 4.31:** Gemessene und zugehörige simulierte Fernfeldcharakteristik (links, oben und unten) und zugehörige Querschnitte in x- und y-Achse (rechts, oben und unten) der Faser mit Kernabmessungen von 4,4 µm x 16,2 µm

In beiden Fällen ist für das Hauptmaximum eine gute Übereinstimmung festzustellen. In der Simulation tritt in der x-Achse bei einem Winkel von ca. 3° ein zweites Nebenmaximum auf, was experimentell nicht gemessen werden konnte. Möglicherweise wird dieses Nebenmaximum aufgrund der verwendeten Messmethode, in welcher die Fernfeldcharakteristik auf einem Schirm möglichst homogen gestreut werden soll, zu stark unterdrückt. Insgesamt zeigt der Vergleich aus Bild 4.29 und Bild 4.31, dass die Simulation zur Beschreibung der im Kern und im Brechzahlpodest geführten Moden geeignet ist. Im Fall einer ASE-Quelle können sowohl im Kern als auch im Brechzahlpodest geführte Moden angeregt werden.

Zur Analyse der modalen Eigenschaften innerhalb eines Resonators wird ein Faserresonator mit einer Faserlänge von ca. 50 m aufgebaut. Auf der Auskoppelseite wird die Fresnel-Reflektivität von ca. 4% genutzt, während auf der hochreflektierenden Seite des Resonators ein Spiegel mit einer Reflektivität von > 99,9% zur Rückkopplung der ausgekoppelten Strahlung in den Resonator genutzt wird. Laut Simulation können im Faserkern zwei, jeweils mehrfach entartete Moden geführt werden. In Bild 4.32 (links) ist die Messreihe zur Bestimmung der Beugungsmaßzahl dargestellt. Dabei resultiert aus den Messdaten in der Fast-Axis eine Beugungsmaßzahl von ca. 1,99 und der Slow-Axis ein Wert von 1,40. Die Faser ist demnach auch im Resonatorbetrieb nicht singlemodig. Dies validiert die Simulation, in der wie zuvor beschrieben mehr als eine im Kern führbare Mode bestimmt wird. Insgesamt kann die Mode höherer transversaler Ordnung demnach hinreichend effizient im Resonator propagieren. In Bild 4.32 (rechts) ist die gemessene Nahfeldcharakteristik dargestellt. Hier ist der Anteil der im Brechzahlpodest geführten Leistung vernachlässigbar und nur noch die ersten beiden, mehrfach entarteten, im Kern führbaren Moden sind zu erkennen. Insgesamt kann für diesen Resonator eine optisch-optische Effizienz von ca. 70 % gezeigt werden, mit einer pumpleistungslimitierten Ausgangsleistung von ca. 200 W.

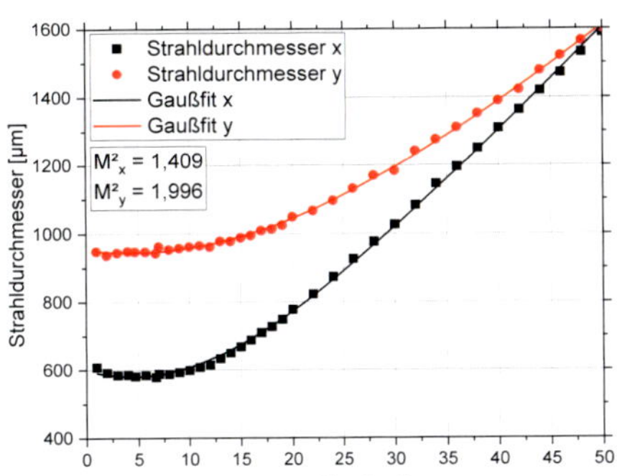


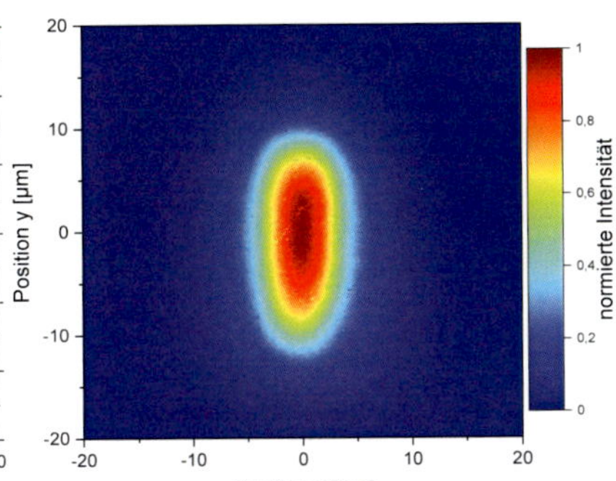


**Bild 4.32:** Gemessener Strahldurchmesser in Abhängigkeit von der longitudinalen Position (links) und zugehörigen Nahfeldcharakteristik (rechts) Faser mit Kernabmessungen von 4,4 µm x 16,2 µm

Die gleichen Tests werden für die Faser mit den Kernabmessungen 4,0 µm x 14,8 µm durchgeführt. Diese Faser sollte laut der Simulation nur noch eine, mehrfach entartete Mode im Kern führen. In Bild 4.33 sind die experimentell gemessenen Daten zur Bestimmung der Strahlqualität dargestellt. Hier wird in beiden Achsen eine Beugungsmaßzahl von ca. 1,28 bestimmt, in der Faser kann dementsprechend nur noch die Grundmode geführt werden. Dadurch konnte der Übergang vom Singlemode zum Multimode-Regime gezeigt werden. Aufgrund der Übereinstimmung zwischen den simulierten und den experimentell bestimmten Ergebnissen kann die Simulation demnach, auch wenn in der Faser zusätzliche Elemente wie ein Brechzahlpodest vorhanden sind, zur Berechnung verwendet werden.

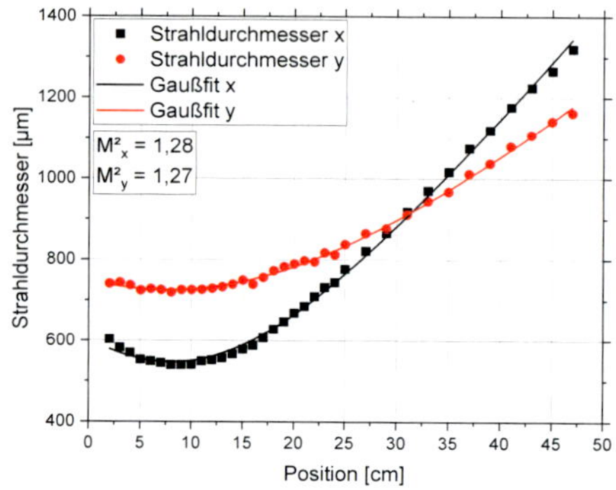


**Bild 4.33:** Gemessener Strahldurchmesser in Abhängigkeit von der longitudinalen Position der Faser mit Kernabmessungen von 4,0 µm x 14,8 µm

Weiterhin wird die Biegeempfindlichkeit analysiert. Dazu wird analog zu der in Abschnitt 4.7 Vorgehensweise die Biegedämpfung in Abhängigkeit vom Biegeradius für die Faser simuliert und mit dem in Bild 4.25 gezeigten Messaufbau die Faser experimentell charakterisiert. Um zusätzlich die Auswirkungen des Brechzahlpodestes darzustellen, wird im Rahmen der Simulation eine Faser mit derselben Kerngeometrie und numerischer Apertur, aber ohne Brechzahlpodest simuliert. In Bild 4.34 sind die Ergebnisse dargestellt. Zwischen Experiment und Simulation lässt sich eine qualitative Übereinstimmung feststellen. Die Messergebnisse sind um ca. 5 mm zu niedrigeren Biegeradien hin verschoben. Zum Vergleich sind die Simulationsergebnisse für die Faser ohne Brechzahlpodest dargestellt. Beispielsweise wird im Gegensatz zu den Fasern mit Brechzahlpodest eine Dämpfung von ca. 10 dB/m bereits bei einem Biegeradius von ca. 102 mm erreicht, anstelle von einem gemessenen Wert von ca. 12 mm bei einer Faser mit Brechzahlpodest. Dadurch wird experimentell gezeigt, dass durch das Brechzahlpodest die Biegeempfindlichkeit reduziert werden kann.

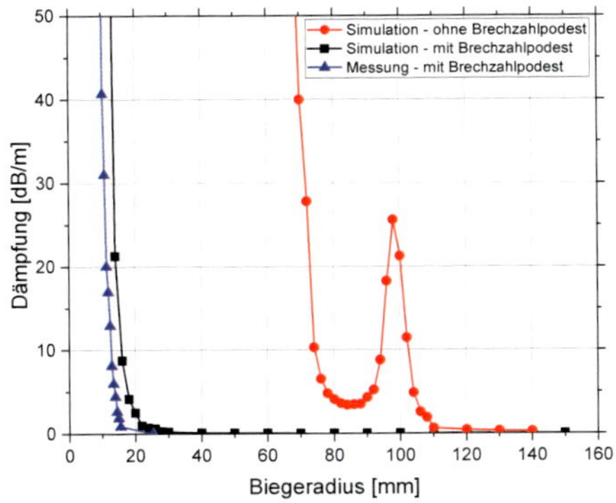


**Bild 4.34:** Gemessene und simulierte Dämpfung in Abhängigkeit von dem Biegeradius und dem Brechzahlpodest

## 4.9 Zusammenfassung

In diesem Kapitel wurden grundlegende Eigenschaften von Singlemode-Fasern mit rechteckiger Kerngeometrie vorgestellt und im Hinblick auf ihre Möglichkeiten zum Einsatz in Hochleistungs-Faserlasern analysiert. Weiterhin konnten die grundlegenden Modelle, wie die Simulation der Eigenmoden sowie der Biegeempfindlichkeit anhand von experimentellen Ergebnissen validiert werden, wodurch die Modelle in Zukunft zur Simulation der Eigenschaften von Fasern mit beliebigen Kerngeometrien verwendet werden können.

Abhängig vom Aspektverhältnis der Fasern wurde eine Singlemode-Bedingung gefunden. Dabei muss analog zu zylindersymmetrischen Fasern für größere numerische Aperturen die Kernfläche geringer werden, um die Singlemode-Bedingung zu erfüllen. Für steigende Aspektverhältnisse ergeben sich ebenfalls geringere Kernflächen, bei denen die Singlemode-Bedingung noch erfüllt ist, dabei wurde jedoch eine Art konvergentes Verhalten beobachtet, was die Leistungsskalierung für Fasern mit sehr hohen Aspektverhältnissen ermöglichen könnte.

Im Hinblick auf den Einsatz in Hochleistungs-Faserlasern und Unterdrückung nichtlinearer Effekte ergeben sich für Fasern mit rechteckiger Kerngeometrie leichte Vorteile im Vergleich zu klassischen, zylindersymmetrischen Singlemode-Fasern: die Schwellleistung für das Einsetzen nichtlinearer Effekte kann für passive Fasern um ca. einen Faktor 2, für aktive Fasern um ca. 20 % gesteigert werden. Im Vergleich zu kommerziell verfügbaren Few-Mode Fasern ergeben sich für eckige Fasern mit einer rechteckigen Kerngeometrie keine Vorteile, auch ein Few-Mode Faser Konzept für Fasern dieser Art kann die Skalierungsgrenzen nicht hinreichend erhöhen.

Mithilfe von im Rahmen eines Forschungsprojektes hergestellten Fasern können zentrale Eigenschaften nachgewiesen und die Simulation validiert werden. Dazu gehören die modalen Eigenschaften, wie Nahfeld- und Fernfeldcharakteristik, die Strahlqualität, sowie Analysen zur Biegeempfindlichkeit. Da eine zu hohe Biegeempfindlichkeit die

Praktikabilität und den Einsatz von optischen Lichtleitfasern stark einschränken kann, wird ein Konzept zur Unterdrückung der Biegeempfindlichkeit vorgestellt. In diesem Konzept wird durch die Verwendung einer zusätzlichen Struktur innerhalb der Faser, in diesem Fall ein zusätzliches Brechzahlpodest, die Biegeempfindlichkeit verbessert. Durch die experimentelle Analyse von Fasern mit und ohne Brechzahlpodest, sowie den Abgleich mit der Simulation, konnte die Funktionalität dieses Prinzips gezeigt und die Simulation validiert werden.

# 5 Fasern mit ringförmiger Kerngeometrie

Analog zu Abschnitt 4 wird innerhalb dieses Abschnitts untersucht, ob sich durch eine Änderung der Geometrie für Singlemode-Fasern Vorteile gegenüber klassischen, zylindersymmetrischen Fasern ergeben. Dazu werden in diesem Abschnitt Fasern mit einer ringförmigen Kerngeometrie, also Fasern mit einem zusätzlichen Bereich mit niedrigerem Brechungsindex innerhalb des Kerns analysiert. Das Ziel ist es, Singlemode-Fasergeometrien zu entwickeln, welche einen möglichst großen Kern und eine möglichst große Modenfeldfläche haben, um nichtlineare Effekte, wie die stimulierte Raman- oder Brillouin-Streuung zu unterdrücken.

Zunächst werden die Grundlagen von Fasern mit ringförmiger Kerngeometrie im Hinblick auf Lösungen der Helmholtz-Gleichung und die dabei resultierenden Unterschiede gezeigt. In Abschnitt 5.3 werden die modalen Eigenschaften von Singlemode-Fasern mit ringförmiger Kerngeometrie in einem gewählten Parameterbereich vorgestellt und mit den Parametern der größtmöglichen, klassischen, zylindersymmetrischen Singlemode-Faser mit gleicher numerischer Apertur verglichen. In Abschnitt 5.4 werden die Skalierungslimits der vorgestellten Fasern hinsichtlich nichtlinearer Effekte, thermische Effekte, sowie der Verfügbarkeit von Pumpquellen analysiert.

Analog zu klassischen, zylindersymmetrischen Fasern wird in Abschnitt 5.5 ein mögliches Few-Mode Faser Konzept vorgestellt. Durch die modelltheoretische Biegeempfindlichkeitsanalyse in Abschnitt 5.6 wird die Robustheit unterschiedlicher Faserkonzepte untersucht. Zur Beeinflussung der Biegeempfindlichkeit wird das in Abschnitt 4.8 vorgestellte, basierend auf den präsentierten experimentellen Ergebnissen validierte Konzept auf Fasern mit ringförmiger Kerngeometrie angewendet. Um das Konzept im Hinblick auf die Fertigung zu untersuchen, wird in Abschnitt 5.8 eine Toleranzanalyse zur Bestimmung der Abhängigkeit der modalen Eigenschaften von den Faserparametern durchgeführt. Abschließend werden in Abschnitt 5.9 exemplarische Anwendungsbeispiele der zuvor vorgestellten Faser dargestellt.

## 5.1 Motivation und Grundlagen

Zur Motivation von Fasern mit ringförmiger Kerngeometrie wird die Helmholtz-Gleichung in der radialsymmetrischen Form [126]

$$r^2\frac{\mathrm{d}^2E_m}{\mathrm{d}r^2}+r\frac{\mathrm{d}E_m}{\mathrm{d}r}+[(k^2n^2-\beta^2)r^2-l^2]\cdot E_m=0 \tag{5.1}$$

analysiert. $r$ ist die radiale Koordinate, $E_m$ das elektrische Feld, $k$ die Wellenzahl, $n$ der Brechungsindex des Mediums, $\beta$ ist die Ausbreitungskonstante und $l$ die azimuthale Ordnung der Lösung. Ein entscheidender Term für die Lösung der Differentialgleichung ist der Term $k^2n^2-\beta^2$, der bestimmt, ob es sich bei der Differentialgleichung um eine Bessel-Differentialgleichung, mit $k^2n^2-\beta^2>0$, oder um eine modifizierte Bessel-Differentialgleichung mit $k^2n^2-\beta^2<0$ handelt. Für zylindersymmetrische Stufenindexfasern ergibt sich dadurch im Inneren des Faserkerns eine Lösung in

Form einer Bessel-Funktion, während sich im Fasermantel eine Lösung in Form einer Hankel-Funktion ergibt, wie schon in Abschnitt 3.2 vorgestellt.

Für Moden, deren effektiver Brechungsindex exakt dem Brechungsindex des dielektrischen Materials entspricht, in dem diese propagieren, gilt $k^2n^2 - \beta^2 = 0$. Für solche Moden ändert sich die Helmholtz-Gleichung in die Form

$$r^2 \frac{\mathrm{d}^2 E_m}{\mathrm{d}r^2} + r \frac{\mathrm{d}E_m}{\mathrm{d}r} - l^2 E_m = 0, \tag{5.2}$$

welche als Cauchy-Euler-Differentialgleichung bekannt ist [161]. Für die Grundmode der radialsymmetrischen Faser gilt für die azimuthale Ordnung $l = 0$, wodurch sich die Differentialgleichung weiter in die Form

$$r^2 \frac{\mathrm{d}^2 E_m}{\mathrm{d}r^2} + r \frac{\mathrm{d}E_m}{\mathrm{d}r} = 0 \tag{5.3}$$

vereinfachen lässt. Die Lösung dieser Differentialgleichung hat die Allgemeine Lösung

$$E_m(r) = c_1 \log r + c_2 \tag{5.4}$$

mit den Konstanten $c_1$ und $c_2$. Im Kern muss $c_1 = 0$ sein, damit ist die Feldstärke entlang der radialen Koordinate $r$ konstant. Eine solche konstante Intensitätsverteilung ist zur Unterdrückung nichtlinearer Effekte geeignet, da die Spitzenintensität im Vergleich zu inhomogenen Verteilungen bei gleicher Leistung niedriger sein kann.

Ähnliche Überlegungen wie die zuvor gezeigten wurden in Veröffentlichungen bereits vorgestellt [162]. Durch eine daraus resultierende Änderung des Modenprofils könnte prinzipiell das Auftreten nichtlinearer Effekte im Vergleich zu den Grundmoden klassischer zylindersymmetrischer Fasern zu höheren Leistungen verschoben werden.

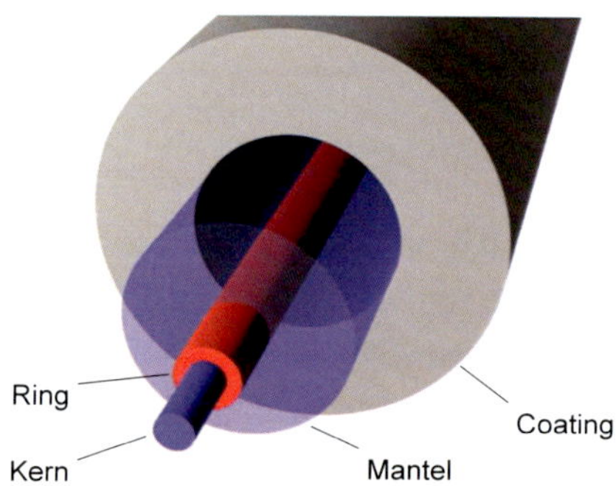


**Bild 5.1:** Modellbild einer Stufenindex-Faser mit ringförmiger Kerngeometrie

Eine mögliche Geometrie in der $k^2n^2 - \beta^2 = 0$ erfüllt werden kann, ist beispielsweise eine Faser mit einer zusätzlichen ringförmigen Struktur, was im Folgenden erläutert wird. Das Modellbild einer solchen Struktur ist in Bild 5.1 dargestellt. Zwischen dem Kern und dem Mantel ist eine zusätzliche, Ringstruktur zu erkennen (rot). Der zugehörige Brechungsindex dieser Ringstruktur $n_{\mathrm{Ring}}$ muss dabei höher als der Brechungsindex des Kernes und des Mantels sein, um die Erfüllung der zuvor genannten Bedingung ermöglichen zu können.

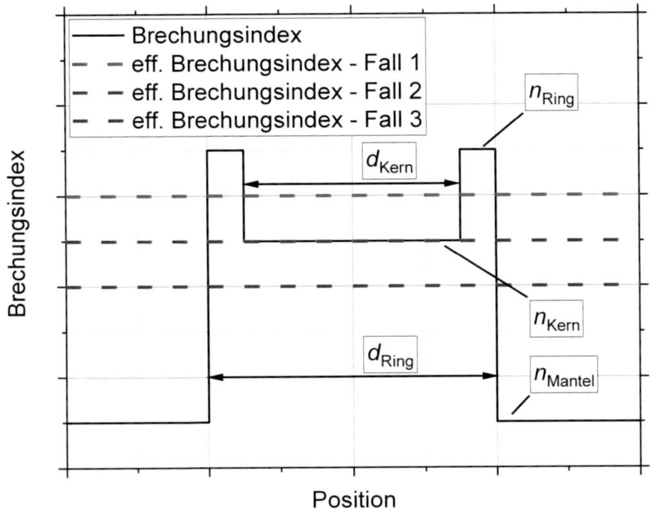


**Bild 5.2:** Exemplarisches normierte Brechungsindexprofil einer Faser mit ringförmiger Kerngeometrie und Abbildung der drei möglichen Fälle in Abhängigkeit des effektiven Brechungsindizes einer geführten Mode

In Bild 5.2 ist das Brechungsindexprofil einer Faser mit ringförmiger Kerngeometrie schematisch dargestellt. Neben der Definition des Ringdurchmessers $d_{\mathrm{Ring}}$ und des Kerndurchmessers $d_{\mathrm{Kern}}$ sind der Brechungsindex des Kerns $n_{\mathrm{Kern}}$, des Rings $n_{\mathrm{Ring}}$, und des Mantels $n_{\mathrm{Mantel}}$ aufgetragen. Zusätzlich sind die drei grundlegenden Fälle der effektiven Brechungsindizes $n_{\mathrm{eff}}$ der Moden aufgetragen, die in einem solchen dielektrischen System geführt werden können:

- Fall 1: $n_{\mathrm{Kern}} < n_{\mathrm{eff}} < n_{\mathrm{Ring}}$
- Fall 2: $n_{\mathrm{Kern}} = n_{\mathrm{eff}} < n_{\mathrm{Ring}}$
- Fall 3: $n_{\mathrm{eff}} < n_{\mathrm{Kern}} < n_{\mathrm{Ring}}$.

Für jeden dieser 3 Fälle ist eine andere modale Struktur der Mode zu erwarten. Im Fall 1 wird die Mode im Ring geführt. In Analogie zur zylindersymmetrischen Faser ergibt sich für den Teil der Mode im Mantel ein Verhalten in Form der Hankel-Funktion, sowie im Kern ein Verhalten in Form der Hankel-Funktion. In Fall 2 ergibt sich innerhalb des Ringes ein Verhalten der Mode in Form der Bessel-Funktion, während sich für den Bereich innerhalb des Kerns die in Formel (5.4) dargestellte konstante Verteilung ergibt. In Fall 3 ist der effektive Brechungsindex niedriger als der Brechungsindex des Kernes und des Rings, wodurch hier eine modale Struktur, ähnlich der der klassischen zylindersymmetrischen Faser zu erwarten ist.

Zur Illustration wird ein dielektrisches System simuliert, für das bei einer Wellenlänge von 1064 nm die Bedingung aus Fall 2, $n_{\mathrm{Kern}} = n_{\mathrm{eff}}$ erfüllt ist. Um die Fälle 1 und 3 für dasselbe dielektrische System darstellen zu können, wird die Wellenlänge der simulierten Mode auf 800 nm für Fall 1, sowie auf 1200 nm für Fall 3 angepasst. In Bild 5.3 sind Querschnitte und die zugehörigen Intensitätsprofile der Moden dargestellt. Dabei ist für die 3 Fälle die zuvor beschriebene Charakteristik zu erkennen.

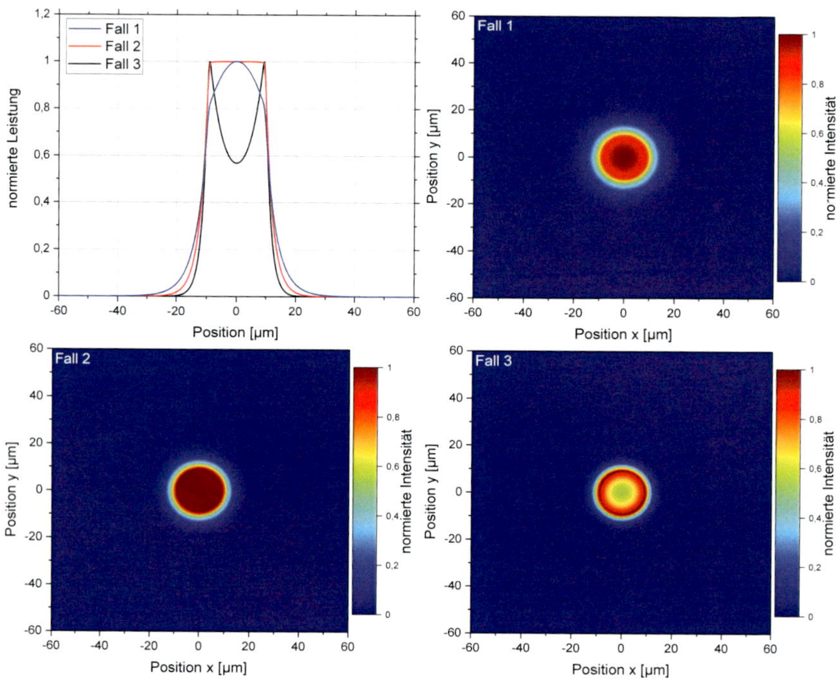


**Bild 5.3:** Querschnitte (links oben) und zugehörige räumliche Profile der Grundmode für Fall 1 (rechts oben), Fall 2 (links unten) und Fall 3 (rechts unten) einer Faser mit ringförmiger Kerngeometrie

Im Folgenden werden Fasern mit ringförmiger Kerngeometrie unter anderem im Hinblick auf ihre Singlemode-Eigenschaften, Modenfeldfläche und Kernfläche, sowie die Biegeempfindlichkeit untersucht. Dabei soll untersucht werden, ob sich durch die ringförmige Kerngeometrie Vorteile zur Unterdrückung nichtlinearer Effekte im Vergleich zu zylindersymmetrischen Fasern ergeben.

## 5.2 Simulation der Strahlungsmoden in Singlemode-Fasern mit ringförmiger Kerngeometrie

Wie zuvor dargestellt, zeichnen sich Fasern mit ringförmiger Kerngeometrie durch eine zusätzliche Struktur mit höherem Brechungsindex zwischen Kern und Mantel aus. Dadurch können die modalen Eigenschaften der Faser beeinflusst werden. Aufgrund dieser zusätzlichen Struktur ergeben sich für diese Fasern im Vergleich zu klassischen, Stufenindex-Fasern zusätzliche Freiheitsgrade, die im Folgenden vorgestellt werden.

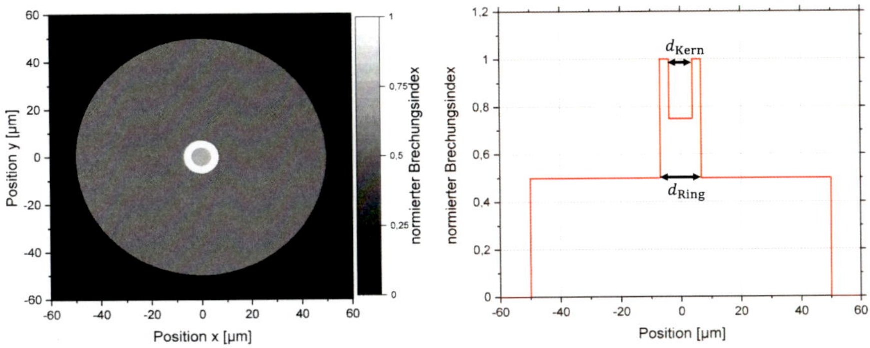


**Bild 5.4:** Exemplarisches normiertes Brechungsindexprofil (links) und Profil einer Faser mit einer ringförmigen Kerngeometrie (rechts)

In Bild 5.4 ist exemplarisch ein auf das Maximum normiertes Brechungsindexprofil (links), sowie der Querschnitt (rechts) einer Faser mit ringförmiger Kerngeometrie dargestellt. Analog zu Bild 5.2 wird als Kerndurchmesser $d_{\text{Kern}}$ die Strecke zwischen den beiden Übergangsflächen zwischen Kern und Ring bezeichnet. Als Ringdurchmesser $d_{\text{Ring}}$ ergibt sich analog die Strecke zwischen den beiden Übergangsflächen zwischen Ring und Mantel. Zur Bestimmung der numerischen Apertur vom Ring gegenüber dem Mantel $NA_{\text{RM}}$ mit

$$NA_{\text{RM}} = \sqrt{n_{\text{Ring}}^2 - n_{\text{Mantel}}^2} \tag{5.5}$$

werden die Brechungsindizes des Rings und Mantels verwendet, während zur Bestimmung der numerischen Apertur des Rings gegenüber dem Kern $NA_{\text{RK}}$ mit

$$NA_{\text{RK}} = \sqrt{n_{\text{Ring}}^2 - n_{\text{Kern}}^2} \tag{5.6}$$

die Brechungsindizes von Ring und Kern verwendet werden.

## 5.3 Modale Eigenschaften von Singlemode-Fasern mit ringförmiger Kerngeometrie

Zur Bestimmung des Singlemode-Regimes für Fasern mit einer ringförmigen Kerngeometrie wird das in Abschnitt 4.2 verwendete Verfahren verwendet und auf die hier vorliegende Geometrie abgewandelt. Die Vorgehensweise ist in Bild 5.5 dargestellt: Bei $NA_{\text{RM}}$ = 0,08 und $NA_{\text{RK}}$ zwischen 0,05 und 0,08 wird ein beliebiger Kerndurchmesser $d_{\text{Kern}}$ ausgewählt. Für diesen Kerndurchmesser wird der Ringdurchmesser $d_{\text{Ring}}$ variiert, um die größtmögliche Ringfläche

$$A_{\mathrm{Ring}} = \frac{\pi}{4}\left(d_{\mathrm{Ring}}^2 - d_{\mathrm{Kern}}^2\right) \tag{5.7}$$

zu finden, bei der nur noch eine einzige, zweifach entartete Mode in der Faser geführt wird. Dies wird für unterschiedliche Kerndurchmesser und $NA_{\mathrm{RK}}$ wiederholt. Insgesamt ergibt sich dadurch ein dreidimensionaler Parameterraum, bestehend aus der Kernfläche $A_{\mathrm{Kern}}$, der Ringfläche $A_{\mathrm{Ring}}$ sowie $NA_{\mathrm{RK}}$. Die in der Simulation verwendeten Werte von $NA_{\mathrm{RK}}$ und $NA_{\mathrm{RM}}$ liegen im Bereich der numerischen Apertur typischer Singlemode-Fasern.

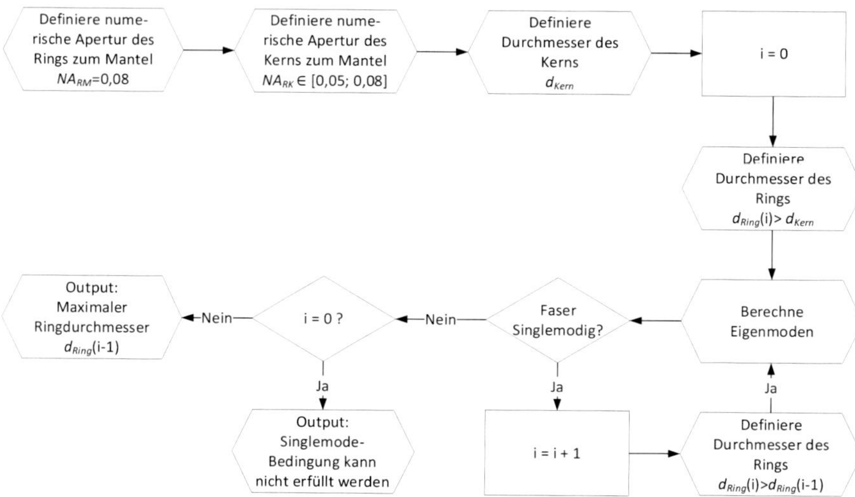


**Bild 5.5:** Algorithmus zur Bestimmung des maximal möglichen Ringdurchmessers, bei dem die Faser noch singlemodig ist

Basierend auf dieser Analyse sind in Bild 5.6 die maximal möglichen Ringflächen, bei denen eine Faser noch singlemodig ist in Abhängigkeit von $NA_{\mathrm{RK}}$ und der Kernfläche für $NA_{\mathrm{RM}}$ = 0,08 dargestellt. Dabei ergeben sich mehrere Kernaussagen, die im Folgenden dargestellt werden.

Zunächst wird $NA_{\mathrm{RK}}$ bei einer konstanten Kernfläche betrachtet. Für steigende Werte von $NA_{\mathrm{RK}}$ steigt die maximal mögliche Ringfläche an. Für eine möglichst große Fläche der Kerngeometrie, als Summe von Ringfläche und Kernfläche, sollte $NA_{\mathrm{RK}}$ demnach möglichst groß sein. Die Simulationsrechnungen haben gezeigt, dass der Wert von $NA_{\mathrm{RK}}$ nicht den Wert von $NA_{\mathrm{RM}}$ überschreiten sollte, um eine Delokalisierung der Mode in den Fasermantel zu vermeiden. Dadurch ist das obere Limit dieser Größe durch $NA_{\mathrm{RM}}$ vorgegeben. In Abschnitt 5.8 wird dieses Verhalten analysiert.

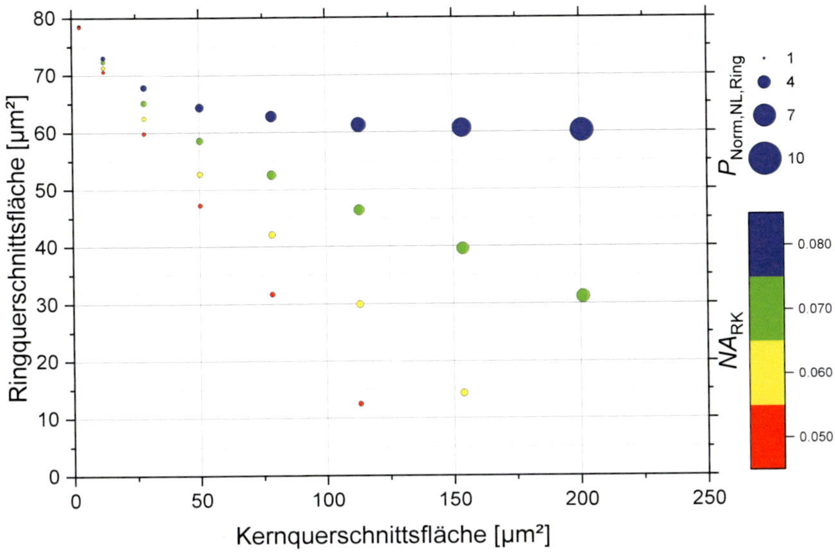


**Bild 5.6:** Normierte Schwellleistung nichtlinearer Effekte von passiven Singlemode-Fasern mit ringförmiger Kerngeometrie berechnet nach der in Bild 5.5 dargestellten Vorgehensweise in Abhängigkeit von der Ringquerschnittsfläche, der Kernquerschnittsfläche, sowie der numerischen Apertur vom Ring $NA_{RK}$ gegenüber dem Kern bei einer numerischen Apertur vom Ring gegenüber dem Mantel $NA_{RM}$ von 0,08

Als nächstes werden die Ergebnisse bei einem konstanten $NA_{RK}$ betrachtet. Für steigende Kernflächen sinkt die maximal mögliche Ringfläche ab, bei der die Faser noch singlemodig ist. Die Summe aus Kernquerschnittsfläche und Ringquerschnittsfläche, steigt jedoch an. Für einen möglichst großen Wert dieser Summe ist es demnach vorteilhaft, anstelle der Ringquerschnittsfläche die Kernquerschnittsfläche zu maximieren.

Zusätzlich zu diesen fundamentalen Eigenschaften, unter welchen Parametern die Fasern singlemodig sind, sind in Bild 5.6 die zugehörigen normierten Schwellleistungen für nichtlineare Effekte für passive Fasern in Form der Größe der Kreise dargestellt. Zur Berechnung der nichtlinearen Schwellleistung $P_{Th,NL,Ring}$ von Fasern mit ringförmiger Kerngeometrie wird analog zu den in Abschnitt 3.5 vorgestellten Berechnung der nichtlinearen Schwellleistung $P_{Th,NL}$ derselbe grundlegende Zusammenhang verwendet. Um unterschiedliche Fasern bei derselben Faserlänge miteinander zu vergleichen, wird die aus der Modenfeldfläche resultierende Schwellleistung für das Einsetzen nichtlinearer Effekte $P_{Th,NL,rund}$ der größtmöglichen runden Singlemode-Faser mit einer numerischen Apertur von 0,08 bestimmt, analog zu der in Abschnitt 3.5 vorgestellten Berechnung der nichtlinearen Schwellleistung $P_{Th,NL}$. Diese Schwellleistung für das Einsetzen nichtlinearer Effekte wird im Folgenden zur Normierung genutzt, um einen übersichtlichen Vergleich mit anderen Kerngeometrien zu ermöglichen und um mögliche Vorteile und Nachteile einer ringförmigen Kerngeometrie im Vergleich zur zylindersymmetrischen Singlemode-Faser darzustellen. Für die normierte Schwellleistung für nichtlineare Effekte für passive Fasern mit ringförmiger Kerngeometrie ergibt sich bei der Normierung auf eine Stufenindex-Faser der Zusammenhang

$$P_{\mathrm{Norm,NL,Ring}} = \frac{P_{\mathrm{Th,NL,Ring}}}{P_{\mathrm{Th,NL,rund}}} \tag{5.8}$$

der im Folgenden im Rahmen der Analyse genutzt wird.

Die Simulationsergebnisse zeigen, dass sowohl für höhere Werte von $NA_{\mathrm{RK}}$ als auch für große Kernquerschnittsflächen die normierte Schwellleistung für nichtlineare Effekte von Fasern mit ringförmiger Kerngeometrie ansteigt. Beispielsweise kann für $NA_{\mathrm{RK}}$ = 0,08 und eine Kernfläche von 200 µm² eine normierte Leistung von ca. 7,2 erreicht werden, wodurch im Vergleich zur Stufenindex-Faser nichtlineare Effekte in einer passiven Faser um fast eine Größenordnung reduziert werden können.

Für laseraktiv dotierte Fasern ist zusätzlich zur räumlichen Ausprägung der Mode auch die Gesamtquerschnittsfläche, als Summe der der Kernquerschnittsfläche und der Ringquerschnittsfläche, zur Unterdrückung nichtlinearer Effekte relevant. Wie bereits in Abschnitt 4.3 dargestellt, hat die laseraktiv dotierte Fläche innerhalb einer Faser einen Einfluss auf die nötige Faserlänge, um Pumpstrahlung zu einem definierten Anteil zu absorbieren, was relevant für effiziente Lasersysteme ist. Dabei wurde in Abschnitt 4.3 mit (4.6) die Schwellleistung für das Einsetzen nichtlinearer Effekte eingeführt, welche sich für Fasern mit ringförmiger Kerngeometrie in leicht abgewandelter Form durch Verwendung der Gesamtquerschnittsfläche zu

$$P_{\mathrm{Th,NL,AF,Ring}} \propto \frac{A_{\mathrm{eff}}}{L_{\mathrm{eff}}} \propto A_{\mathrm{eff}} \cdot (A_{\mathrm{Kern}} + A_{\mathrm{Ring}}) \tag{5.9}$$

ergibt, welche zur Analyse von laseraktiv dotierten Fasern mit ringförmiger Kerngeometrie verwendet wird. Dabei ist $A_{\mathrm{eff}}$ die Modenfeldfläche. Aus Gleichung (5.9) folgt, dass eine Faser mit einer möglichst großen laseraktiv dotierten Querschnittsfläche, sowie einer möglichst großen Modenfeldfläche vorteilhaft ist. Mit dieser Kenngröße kann die Schwellleistung nichtlinearer Effekte in laseraktiv dotierte Fasern mit ringförmiger Kerngeometrie $P_{\mathrm{Th,NL,AF,Ring}}$ mit der von Stufenindex-Fasern $P_{\mathrm{Th,NL,AF,rund}}$ verglichen werden. Daraus ergibt sich die normierte Schwellleistung nichtlinearer Effekte für Fasern mit ringförmiger Kerngeometrie und laseraktiver Dotierung bei der Normierung auf eine Stufenindex-Faser

$$P_{\mathrm{Norm,NL,AF,Ring}} = \frac{P_{\mathrm{Th,NL,AF,Ring}}}{P_{\mathrm{Th,NL,AF,rund}}}, \tag{5.10}$$

welche im Rahmen der folgenden Untersuchungen verwendet wird.

Wie zuvor in Bild 5.6 gezeigt, sinkt für passive Fasern mit höheren normierten Schwellleistungen für nichtlineare Effekte die Ringquerschnittsfläche ab. Dies kann analog zu klassischen Stufenindex-Fasern verstanden werden, in denen für kleiner werdende Kernquerschnittsflächen die Modenfeldfläche ansteigt, wie in Abschnitt 4.4 in Bild 4.11

gezeigt. Da für Fasern mit ringförmiger Kerngeometrie die Querschnittsfläche der gesamten Kerngeometrie jedoch ansteigt, ergibt sich an dieser Stelle ein fundamentaler Vorteil: Falls die Kernquerschnittsfläche zusätzlich zur Ringquerschnittsfläche ebenfalls laseraktiv dotiert wird, kann die laseraktiv dotierte Querschnittsfläche signifikant erhöht werden.

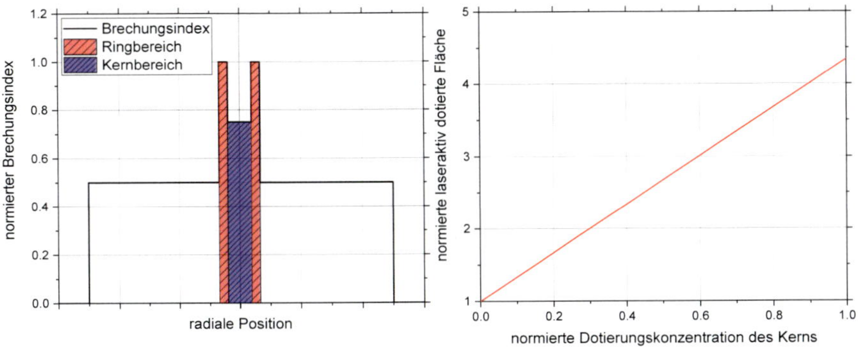


**Bild 5.7:** Auf das Maximum normiertes Brechungsindexprofil einer Faser mit ringförmiger Kerngeometrie mit Definition der Ring- und Kernfläche und resultierende Erhöhung der normierten laseraktiv dotierten Fläche bei Erhöhung der normierten Dotierungskonzentration des Kerns

Zur Erläuterung ist in Bild 5.7 (links) das Profil einer Faser mit ringförmiger Kerngeometrie dargestellt. In Bild 5.7 (rechts) ist die normierte laseraktiv dotierte Querschnittsfläche in Abhängigkeit von der normierten Dotierungskonzentration im Faserkern für die größtmögliche Singlemode-Faser mit ringförmiger Kerngeometrie bei $NA_{\mathrm{RK}}$ = 0,08, $NA_{\mathrm{RM}}$ = 0,08 und einer Kernquerschnittsfläche von 200 µm² aufgetragen. Für eine normierte Dotierungskonzentration des Kerns von 0 ist in diesem Beispiel nur die Ringquerschnittsfläche dotiert, während für einen Wert von 1 dieselbe Dotierungskonzentration in der Kernquerschnittsfläche wie in der Ringquerschnittsfläche genutzt wird. Die laseraktiv dotierte Fläche ist auf die Ringquerschnittsfläche normiert. Für steigende normierte Dotierungskonzentrationen des Kerns steigt die normierte laseraktiv dotierte Fläche an, wodurch potenziell kürzere Faserlängen genutzt werden können. Bei gleicher Dotierung der Kernquerschnittsfläche und der Ringquerschnittsfläche kann die laseraktiv dotierte Fläche um mehr als einen Faktor 4 angehoben werden.

Zur Quantifizierung ist in Bild 5.8 die normierte Schwellleistung für das Einsetzen nichtlinearer Effekte laseraktiv dotierter Fasern mit ringförmiger Kerngeometrie $P_{\mathrm{Norm,NL,AF,Ring}}$ dargestellt. Zur Normierung wird die aus der größtmöglichen laseraktiv dotierten Stufenindex Singlemode-Faser mit einer numerischen Apertur von 0,08 resultierende Schwellleistung nichtlinearer Effekte $P_{\mathrm{Th,NL,AF,rund}}$ genutzt. Analog zu Bild 5.6 entspricht die Ringquerschnittsfläche der größtmöglichen Querschnittsfläche, bei der eine Faser bei einer gewählten Kernquerschnittsfläche und $NA_{\mathrm{RK}}$ noch singlemodig ist, mit $NA_{\mathrm{RM}}$ = 0,08. Bei den dargestellten Fasern ist die gesamte Kerngeometrie dotiert.

Analog zu den in Bild 5.6 dargestellten Ergebnissen für passive Fasern lässt sich auch für laseraktiv dotierte Fasern ein Vorteil für große Kernquerschnittsflächen, sowie für große $NA_{\mathrm{RK}}$ feststellen. Beispielsweise bei einem Wert von $NA_{\mathrm{RK}}$ von 0,08, sowie einer Kernquerschnittsfläche von 200 µm² kann die normierte Schwellleistung für das Einsetzen nichtlinearer Effekte laseraktiv dotierter Fasern mit ringförmiger Kerngeometrie um einen Faktor von mehr als 27 im Vergleich zur klassischen Stufenindex Singlemode-Faser angehoben werden, was einen großen Vorteil zur weiteren Skalierung der Ausgangsleistung von Singlemode-Faserlasern darstellt. Auch für kleinere Werte von $NA_{\mathrm{RK}}$, beziehungsweise kleinere Kernquerschnittsflächen ergeben sich Vorteile von mehr als einer Größenordnung.

Insgesamt kann gezeigt werden, unter welchen Bedingungen Fasern mit ringförmiger Kerngeometrie nur die Grundmode führen und, dass sich durch eine solche Geometrie vorteilhafte Eigenschaften zur Unterdrückung nichtlinearer Effekte ergeben. Damit ist die in Abschnitt 2 formulierte Forschungsfrage 1 beantwortet.

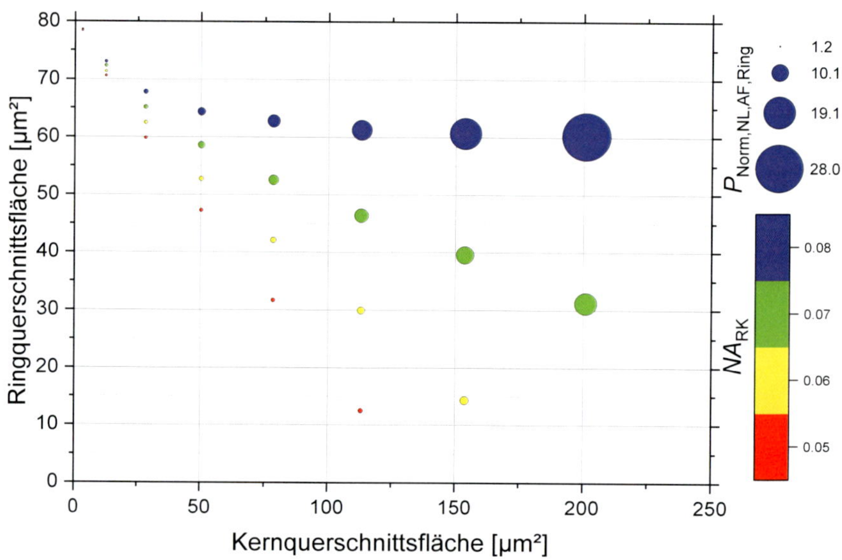


**Bild 5.8:** Normierte Schwellleistung nichtlinearer Effekte von laseraktiv dotierten Singlemode-Fasern mit ringförmiger Kerngeometrie berechnet nach der in Bild 5.5 dargestellten Vorgehensweise in Abhängigkeit von der Ringquerschnittsfläche, der Kernquerschnittsfläche, sowie der numerischen Apertur vom Ring gegenüber dem Kern $NA_{\mathrm{RK}}$ bei einer numerischen Apertur vom Ring gegenüber dem Mantel $NA_{\mathrm{RM}}$ von 0,08

## 5.4 Skalierungslimits von Fasern mit ringförmiger Kerngeometrie

Während in Abschnitt 5.3 die modalen Eigenschaften und insbesondere die Erhöhung der nichtlinearen Schwellen dargestellt werden, werden in diesem Abschnitt die Skalierungslimits von Singlemode-Fasern mit ringförmiger Kerngeometrie in Faserverstärkern untersucht. Dazu werden analog zur Analyse von Dawson [24] drei leistungslimitierende Effekte analysiert: die stimulierte Raman Streuung, die thermische Linse und die Pumpbrillanz derzeit verfügbarer Pumpdioden. Abhängig von den Faserparametern, wie beispielsweise dem Durchmesser der Kerngeometrie und der Faserlänge, ist einer der drei vorgestellten Effekte der leistungslimitierende Effekt, wodurch sich andere theoretisch erreichbare Ausgangsleistungen ergeben. Durch eine solche Analyse kann identifiziert werden, welche Leistungsskalierung durch eine Faser mit ringförmiger Kerngeometrie theoretisch ermöglicht werden kann.

Zur Berechnung der maximalen Ausgangsleistung unter Berücksichtigung der stimulierten Raman Streuung wird im Folgenden der Zusammenhang [24]

$$P_{\text{SRS,Aus}} \approx 16 \cdot \frac{\pi \cdot r_G^2 \cdot \ln(G)}{g_R \cdot L} \cdot \Gamma^2 \tag{5.11}$$

verwendet. Dabei steht $g_R$ für den Raman Verstärkungskoeffizienten und $\Gamma$, mit

$$\Gamma = \frac{d_{\text{eff}}}{d_{\text{Ring}}} \tag{5.12}$$

für das Verhältnis von Modenfelddurchmesser $d_{\text{eff}}$ zum Durchmesser der gesamten Kerngeometrie, der für eine Faser mit ringförmiger Kerngeometrie dem Durchmesser des Rings $d_{\text{Ring}}$ entspricht. Zur Berechnung der Schwellleistung der thermischen Linse wird der bereits in Abschnitt 3.6 vorgestellte Zusammenhang [24]

$$P_{\text{Linse}} = \frac{\eta_{\text{Laser}}}{\eta_{\text{Wärme}}} \cdot \frac{\pi \cdot k_{\text{Th}} \cdot \lambda^2 \cdot L}{2 \cdot \frac{\mathrm{d}n}{\mathrm{d}T} \cdot r_{\text{Kern}}^2} \tag{5.13}$$

verwendet. Da die Höhe der Dotierungskonzentration in der Fasergeometrie technisch limitiert ist und aus wirtschaftlicher Sicht möglichst effiziente Laser entwickelt werden sollen, werden zum Pumpen eines Faserlasers typischerweise Diodenlasermodule mit einer hinreichend hohen Pumpbrillanz benötigt. Da auch die Pumpbrillanz von Diodenlasermodulen technisch limitiert ist, können diese die maximale Ausgangsleistung von Faserlasern bestimmen. Die zugehörige maximal realisierbare Ausgangsleistung, die im Folgenden auch als Schwellleistung bezeichnet wird, kann mithilfe des Zusammenhangs [24]

$$P_{\text{Pump}} = \eta_{\text{Laser}} \cdot \pi^2 \cdot NA_{\text{Mantel}} \cdot r_{\text{Kern}}^2 \cdot L \frac{\alpha_{\text{Kern,Pump}} \cdot I_{\text{Pump}}}{A_{\text{Abs}}} \tag{5.14}$$

berechnet werden. Dabei steht $I_{\text{Pump}}$ für die Pumpbrillanz der Pumpmodule, $\alpha_{\text{Kern,Pump}}$ für den Absorptionskoeffizienten des Kerns bei der Pumpwellenlänge und $A_{\text{Abs}}$ für die Absorption des Pumplichtes. Obwohl die Pumpbrillanz von Diodenlasermodulen eine technische Limitierung für die Ausgangsleistung von Faserlasern ist, ist aufgrund der ständigen Weiterentwicklung von Diodenlasermodulen mit einer Verringerung des Einflusses dieser Limitierung zu rechnen. Seit 1985 hat sich die Brillanz von Diodenlasermodule innerhalb eines Zeitraums von ca. 8 Jahren verzehnfacht und das Ende dieser Entwicklung soll noch nicht erreicht worden sein [163].

Die zuvor vorgestellten Leistungslimitierungen gelten sowohl für klassische Stufenindex-Fasern als auch für Fasern mit ringförmiger Kerngeometrie. Der grundlegende Unterschied zwischen diesen beiden Fasertypen liegt in dem in Formel (5.11) verwendeten Verhältnis zwischen Modenfeldfläche und Fläche der Kerngeometrie $\Gamma$. Während sich für klassische, zylindersymmetrische Singlemode-Fasern mit der empirischen Formel von Marcuse [152]

$$\Gamma = \frac{d_{\text{eff}}}{d_{\text{Ring}}} = 0{,}65 + \frac{1{,}619}{V^{1{,}5}} + \frac{2{,}879}{V^6} \tag{5.15}$$

für $\Gamma$ ein Wert von ca. 1,2 ergibt, liegt dieser für LMA-Fasern mit V-Zahlen um ca. 4 bei ca. 0,8. Für Fasern mit ringförmiger Kerngeometrie können im untersuchten Parameterraum aufgrund der modalen Struktur je nach gewähltem Faserdesign z.B. $\Gamma = 1{,}6$, beziehungsweise $\Gamma > 2{,}6$ erreicht werden, wodurch der Einfluss der stimulierten Raman-Streuung unterdrückt werden kann.

In Abschnitt 5.8 wird eine Toleranzanalyse durchgeführt, um die für die Fertigung zulässigen Fertigungstoleranzen zu identifizieren. Im Vergleich zu dem Faserdesign mit $\Gamma = 1{,}6$ ergibt sich für das Faserdesign mit $\Gamma = 2{,}6$ zwar eine höhere Schwellleistung der stimulierten Raman-Streuung, aber auch eine höhere benötige Genauigkeit der Prozessparameter, um die Fertigbarkeit der Faser zu gewährleisten, was in der in Abschnitt 5.8 vorgestellten Toleranzanalyse beschrieben wird. Die zuvor beschriebene Analyse wird daher zunächst für ein Faserdesign mit $\Gamma = 1{,}6$ durchgeführt, welches in einem Bereich höherer zulässiger Fertigungstoleranzen liegt. Zusätzlich wird die Analyse für ein Faserdesign mit $\Gamma = 2{,}6$ durchgeführt, wodurch sich höhere Schwellleistungen der stimulierten Raman-Streuung ergeben.

| | |
|---|---|
| $G$ | $10$ |
| $g_R$ | $1{,}3 \cdot 10^{-13}\,\frac{\mathrm{m}}{\mathrm{W}}$ |
| $\Gamma$ | $1{,}6$ oder $2{,}6$ |
| $\lambda$ | $1030\ \mathrm{nm}$ |
| $\eta_{\mathrm{Laser}}$ | $0{,}84$ |
| $\eta_{\mathrm{Wärme}}$ | $0{,}1$ |
| $k_{\mathrm{Th}}$ | $1{,}38\,\frac{\mathrm{W}}{\mathrm{m} \cdot \mathrm{W}}$ |
| $\frac{\mathrm{d}n}{\mathrm{d}T}$ | $11{,}8 \cdot 10^{-6}\,\frac{1}{\mathrm{K}}$ |
| $NA_{\mathrm{Mantel}}$ | $0{,}48$ |
| $\alpha_{\mathrm{Kern,Pump}}$ | $250\,\frac{\mathrm{dB}}{\mathrm{m}}$ |
| $I_{\mathrm{Pump}}$ | $0{,}06 \cdot 10^{12}\,\frac{\mathrm{W}}{\mu\mathrm{m}^2}$ |
| $A_{\mathrm{Abs}}$ | $20\ \mathrm{dB}$ |

**Tabelle 1**: Auflistung der im Rahmen der Simulation verwendeten Parameter

In Tabelle 1 sind die im Rahmen der Simulation verwendeten Parameter aufgelistet. Um eine Vergleichbarkeit zur Studie von Dawson [24] zu gewährleisten, werden möglichst dieselben Parameter angenommen. Ein Unterschied ist hierbei die konstante Wellenlänge von 1030 nm, während diese in der Analyse von Dawson auf die zur Faser passende Wellenlänge angepasst wird, bei welcher für die Strahlung dieser Wellenlänge die maximale Verstärkung im Faserverstärker realisiert werden kann. Die Unterschiede werden an dieser Stelle als vernachlässigbar eingeschätzt. Für die Brillanz der Pumpmodule werden best-in-Class fasergekoppelte Diodenlasermodule bei einer Wellenlänge von 976 nm mit einer Ausgangsleistung von 5 kW verwendet, welche in eine 400 µm Faser mit einer numerischen Apertur von 0,46 gekoppelt werden [163].

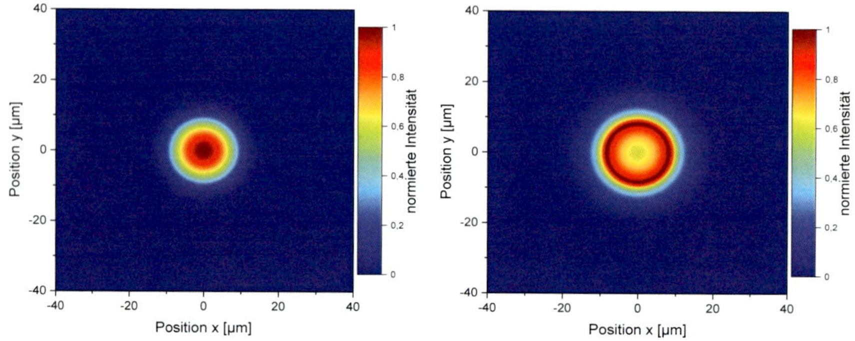


**Bild 5.9:** Berechnete Intensitätsverteilung im Querschnitt der Grundmode der verwendeten Fasern mit ringförmiger Kerngeometrie für $\Gamma = 1{,}6$ (links) und $\Gamma = 2{,}6$ (rechts)

In Bild 5.9 (links) ist die Intensitätsverteilung der Mode der verwendeten Singlemode-Faser mit ringförmiger Kerngeometrie, bei $NA_{\mathrm{RK}}$ = 0,07 und $NA_{\mathrm{RM}}$ = 0,08 gezeigt. In Bild 5.10 ist die für $\Gamma = 1{,}6$ resultierende maximal erreichbare Leistung in Abhängigkeit des Ringdurchmessers und der Faserlänge dargestellt. Die Farbskala zeigt den jeweiligen limitierenden Effekt. Für niedrige Durchmesser und Faserlängen ist die verfügbare Pumpbrillanz leistungslimitierend, während für hohe Faserlängen die stimulierte Raman-Streuung und für große Kerndurchmesser die thermische Linse die Leistung limitieren. Während sich laut der Analyse von Dawson [24] eine maximale Leistung von ca. 36,6 kW ergibt, kann für die hier vorgestellte Singlemode-Faser mit ringförmiger Kerngeometrie eine Leistung von mehr als 65 kW erreicht werden.

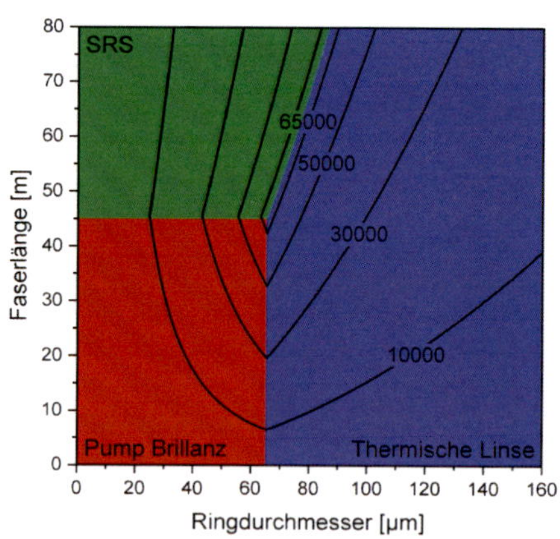


**Bild 5.10:** Leistungslimitierender Effekt (Farbe) und maximal erreichbare Leistung in Abhängigkeit von der Faserlänge und dem Durchmesser des Rings für $\Gamma = 1{,}6$

In Bild 5.9 (rechts) ist die Intensitätsverteilung der Mode der in der weiteren Analyse verwendeten Singlemode-Faser mit ringförmiger Kerngeometrie mit $\Gamma = 2{,}6$, mit

$NA_{RK}$ = 0,08 und $NA_{RM}$ = 0,08 gezeigt. Das Modenprofil bei dieser Fasergeometrie unterscheidet sich deutlich von der der Fasergeometrie mit $\Gamma = 1{,}6$.

In Bild 5.11 sind analog zu zuvor die erreichbare Leistung in Abhängigkeit von der Faserlänge und dem Durchmesser und zusätzlich der jeweils leistungslimitierende Effekt dargestellt. Insgesamt ergibt sich dieselbe grundlegende Systematik wie in Bild 5.10. Aufgrund des größeren Verhältnisses zwischen Modenfeldfläche und der Fläche der Kerngeometrie ist der Einfluss der stimulierten Ramanstreuung verringert. Insgesamt ergibt sich für dieses Beispiel eine maximal erreichbare Leistung von mehr als 100 kW.

Auch wenn die quantitativen Ergebnisse dieser Analyse erst noch experimentell bestätigt werden müssen, ergeben sich in einer qualitativen Betrachtung der Ergebnisse insgesamt grundlegende Vorteile durch die Verwendung von Singlemode-Fasern mit ringförmiger Kerngeometrie im Vergleich zu klassischen, zylindersymmetrischen Fasern.

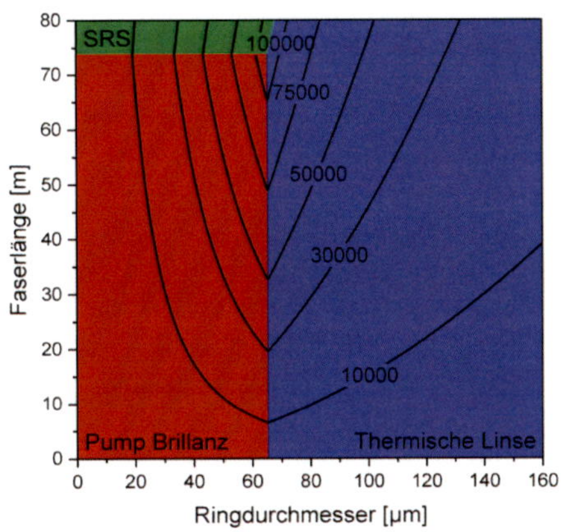


**Bild 5.11:** Leistungslimitierender Effekt (Farbe) und maximal erreichbare Leistung in Abhängigkeit von der Faserlänge und dem Durchmesser des Rings für $\Gamma = 2{,}6$

## 5.5 Few-Mode Faser Konzept

Während in Abschnitt 5.3 Fasern mit nur einer, zweifach entarteten in der Kerngeometrie führbaren Mode betrachtet werden, werden in diesem Abschnitt Fasern analysiert, in denen mehrere Moden im Kern geführt werden können. Für klassische zylindersymmetrische Fasern ergeben sich in solchen Few-Mode Fasern Vorteile im Hinblick auf die Modenfeldfläche und die Kernquerschnittsfläche, wodurch unerwünschte nichtlineare Effekte unterdrückt werden können. Die Moden höherer transversaler Ordnung können durch unterschiedliche Maßnahmen unterdrückt werden, wie zum Beispiel die Biegung der Faser auf definierte Biegeradien [18, 19]. Transversale Modeninstabilitäten können dennoch auftreten.

Neben der Variation der in der Faser führbaren Leistung kann durch die Variation der Faserparameter das radiale Profil der Mode geändert werden. In Abschnitt 5.1 wird vorgestellt, dass dabei zwischen drei Fällen unterschieden werden kann, aus denen unterschiedliche radiale Profile der Grundmode resultieren können. Im Folgenden soll gezeigt werden, ob sich durch das Few-Mode Faser Konzept potenziell eine weitere Skalierbarkeit ergibt.

Zur Untersuchung wird der Ringdurchmesser einer Faser mit einem Kernradius von 6 µm, $NA_{\mathrm{RK}}$ = 0,07 und $NA_{\mathrm{RM}}$ = 0,08 variiert. Diese Parameter werden hier exemplarisch gewählt, da für diesen Parametersatz alle drei, in Abschnitt 5.1 vorgestellten Fälle auftreten. In Bild 5.12 ist die Schwellleistung nichtlinearer Effekte in laseraktiv dotierten Fasern in Abhängigkeit vom Ringradius dargestellt, normiert auf die Schwellleistung für das Einsetzen nichtlinearer Effekte der Faser mit einem Ringradius von 7,1 µm und den zuvor genannten numerischen Aperturen. Durch die rote Linie wird die Grenze zwischen Singlemode- und Multimode-Bereich gekennzeichnet, während durch die Punkt-, beziehungsweise Ringform gezeigt wird, ob die jeweilige Mode im Kern oder im Ring geführt wird.

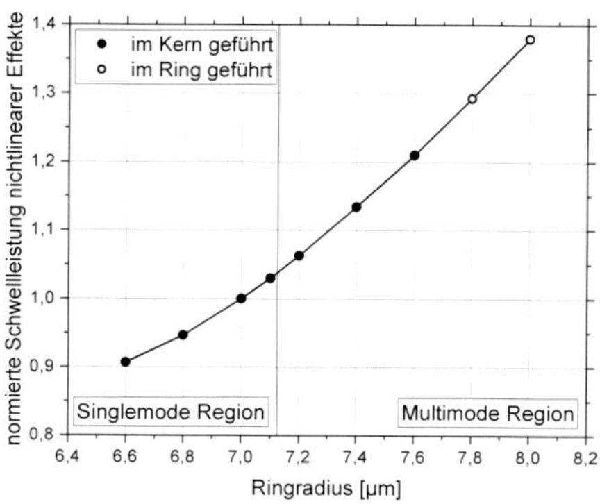


**Bild 5.12:** Normierte Schwellleistung nichtlinearer Effekte in laseraktiven Fasern mit ringförmiger Kerngeometrie und Art der Strahlführung in Kern oder Ring in Abhängigkeit vom Ringradius innerhalb der Singlemode- und der nahen Multimode-Region. Zur Normierung wird die Schwellleistung nichtlinearer Effekte in laseraktiven Fasern der größtmöglichen Singlemode-Faser mit ringförmiger Kerngeometrie, einem Kernradius von 6 µm, $NA_{\mathrm{RK}}$ = 0,07, und $NA_{\mathrm{RM}}$ = 0,08 verwendet

Im Singlemode-Bereich wird die Mode im Kern geführt, was Fall 1 aus Abschnitt 5.1 entspricht. Die normierte Schwellleistung nichtlinearer Effekte steigt sowohl in der Singlemode-Region als auch in der Multimode-Region an. Während für Ringradien bis 7,6 µm die Grundmode im Kern geführt wird, wird für höhere Ringradien die Grundmode im Ring geführt. Durch das Few-Mode Faser Konzept kann demnach analog zu klassischen zylindersymmetrischen Fasern Strahlung höherer Leistung realisiert werden, vor allem im Hochleistungsbereich müssen hier aber weitere Untersuchungen im Hinblick auf transversale Modeninstabilitäten durchgeführt werden.

Außer der größer werdenden Ringfläche, welche im Fall einer laseraktiv dotierten Faser Vorteile zur Erhöhung der nichtlinearen Schwellleistung hätte, gibt es für im Ring geführte Moden demnach keinen Vorteil zur Erhöhung der Schwellleistung nichtlinearer Effekte. Das globale Maximum der Schwellleistung nichtlinearer Effekte einer laseraktiv dotierten Faser mit ringförmiger Kerngeometrie liegt demnach bei dem Parametersatz, in dem der effektive Brechungsindex der Grundmode dem Brechungsindex des Kerns entspricht.

Ein Nachteil des Maximums der normierten Leistung der hier vorgestellten Faser ist, dass dieses innerhalb der Multimode-Region liegt. Dadurch können zum Beispiel bei der Verwendung der Faser innerhalb eines Faserlasers potenziell transversale Modeninstabilitäten auftreten, wobei die Leistung der Grundmode in andere Moden gekoppelt werden kann. Dadurch kann beispielsweise die Strahlqualität oder die Effizienz beeinträchtigt werden.

Eine Unterdrückung der TMI könnte auch durch eine Anpassung der laseraktiven Dotierung selbst erreicht werden. Wie zuvor dargestellt, ist für eine laseraktiv dotierte Faser die laseraktiv dotierte Fläche eine wichtige Größe, die die nötige Faserlänge zur Absorption der Pumpstrahlung vorgibt. Gleichzeitig bestimmt die geometrische Form der laseraktiv dotierten Fläche die Temperaturverteilung innerhalb der Faser, da in einer laseraktiv dotierten Faser der Quantendefekt zwischen Pumpwellenlänge und der Signalwellenlänge zu einem großen Anteil verantwortlich für die resultierende Wärmequelle ist. Im Fall eines Few-Mode Faser Konzeptes können im Vergleich zum Singlemode-Konzept größere Ringflächen verwendet werden, wodurch bei einer nur im Ring der Faser befindlichen aktiven Dotierung, dennoch hinreichend große Flächen dotiert werden könnten, um effiziente Lasersysteme zu gewährleisten.

Für die thermische Simulation einer aktiv-dotierten Faser wird die stationäre Wärmeleitungsgleichung mithilfe des thermischen Pakets der am ILT entwickelten Software SEMSIS verwendet. Dabei werden Dirichlet-Randbedingungen am Rand des Fasermantels mit einem Radius von 50 µm verwendet. In Bild 5.13 (links oben) ist die Wärmequellenverteilung für eine ringförmige, laseraktiv dotierte Faser dargestellt. Die Parameter entsprechen dabei der größten, in Bild 5.8 dargestellten Singlemode-Faser. Aus dieser Wärmequelle resultiert die in Bild 5.13 (rechts oben) dargestellte Temperaturverteilung. In Bild 5.13 (unten) sind zusätzlich die Profile der Wärmequelle und der Temperaturverteilung aufgetragen. Aus einer ringförmigen Wärmequellenverteilung entsteht demnach eine nahezu homogene Temperaturverteilung im Inneren der Kerngeometrie, was in einer nahezu homogenen Brechungsindexänderung resultiert.

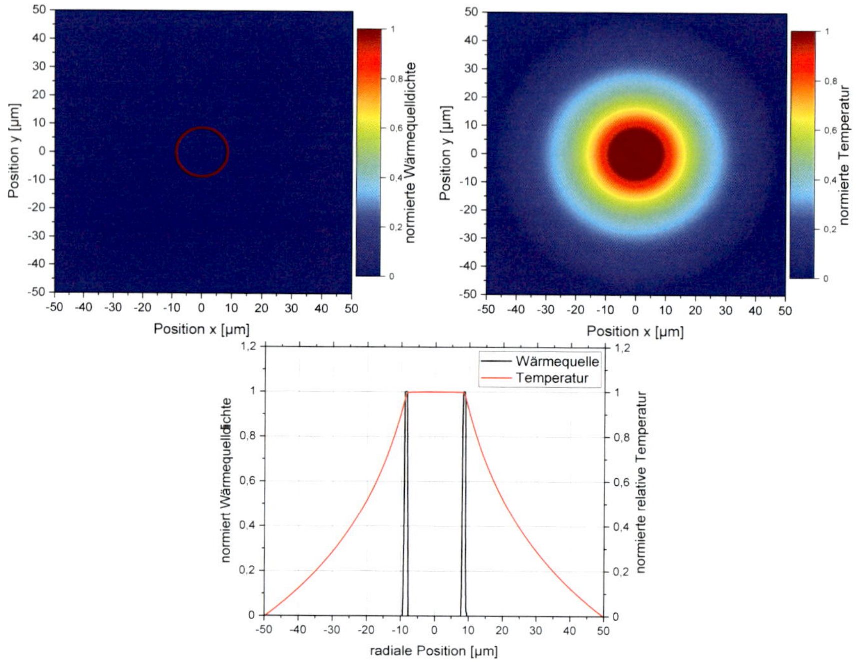


**Bild 5.13:** Auf das Maximum normierte resultierende Wärmequellenverteilung aus einem aktiv-dotieren Ring bei der Absorption von Pumpstrahlung (links oben) resultierende, auf das Maximum normierte Temperaturverteilung (rechts oben), sowie zugehöriges Profil aus beiden Verteilungen (unten)

Mit dem in Formel (3.32) wiedergegebenen Kopplungsterm folgt, dass die Kopplung zwischen den orthogonalen Moden nur bei inhomogenen Brechungsindexänderungen $\Delta n$ auftreten kann. Eine ringförmige, aktive Dotierung und daraus resultierend ein homogenes Temperaturprofil könnte dementsprechend vorteilhaft sein, um die Kopplung zwischen Moden und damit das Auftreten transversaler Modeninstabilitäten zu unterdrücken.

Bei einer hinreichend großen Ringfläche könnte demnach für eine laseraktiv dotierte Faser auf die Dotierung des Kerns verzichtet werden, die Leistung aber trotzdem weiter skaliert werden, da aufgrund der homogenen Temperaturverteilung die Kopplung zwischen einzelnen Moden unterdrückt wird. Dies ist vor allem für Few-Mode Faser Konzepte denkbar, da hier die Fläche des Rings weiter erhöht werden kann. Außer bei aktiv-dotierten Fasern könnte sich ein Few-Mode Faser Konzept aufgrund der hohen Modenfeldfläche hervorragend als Transportfaser eignen. In passiven Transportfasern ist der Einfluss transversaler Modeninstabilitäten stark reduziert, da sich kein, aufgrund der Interferenz mehrere Moden induziertes Gitter im aktiven Medium entwickeln kann.

## 5.6 Biegeempfindlichkeit von Fasern mit ringförmiger Kerngeometrie

Nachdem in den vorherigen Abschnitten die modalen Eigenschaften von Fasern mit ringförmiger Kerngeometrie vorgestellt wurden, wird im Folgenden die Biegeempfindlichkeit analysiert. Zur Analyse werden Singlemode-Fasern mit unterschiedlichen Faserparametern betrachtet und die zugehörigen Biegedämpfungen simuliert. Der größtmögliche Ringdurchmesser, bei dem die Faser noch singlemodig ist, wird bei vorgegebenen Werten von $NA_{\mathrm{RK}}$ und Ringdurchmesser $d_{\mathrm{Ring}}$ mit dem in Bild 5.5 vorgestellten Verfahren bestimmt. Zur Berechnung der Biegedämpfungen wird das in Abschnitt 3.10 vorgestellte Verfahren verwendet. Während der gesamten Analyse wird $NA_{\mathrm{RM}}$ konstant als 0,08 gewählt, sowie der Brechungsindex des Rings $n_{\mathrm{Ring}}$konstant als 1,45 gewählt.

In Bild 5.14 (links) ist für einen Kernradius von 6 µm die Dämpfung in Abhängigkeit vom Biegeradius für $NA_{\mathrm{RK}}$ von 0,05 bis 0,08 dargestellt. Dabei steigt für steigende Werte von $NA_{\mathrm{RK}}$, also sinkendem Brechungsindex des Kerns $n_{\mathrm{Kern}}$, die Biegedämpfung an. In Bild 5.14 (rechts) ist für eine konstantes $NA_{\mathrm{RK}}$ von 0,08 die Dämpfung in Abhängigkeit vom Biegeradius für variierende Kernradien aufgetragen. Für steigende Kernradien ist ebenfalls ein Anstieg der Biegedämpfung zu erkennen. Daraus folgt, dass sich gerade für die Fasern Nachteile im Hinblick auf die Biegeempfindlichkeit ergeben, welche wie in Bild 5.8 gezeigt vorteilhaft zur Unterdrückung nichtlinearer Effekte sind. Insgesamt steigt durch große $NA_{\mathrm{RK}}$ und große Kernradien die Biegeempfindlichkeit an.

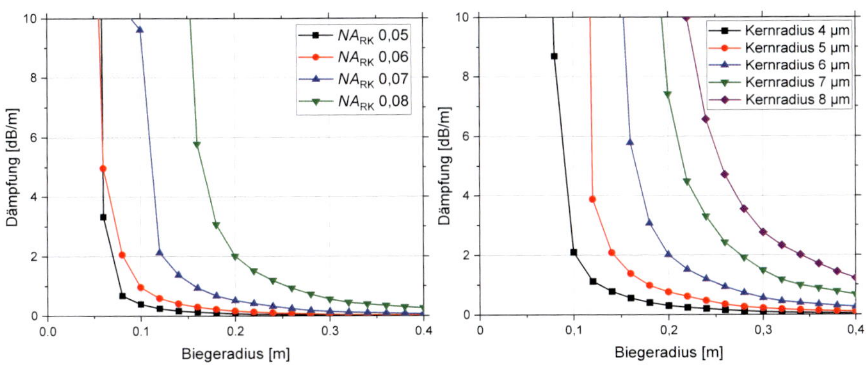


**Bild 5.14:** Dämpfung in Abhängigkeit vom Biegeradius einer Faser mit ringförmiger Kerngeometrie für einen konstanten Kernradius von 6 µm bei unterschiedlichen $NA_{\mathrm{RK}}$ bei einem Kerndurchmesser von 6 µm (links), sowie für ein konstantes $NA_{\mathrm{RK}}$ von 0,08 für unterschiedliche Kernradien (rechts) bei einem konstanten $NA_{\mathrm{RM}}$ von 0,08

Um die Biegeempfindlichkeit zu verbessern kann das in Abschnitt 4.6 vorgestellte und die in Abschnitt 4.8 vorgestellte Validierung des Konzepts des zusätzlichen Brechzahlpodestes innerhalb des dielektrischen Systems der Faser verwendet werden. In Bild

5.15 ist exemplarisch die Dämpfung in Abhängigkeit vom Biegeradius für einen Kernradius von 8 µm, einen Ringradius von 9,1 µm, einer numerischen Apertur vom Ring gegenüber dem Podest

$$NA_{\mathrm{RP}} = \sqrt{n_{\mathrm{Ring}}^2 - n_{\mathrm{Podest}}^2} \tag{5.16}$$

von 0,08 und einem Wert von $NA_{\mathrm{RK}}$ von 0,08 für eine Faser mit und ohne Brechzahlpodest bei einem Brechungsindex des Rings $n_{\mathrm{Ring}}$ von 1,45 dargestellt. Das Brechzahlpodest hat einen Durchmesser von 40 µm, bei einer numerischen Apertur vom Podests gegenüber dem Mantel mit

$$NA_{\mathrm{PM}} = \sqrt{n_{\mathrm{Podest}}^2 - n_{\mathrm{Mantel}}^2} \tag{5.17}$$

von 0,08. Exemplarisch kann der zu einer Dämpfung von 5 dB/m zugehörige Biegeradius von ca. 0,25 m auf weniger als ca. 0,04 m reduziert werden. Analog zu den Fasern mit eckiger Kerngeometrie kann das Brechzahlpodest demnach genutzt werden, um die Biegeempfindlichkeit zu verbessern.

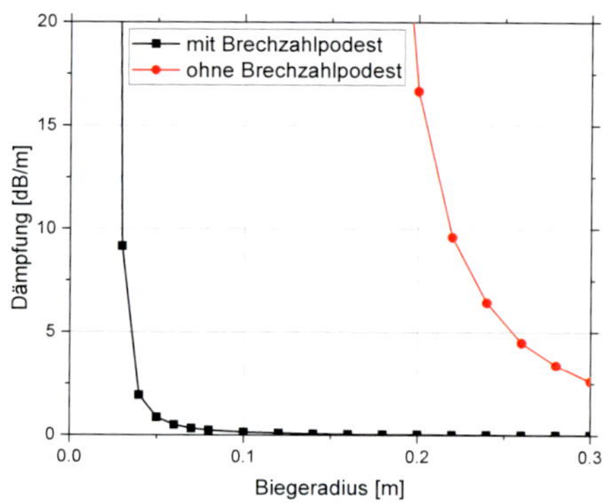


**Bild 5.15:** Dämpfung in Abhängigkeit vom Biegeradius für eine Singlemode-Faser mit ringförmiger Kerngeometrie mit, beziehungsweise ohne Brechzahlpodest

Neben den Biegeverlusten kann auch die Verzerrung der Mode unter dem Einfluss einer Biegung einen Einfluss auf die Leistungsskalierungseigenschaften haben. Durch eine Änderung des Modenprofils kann beispielsweise die Modenfeldfläche beeinflusst werden. Dieser Aspekt wird im Folgenden unter dem Einfluss eines zusätzlichen in der Faser auftretenden Brechzahlpodestes analysiert.

Zur Analyse werden exemplarisch die Eigenmoden einer Faser mit ringförmiger Kerngeometrie bei einem Kernradius von 8 µm, einem Ringradius von 9,1 µm, $NA_{\mathrm{RK}}$ = 0,08, $NA_{\mathrm{RP}}$ = 0,08, und $NA_{\mathrm{PM}}$ = 0,08 bei unterschiedlichen Biegeradien berechnet für einen Brechungsindex des Rings $n_{\mathrm{Ring}}$ von 1,45. Die betrachteten Größen sind die normierte Schwellleistung nichtlinearer Effekte in laseraktiv dotierten Fasern mit ringförmiger Kerngeometrie $P_{\mathrm{Norm,NL,AF,Ring}}$, die das Auftreten nichtlinearer Effekte beeinflusst, sowie der Anteil der im Kern geführten Leistung, wodurch die Verstärkung im aktiven

Medium verändert werden kann. Zur Normierung werden die Eigenschaften nicht gebogener Fasern genutzt.

In Bild 5.16 (links) ist die aus den Berechnungen resultierende auf eine nicht gebogene Faser normierte führbare Leistung in Abhängigkeit vom Biegeradius für eine Faser ohne und eine Faser mit einem Brechzahlpodest mit einem Radius von 40 µm und $NA_{\text{PM}}$ = 0,08 dargestellt. Für kleiner werdende Biegeradien sinkt die normierte führbare Leistung in beiden Fällen bis zu einem Biegeradius von ca. 0,1 m ab. Aufgrund der Änderung des Modenprofils steigt die maximale Intensität an, wodurch nichtlineare Effekte verstärkt auftreten können. Bei einem Biegeradius von 0,2 m können im Vergleich zu der nicht-gebogenen Faser 73 % der Leistung transportiert werden.

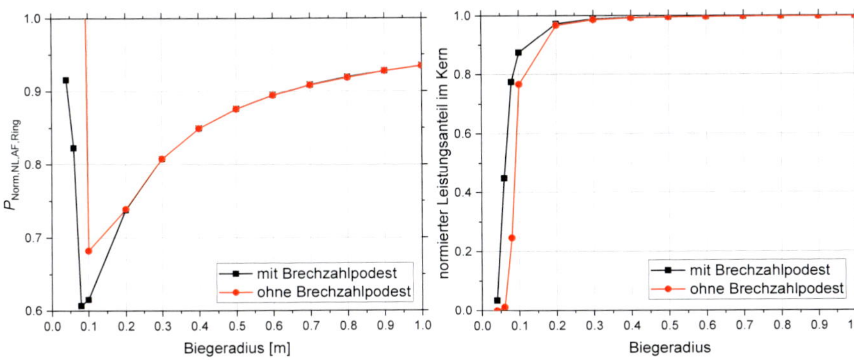


**Bild 5.16:** Auf die nicht gebogene Faser normierte Schwellleistung nichtlinearer Effekte in laseraktiv dotierten Fasern mit ringförmiger Kerngeometrie (links) sowie auf die nicht gebogene Faser normierter Leistungsanteil im Kern (rechts) in Abhängigkeit von dem Biegeradius für eine Faser mit ringförmiger Kerngeometrie mit beziehungsweise ohne Brechzahlpodest

Für Biegeradien mit weniger als ca. 0,1 m steigt die normierte führbare Leistung an. Zur Erläuterung dieses Phänomens ist in Bild 5.16 (rechts) der normierte Leistungsanteil im Kern, im Vergleich zur nicht gebogenen Faser dargestellt. Für Biegeradien bis zu ca. 0,2 m ist die Mode in beiden Fällen in der Kerngeometrie lokalisiert. Für kleinere Biegeradien wird die Mode fast komplett aus dem Kern delokalisiert und im Fasermantel, beziehungsweise im Brechzahlpodest geführt. Aufgrund der in diesem Fall größeren Modenfeldfläche steigt die normierte führbare Leistung an.

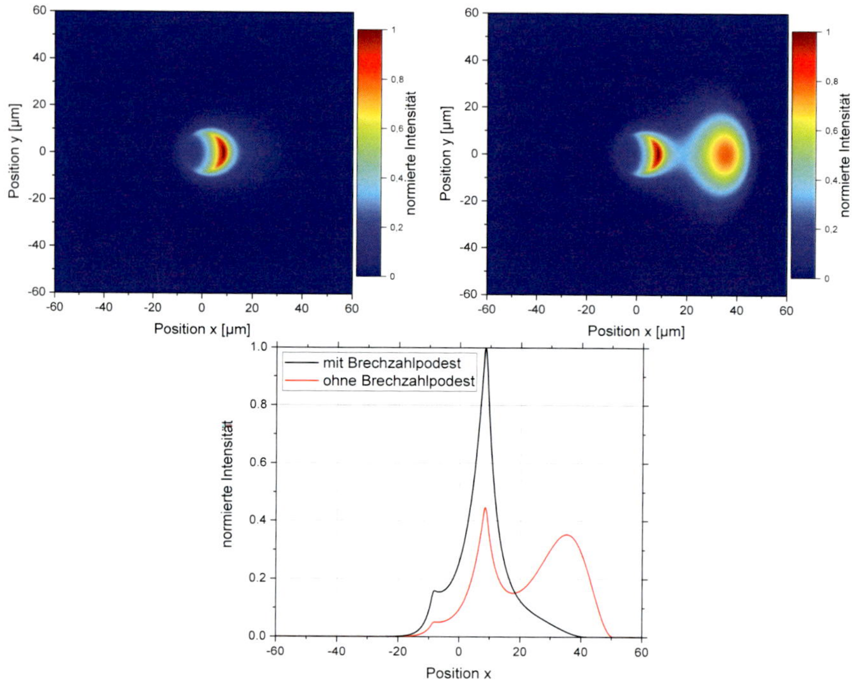


**Bild 5.17:** Intensitätsverteilungen der Grundmode einer Faser mit Brechzahlpodest (links oben), ohne Brechzahlpodest (rechts oben) und resultierende normierte Profile (unten) bei einem Biegeradius von 0,08 m

Insgesamt lässt sich für die Faser mit und ohne Brechzahlpodest ein qualitativ ähnliches Verhalten feststellen. Durch das Biegen der Faser wird die Mode aus dem Kern in den Fasermantel delokalisiert, durch das Brechzahlpodest tritt die Delokalisierung der Mode jedoch erst bei kleineren Biegeradien auf: Das Brechzahlpodest beeinflusst daher auch die Biegeeigenschaften von Fasern mit ringförmiger Kerngeometrie, wie schon in Abschnitt 4.6 für Fasern mit eckiger Kerngeometrie gezeigt. Zur Illustration sind in Bild 5.17 die Intensitätsverteilungen der Grundmode in der Faser mit (links oben) und ohne Brechzahlpodest (rechts unten) zusammen mit den zugehörigen normierten Profilen (unten) bei einem Biegeradius von 0,08 m dargestellt. Während die Mode in der Faser ohne Brechzahlpodest stark in den Mantel mit einem Radius von ca. 50 µm delokalisiert ist, ist die Mode in der Faser mit Brechzahlpodest noch stärker im Kern lokalisiert.

Insgesamt sind dadurch die zentralen Einflüsse des Brechzahlpodestes gezeigt. Durch dieses kann sowohl die Biegeempfindlichkeit als auch die Verzerrung der Mode beeinflusst werden.

## 5.7 Analyse des Zusammenhangs zwischen der maximalen Ausgangsleistung, der Biegedämpfung und den Designparametern

Während in Abschnitt 5.4 die Leistungsskalierbarkeit von Fasern mit ringförmiger Kerngeometrie und in Abschnitt 5.6 grundlegende Eigenschaften im Hinblick auf die Biegeempfindlichkeit separat voneinander untersucht werden, werden in diesem Abschnitt beide Größen zusammen betrachtet.

Für die Analyse werden zunächst in dem gewählten Parameterraum

$$R_{\mathrm{Kern}} \in [6\ \mu\mathrm{m};\ 10\ \mu\mathrm{m}] \tag{5.18}$$

$$NA_{\mathrm{RK}} \in [0{,}06;\ 0{,}08] \tag{5.19}$$

$$NA_{\mathrm{RM}} \in [0{,}06;\ 0{,}08] \tag{5.20}$$

mit der in Bild 5.5 dargestellten Vorgehensweise Singlemode-Fasern mit dem größtmöglichen Ringradius $R_{\mathrm{Ring}}$ bestimmt. Für diese Singlemode-Fasern mit ringförmiger Kerngeometrie wird die Biegeempfindlichkeit bei einem exemplarisch gewählten Biegeradius simuliert. Zusätzlich wird, wie bereits in 5.4 vorgestellt, für die jeweilige Kerngeometrie die maximal erreichbare Ausgangsleistung bestimmt, unter Berücksichtigung des Einflusses von stimulierter Raman-Streuung, der thermischen Linse, sowie der verfügbaren Pumpleistung von Diodenlasermodulen. Durch die Analyse der Biegeempfindlichkeit, sowie der maximal erreichbaren Ausgangsleistung im Hinblick auf die Designparameter der Faser, in diesem Fall dem Durchmesser der Kerngeometrie, der Differenz $NA_{\mathrm{RM}} - NA_{\mathrm{RK}}$, sowie $NA_{\mathrm{RM}}$, können zentrale Abhängigkeiten untersucht werden, welche hilfreich für die Auswahl eines Faserdesigns sein können.

In Bild 5.18 sind die maximal erreichbare Ausgangsleistung (links), hier als Schwellleistung für nichtlineare Effekte bezeichnet, sowie die Biegedämpfung (rechts) bei einem exemplarisch ausgewählten Biegeradius von 0,3 m dargestellt. Diese sind jeweils in Abhängigkeit von der Gesamtfläche der Kerngeometrie (oben), also $\pi/4 \cdot d_{\mathrm{Ring}}^2$, $NA_{\mathrm{RM}}$ (mittig), sowie der Differenz (unten)

$$\Delta NA = NA_{\mathrm{RM}} - NA_{\mathrm{RK}}. \tag{5.21}$$

(unten) aufgetragen. Innerhalb aller Diagramme steht die Form, zusammen mit den beiden Farben jedes Punktes jeweils für das gleiche, gewählte Faserdesign. Die Umrandungsfarbe wird hierbei durch $NA_{\mathrm{RM}}$ festgelegt, während die Form der Punkte aus der Differenz $\Delta NA$ resultiert, was in den mittleren, beziehungsweise den beiden unteren Diagrammen erkennbar ist. Die Füllfarbe hat keine zusätzliche Bedeutung, sondern wird nur zum Identifizieren eines gewählten Faserdesigns über alle Diagramme hinweg genutzt. Insgesamt können durch diese Darstellung Einflüsse des Faserdesigns untersucht und Systematiken erkannt werden.

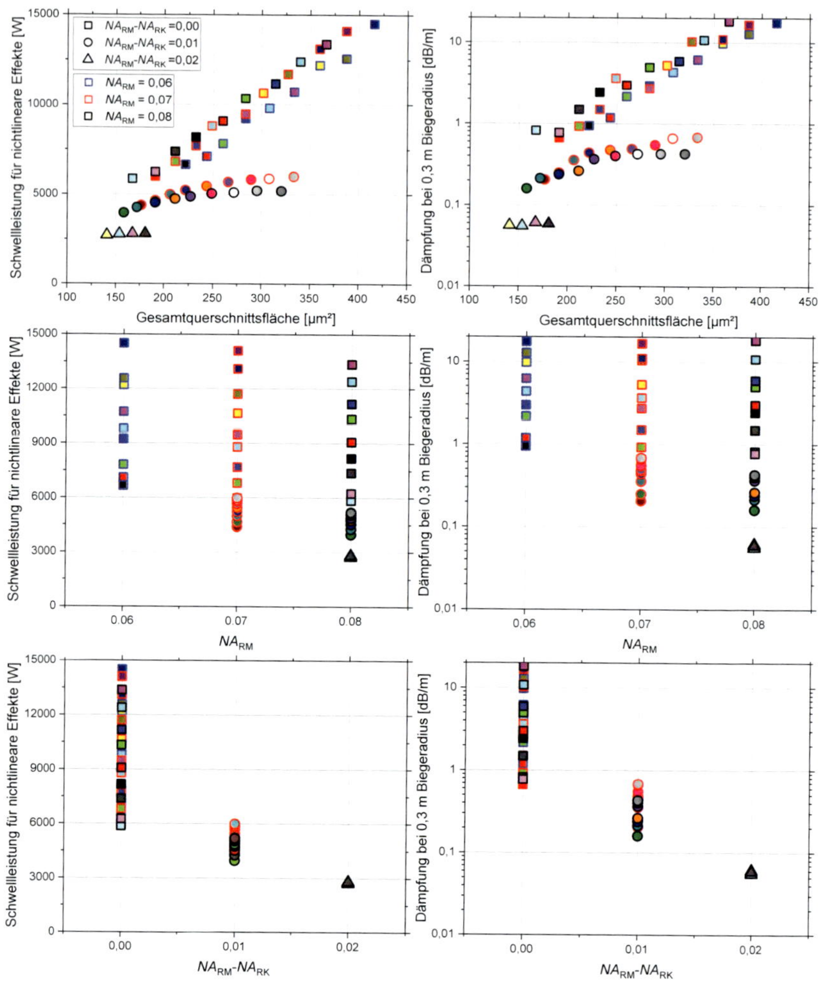


**Bild 5.18:** Maximal erreichbare Ausgangsleistung, beziehungsweise Schwellleistung für nichtlineare Effekte (links), sowie Biegedämpfung für einen Biegeradius von 0,3 m in Abhängigkeit von der Gesamtfläche der Kerngeometrie (oben), der numerischen Apertur des Rings gegenüber dem Mantel $NA_{\mathrm{RM}}$ (mittig), sowie der Differenz aus numerischer Apertur des Rings gegenüber dem Mantel $NA_{\mathrm{RM}}$ und numerischer Apertur des Rings gegenüber dem Kern $NA_{\mathrm{RK}}$ (unten)

In Bild 5.18 (links oben) ist die Schwellleistung für nichtlineare Effekte in Abhängigkeit von der Gesamtfläche dargestellt. Insgesamt können für größere Gesamtflächen höhere Schwellleistungen für nichtlineare Effekte erreicht werden. Unter Betrachtung der Differenz $\Delta NA$ (Form der Punkte) aus $NA_{\mathrm{RM}}$ und $NA_{\mathrm{RK}}$ wird eine weitere Systematik der analysierten Fasern aufgezeigt: Für kleinere $\Delta NA$ ist bei gleicher Gesamtfläche die

Schwellleistung für nichtlineare Effekte höher. Weiterhin können für kleinere $\Delta NA$ auch bei höheren Gesamtflächen noch Singlemode-Fasern mit ringförmiger Kerngeometrie im analysierten Parameterraum gefunden werden.

In Bild 5.18 (rechts oben) ist die Dämpfung bei einem Biegeradius von 0,3 m in Abhängigkeit von der Gesamtfläche aufgetragen. Hier ergibt sich eine ähnliche Systematik, wie bereits in Bild 5.18 (links oben): für höhere Gesamtflächen steigt die Biegedämpfung an. Weiterhin ist zusätzlich für kleinere $\Delta NA$ (Form der Punkte) die Biegedämpfung höher, wodurch gerade für die Fasern mit einer hohen Schwellleistung eine hohe Biegedämpfung zu erwarten ist.

Darüber hinaus sind in Bild 5.18 die Schwellleistung für nichtlineare Effekte (links mittig) und die Biegedämpfung (rechts mittig) in Abhängigkeit von $NA_{\mathrm{RM}}$ aufgetragen. Für kleinere $NA_{\mathrm{RM}}$ steigen im analysierten Parameterraum die durchschnittlichen Schwellleistungen, sowie Biegedämpfungen an. Dennoch sind hier keine fundamentalen Systematiken in Abhängigkeit von $NA_{\mathrm{RM}}$ zu erkennen. Zur weiteren Analyse kann ein größerer Parameterraum untersucht werden.

Abschließend sind in Bild 5.18 die Schwellleistung für nichtlineare Effekte (links unten) und die Biegedämpfung (rechts unten) in Abhängigkeit von der Differenz $\Delta NA$ dargestellt. Hier ist analog zu Bild 5.18 dieselbe Systematik erkennbar: für kleinere $\Delta NA$ können höhere Schwellleistungen erreicht werden, während die Biegedämpfung steigt. Insgesamt ergeben sich aus dieser Analyse zwei Arten von Fasern mit ringförmiger Kerngeometrie. Für jene mit $\Delta NA = 0$ können die höchsten Schwellleistungen erreicht werden, während aber auch für die Biegedämpfung die höchsten Werte erreicht werden. Für Fasern mit $\Delta NA > 0$ ist zwar die erreichbare Schwellleistung niedriger, dennoch entstehen hier Vorteile im Hinblick auf die Biegedämpfung.

Zur Analyse der beiden Zielgrößen ist abschließend in Bild 5.19 die Schwellleistung für nichtlineare Effekte in Abhängigkeit von der Biegedämpfung dargestellt. Wie zuvor analysiert sind die höchsten Schwellleistungen für die Fasern mit der höchsten Biegedämpfung zu erreichen. Auffällig ist hierbei, dass sich analog zur vorherigen Analyse in Abhängigkeit von $\Delta NA$ zwar höhere Schwellleistungen ergeben (Form der Punkte), alle Fasern aber dennoch derselben, grundsätzlichen Systematik folgen. Insgesamt lässt sich der Zusammenhang zwischen Schwellleistung $P_{\mathrm{Schwell}}$ und Biegedämpfung $L_{\mathrm{Biegung}}$ bei einem Biegeradius von 0,3 m der simulierten Fasern näherungsweise mithilfe der Fitfunktion

$$L_{\mathrm{Biegung}} = \exp\left(E_{\mathrm{Fit}} + F_{\mathrm{Fit}} \cdot P_{\mathrm{Schwell}} + G_{\mathrm{Fit}} \cdot P_{\mathrm{Schwell}}^2\right) \mathrm{dB/m} \tag{5.22}$$

beschreiben, mit den Parametern $E_{\mathrm{Fit}} = -5{,}49$, $F_{\mathrm{Fit}} = 9{,}78 \cdot 10^{-4}\,1/\mathrm{W}$ und $G_{\mathrm{Fit}} = -2{,}75 \cdot 10^{-8}\,1/\mathrm{W}^2$. Aufgrund dieser Abhängigkeit kann die Biegedämpfung ein limitierender Faktor sein, vor allem, falls ein möglichst kompakter Laser mit einer möglichst hohen Schwellleistung realisiert werden soll. Daher sollte für einen möglichst kompakten Aufbau das in Abschnitt 5.6 diskutierte und in Abschnitt 4.8 für Fasern mit eckiger Kerngeometrie experimentell validierte Konzept eines Brechzahlpodestes zur Verringerung der Biegedämpfung verwendet werden.

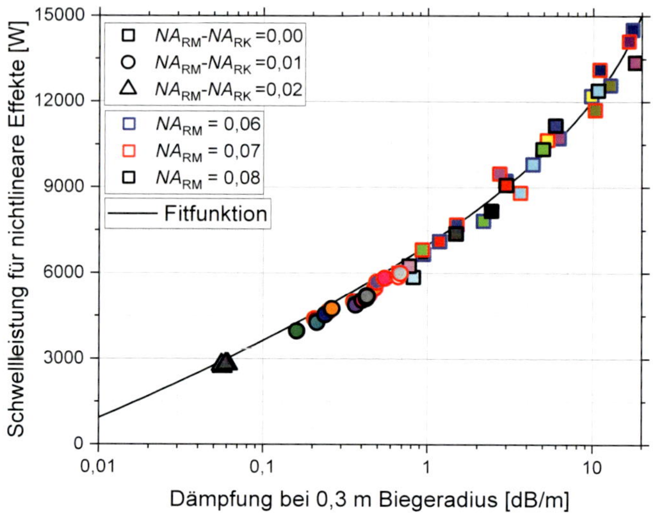


**Bild 5.19:** Schwellleistung in Abhängigkeit von der Dämpfung für einen Biegeradius von 0,3 m für unterschiedliche Singlemode-Fasern mit ringförmiger Kerngeometrie

## 5.8 Toleranzanalyse

Für eine industriell herzustellende Faser ist aus wirtschaftlicher Sicht vorteilhaft ein Faserdesign zu nutzen, für welches die modalen Eigenschaften eine möglichst geringe Abhängigkeit gegenüber von Störeinflüssen haben, um bei der Herstellung einer solchen Faser mit typischen Herstellungstoleranzen immer nahezu dieselben modalen Eigenschaften der von der Faser emittierten Strahlung zu erhalten. Zur Analyse der Abhängigkeit der modalen Eigenschaften von den Faserparametern wird zunächst eine exemplarische Singlemode-Faser mit ringförmiger Kerngeometrie ausgewählt und die vier Einflussgrößen, $NA_{\mathrm{RK}}$, $NA_{\mathrm{RM}}$ sowie der Ring- und Kerndurchmesser unabhängig voneinander verändert und die modalen Eigenschaften analysiert. Dadurch sollen die Einflüsse der einzelnen Parameter identifiziert werden. Abschließend werden die Ergebnisse einer Monte-Carlo Analyse vorgestellt, in der alle Einflussgrößen gleichzeitig variiert werden. Dadurch wird untersucht, welche Anforderungen an die Faserparameter gestellt werden müssen, um eine Faser mit ringförmiger Kerngeometrie reproduzierbar herstellen zu können.

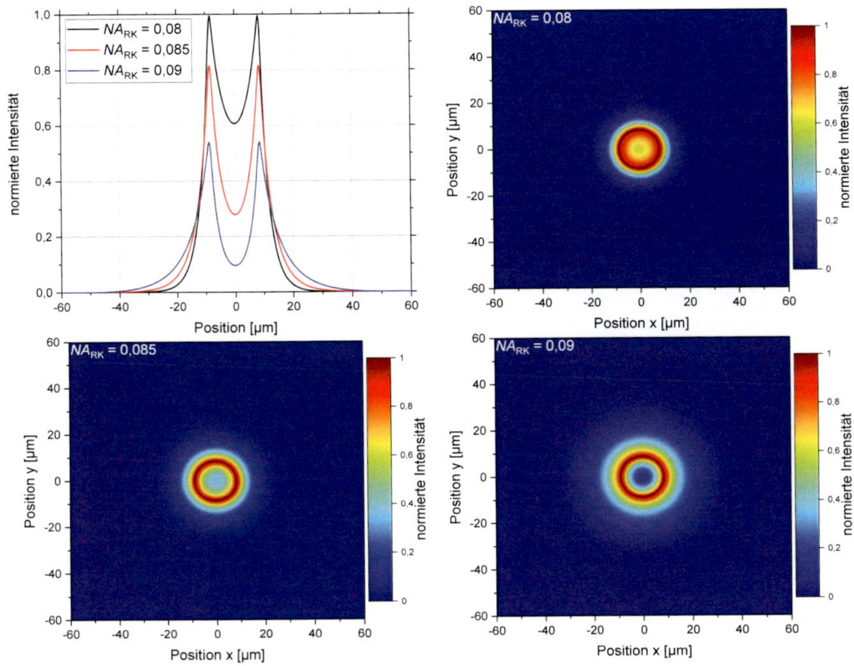


**Bild 5.20:** Auf das Maximum der Faser mit einer numerischen Apertur vom Ring gegenüber des Kerns $NA_{\mathrm{RK}}$ von 0,08 normierte Profile (links oben), sowie auf das jeweilige Maximum normierte Intensitätsverteilungen der Grundmode einer Faser mit ringförmiger Kerngeometrie für eine numerische Apertur des Rings gegenüber des Kerns $NA_{\mathrm{RK}}$ von 0,08 (rechts oben), 0,085 (rechts unten) und 0,09 (rechts unten) bei einer numerischen Apertur des Rings gegenüber dem Mantel $NA_{\mathrm{RM}}$ von 0,08

In Bild 5.20 sind für eine Faser mit $NA_{\mathrm{RK}}$ = 0,08 die modalen Verteilungen der Grundmode einer Faser für unterschiedliche $NA_{\mathrm{RM}}$ und zusätzlich die normierten Profile (links oben) aufgetragen. Für einen Wert $NA_{\mathrm{RK}}$ von 0,08 (rechts oben) ist die Mode im Kern lokalisiert. Für einen Wert $NA_{\mathrm{RK}}$ von 0,085 (links unten) ist die Mode stärker im Mantel delokalisiert, während für einen Wert $NA_{\mathrm{RK}}$ von 0,09 (rechts unten) sich nur noch geringe Anteile der Mode im Kern der Faser befinden. Daraus folgt, dass $NA_{\mathrm{RK}}$ niedriger als $NA_{\mathrm{RM}}$ sein sollte, um eine Delokalisierung in den Mantel zu vermeiden, was wichtig für die Toleranzen in einem Herstellungsprozess ist.

Zur weiteren Analyse wird eine Faser mit einem Kerndurchmesser von 7 µm, einem Ringdurchmesser von 7,8 µm und $NA_{\mathrm{RM}}$ = 0,08 sowie $NA_{\mathrm{RK}}$ = 0,07 betrachtet. Diese vier Faserparameter werden zunächst unabhängig voneinander variiert, um den Einfluss auf die modalen Eigenschaften zu identifizieren. Dabei wird zum einen die Modenfeldfläche und zum anderen die Singlemode-Eigenschaft untersucht. Für die Singlemode-Eigenschaft wird die Differenz des effektiven Brechungsindizes der Mode nächsthöherer transversaler Ordnung zum Brechungsindex des Mantels betrachtet. Für Werte $n_{\mathrm{eff,Mode\ 2}} - n_{\mathrm{Mantel}} < 0$ handelt es sich bei der Faser um eine Singlemode-Faser, während es sich bei Werten größer als 0 um eine Multimode-Faser handelt.

In Bild 5.21 (links) ist der Einfluss einer Variation des Kernradius dargestellt. Für steigende Kernradien steigt die Modenfeldfläche an und die Singlemode-Bedingung wird nicht mehr erfüllt. In Bild 5.21 (rechts) ist der Einfluss einer Variation der Ringradius dargestellt. Analog zu zuvor wird für steigende Ringradien die Modenfeldfläche größer und die Singlemode-Bedingung nicht mehr erfüllt, wobei die Abhängigkeit größer ist als für die Variation des Kernradius.

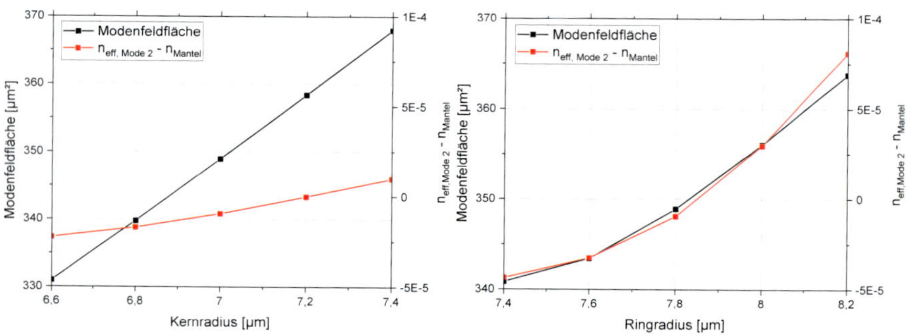


**Bild 5.21:** Modenfeldfläche, sowie die Differenz des effektiven Brechungsindizes der Mode nächsthöherer transversaler Ordnung zum Brechungsindex des Mantels in Abhängigkeit von dem Kernradius (links) sowie dem Ringradius (rechts)

In Bild 5.22 sind die Modenfeldfläche, sowie die Differenz des effektiven Brechungsindizes der Mode nächsthöherer transversaler Ordnung zum Brechungsindex des Mantels zur Bestimmung der Singlemode-Eigenschaften in Abhängigkeit von $NA_{\mathrm{RK}}$ (links) und $NA_{\mathrm{RM}}$ (rechts) dargestellt. Für die Variation beider Parameter lässt sich ein entgegengesetztes Verhalten feststellen: Während für steigende $NA_{\mathrm{RK}}$ die Modenfeldfläche ansteigt und die Faser weiterhin nur die Grundmode führen kann, sinkt für steigende $NA_{\mathrm{RM}}$ die Modenfeldfläche und die Faser wird zur Multimode-Faser.

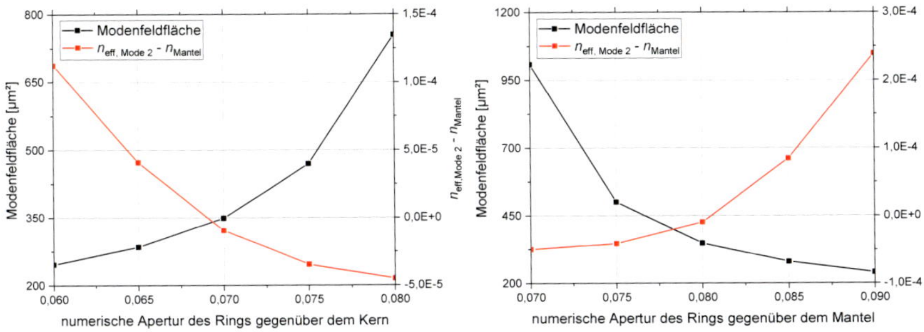


**Bild 5.22:** Modenfeldfläche, sowie die Differenz des effektiven Brechungsindizes der Mode nächsthöherer transversaler Ordnung zum Brechungsindex des Mantels in Abhängigkeit von der numerischen Apertur des Rings gegenüber dem Kern $NA_{\mathrm{RK}}$ (links) sowie des Rings gegenüber dem Mantel $NA_{\mathrm{RM}}$ (rechts)

Aufgrund der Abhängigkeit der modalen Eigenschaften von den Faserparametern muss das Design der Faser demnach passend zu den jeweiligen Toleranzen des Herstellungsverfahrens angepasst werden. Für sehr genaue Herstellungsverfahren können die Fasern mit den vorteilhaftesten Geometrien hergestellt werden, während für ungenauere Verfahren größere Sicherheitsfaktoren verwendet werden müssen. Insgesamt werden mit den zuvor vorgestellten Berechnungen die Einflüsse aller einzelnen Parameter separat voneinander analysiert.

Zur weiteren Untersuchung werden im Folgenden die Ergebnisse einer Monte-Carlo Analyse wiedergegeben. In dieser werden $NA_{\mathrm{RK}}$ um $\Delta NA_{\mathrm{RK}}$ und $NA_{\mathrm{RM}}$ um $\Delta NA_{\mathrm{RM}}$, sowie der Radius der gesamten Kerngeometrie, der hier dem Radius des Rings $r_{\mathrm{Ring}}$ entspricht, um $\Delta r_{\mathrm{G}}$ in bestimmten Toleranzen unabhängig voneinander variiert und die Eigenmoden des resultierenden Systems berechnet und analysiert. Bei einer Variation des Radius der gesamten Kerngeometrie um 10% würden der Ringradius, sowie der Kernradius jeweils um 10% variiert werden, um dadurch die Variation der gesamten Kerngeometrie zu modellieren. Durch Analyse der modalen Eigenschaften der Fasern können die maximal zulässigen Herstellungstoleranzen identifiziert werden. Die analysierte Faser hat einen Kernradius von 16 µm, einen Ringradius von 8 µm und $NA_{\mathrm{RM}}$ = 0,08 sowie $NA_{\mathrm{RK}}$ = 0,07.

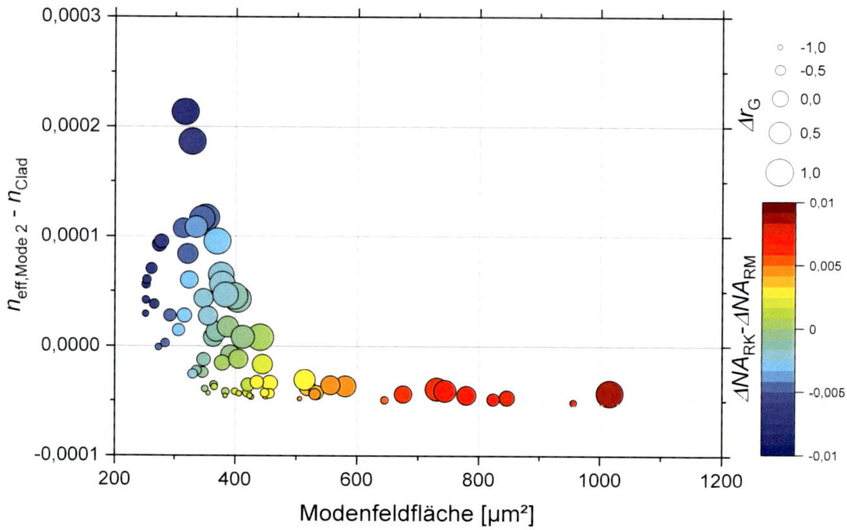


**Bild 5.23:** Modenfeldfläche und $\Delta n_{\mathrm{eff},2}$ der simulierten Fasern in Abhängigkeit von den gewählten Toleranzen mit $\Delta r_{\mathrm{G}} = \pm 1\ \mu\mathrm{m}$, $\Delta NA_{\mathrm{RK}} = \pm 0.005$ und $\Delta NA_{\mathrm{RM}} = \pm 0.005$

In Bild 5.23 sind die Modenfeldfläche und die Abweichung des effektiven Brechungsindizes der Mode nächsthöherer transversaler Ordnung vom Brechungsindex des Mantels $\Delta n_{\mathrm{eff},2}$ der simulierten Fasern gezeigt. Für $\Delta n_{\mathrm{eff},2} \leq 0$ kann die Faser nur die Grundmode führen. Für die zugrundeliegenden Toleranzen werden

$$-1\ \mu\mathrm{m} \leq \Delta r_{\mathrm{G}} \leq 1\ \mu\mathrm{m} \tag{5.23}$$

sowie

$$-0{,}005 \leq \Delta NA_{\mathrm{RK}} \leq 0{,}005 \tag{5.24}$$

und

$$-0{,}005 \leq \Delta NA_{\mathrm{RM}} \leq 0{,}005 \tag{5.25}$$

angenommen, welche über die Größe der Kreise und graphisch über die Farbskala mit

$$\Delta NA_{\mathrm{Var}} = \Delta NA_{\mathrm{RK}} - \Delta NA_{\mathrm{RM}} \tag{5.26}$$

dargestellt werden. Die gewählten Toleranzen liegen im Bereich typischer Fertigungstoleranzen von kommerziell verfügbaren Fasern. Für den gewählten Toleranzbereich ist insgesamt eine große Streuung zu beobachten. Die Modenfeldfläche schwankt von ca. 250 µm² zu bis zu über 1000 µm². Für $\Delta n_{\mathrm{eff},2}$ ist ein ähnliches Verhalten zu erkennen: im gewählten Parameterbereich kann die Faser sowohl singlemodig als auch multimodig sein. Der Parameter $\Delta NA_{\mathrm{Var}}$ (Farbskala) scheint einen großen Einfluss auf die erreichbaren Parameter zu haben. Insgesamt ist hier eine starke Korrelation zu erkennen, da die höchsten Modenfeldflächen sowie die höchsten $\Delta n_{\text{eff},2}$ jeweils beim höchsten, beziehungsweise niedrigsten $\Delta NA_{\text{Var}}$ innerhalb der Skala erreicht werden. Um die Streuung zu verringern, sollte demnach die Streuung des Parameters $\Delta NA_{\text{Var}}$ verringert werden. Für die Variation des Radius der Kerngeometrie lässt sich anhand dieser Daten keine Systematik erkennen.

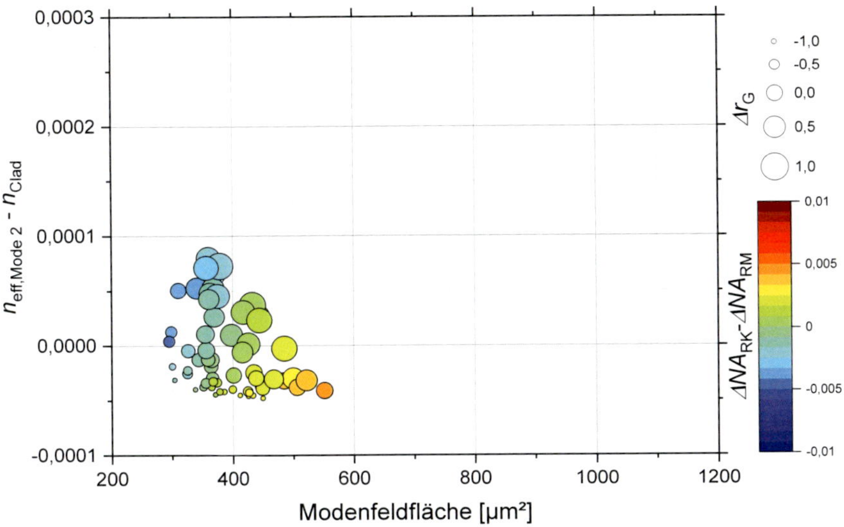


**Bild 5.24:** Modenfeldfläche und $\Delta n_{\text{eff},2}$ der simulierten Fasern in Abhängigkeit von den gewählten Toleranzen mit $\Delta r_{\text{G}} = \pm 1\ \mu\text{m}$, $\Delta NA_{\text{RK}} = \pm 0.005$ und $\Delta NA_{\text{RM}} = \pm 0.005$, bei Abweichung mit gleichem Vorzeichen für die beiden numerischen Aperturen

Um die Streuung des Parameters $\Delta NA_{\text{Var}}$ zu verringern, kann zum Beispiel nur noch die Abweichung von $\Delta NA_{\text{RK}}$ und $\Delta NA_{\text{RM}}$ in Richtung desselben Vorzeichens ermöglicht werden. Im Falle einer industriellen Fertigung müssten also die Fertigungstoleranzen nicht verändert werden, es würden lediglich immer zwei zueinander passende Ringe, beziehungsweise Kern ausgewählt werden. Dadurch beschränkt sich der Parameterraum für $NA_{\text{RK}}$ nicht, während sich $NA_{\text{RM}}$ der Parameterbereich

$$\Delta NA_{\text{RM}} \in \begin{cases} [0; +0{,}005] \text{ für } \Delta NA_{\text{RK}} \geq 0 \\ [-0{,}005; 0] \text{ für } \Delta NA_{\text{RK}} < 0 \end{cases} \tag{5.27}$$

ergibt. Mit den ansonsten gleichen Parametern wie aus der Analyse in Bild 5.23 ergibt sich in Bild 5.24 ein kleinerer Streubereich für die modalen Eigenschaften der simulierten Fasern. Die Modenfeldfläche ist hier auf einen Bereich von ca. 300 µm bis ca. 500 µm. limitiert. Anhand dieser Daten lässt sich ein Zusammenhang zwischen der Variation des Radius der Kerngeometrie und $\Delta n_{\text{eff},2}$ feststellen: Für kleinere Werte wird die Faser eher singlemodig. Um diese Streuung zu verringern, sollte demnach die Streuung der Variation des Radius der Kerngeometrie verkleinert werden.

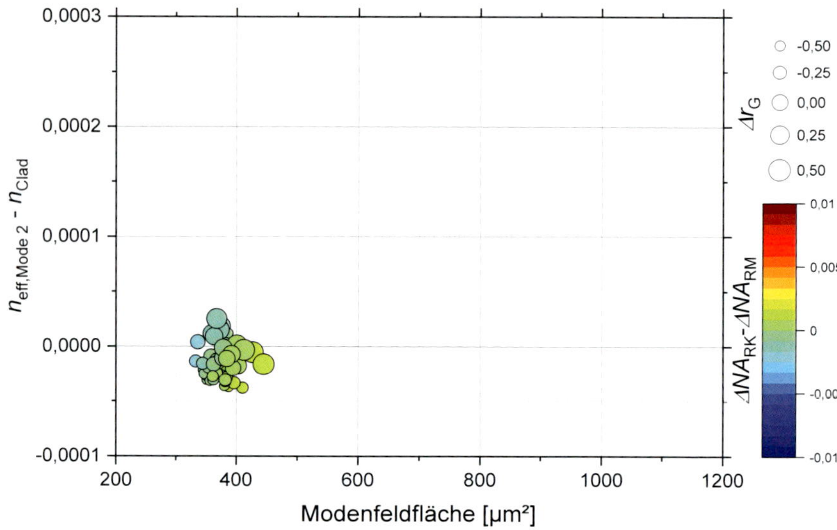


**Bild 5.25:** Modenfeldfläche und $\Delta n_{\text{eff,2}}$ der simulierten Fasern in Abhängigkeit von den gewählten Toleranzen mit $\Delta r_G = \pm 0{,}5\ \mu\text{m}$, $\Delta NA_{\text{RK}} = \pm 0.002$ und $\Delta NA_{\text{RM}} = \pm 0.002$, bei Abweichung mit gleichem Vorzeichen für die beiden numerischen Aperturen

In der abschließenden Analyse wird die Toleranz des Radius der Kerngeometrie auf ±0,5 µm und die Toleranzen der numerischen Aperturen auf ±0,002 festgelegt. In Bild 5.25 sind die Ergebnisse analog zu zuvor dargestellt. Im Vergleich zur in Bild 5.23 dargestellten Analyse ist für diesen Parameterbereich die Schwankung in der Modenfeldfläche auf eine Standardabweichung von ±6 % verringert worden. Ebenso wird für die hier untersuchten Parameterbereiche die Schwankung so stark verringert, dass nur noch ein kleiner Anteil der Fasern in diesem Parameterbreich Moden höherer transversaler Ordnung führen können. Durch Anpassung der Zielparameter der Faser könnte dieser Anteil potenziell auf 0 verringert werden. Insgesamt zeigen die Analysen, dass im Vergleich zu klassischen, zylindersymmetrischen Fasern geringere Fertigungstoleranzen benötigt werden, um geringe Schwankungen bei der Faserherstellung zu gewährleisten.

## 5.9 Anwendungsbeispiele

Basierend auf den in den vorherigen Abschnitten vorgestellten Eigenschaften von Fasern mit ringförmiger Kerngeometrie werden in diesem Abschnitt einige mögliche Anwendungsbeispiele dieser Fasern vorgestellt. Die Anwendungsbeispiele basieren auf den folgenden Eigenschaften:

- Die Modenfeldfläche und die Kernfläche können im Vergleich zu konventionellen Singlemode-Fasern durch die Verwendung einer ringförmigen Kerngeometrie erhöht werden (Abschnitt 5.3)
- Sowohl für passive (Bild 5.6) als auch aktiv-dotierte Fasern (Bild 5.8) ergeben sich höhere Schwellen für nichtlineare Effekte
- Durch ein Few-Mode Faser Konzept kann die Schwellleistung für das Einsetzen nichtlinearer Effekte im Vergleich zu Singlemode-Fasern weiter erhöht werden (Bild 5.12)
- Durch die ringförmige Kerngeometrie kann die Intensitätsverteilung beeinflusst werden, wodurch andere Strahlprofile als gaußähnliche Verteilungen erzeugt werden können (Bild 5.3)

Eine mögliche Anwendung ist die Verstärkung beugungsbegrenzter Strahlung hin zu höheren Ausgangsleistungen, beziehungsweise mit kleineren Bandbreiten, als dies mit konventionellen Fasern möglich ist. Durch die größere Modenfeld- und Kernfläche kann in laseraktiv dotierten Fasern eine größere Verstärkung in kürzeren Fasern ermöglicht werden. Aufgrund der größeren Modenfeldfläche ist der Einfluss von nichtlinearen Effekten, wie beispielsweise der stimulierten Raman-Streuung für CW-Signale oder der Selbstphasenmodulation für ultrakurze Pulse, verringert. Gleichzeitig kann durch die größere Kernfläche eine kürzere Faser verwendet werden, da die nötige Faserlänge zur Absorption der Pumpstrahlung verringert wird.

Neben der Erzeugung und der Verstärkung von Strahlung in laseraktiv dotierten Fasern können passive Fasern zum Transport von Strahlung genutzt werden. Vor allem für Hochleistungslaser ist die Länge der Transportfaser durch nichtlineare Effekte limitiert, wodurch beispielsweise der Abstand von der Strahlquelle zum Werkstück eingeschränkt wird. Durch die erhöhte Modenfeldfläche in Fasern mit ringförmiger Kerngeometrie eignen sich diese Fasern daher hervorragend dazu, Strahlung höherer Leistung über längere Strecken zu transportieren. Dazu können zum einen neue Lasersysteme basierend auf Fasern mit ringförmiger Kerngeometrie entwickelt werden, zum anderen können bereits bestehende Lasersysteme durch ein optimiertes Linsensystem und eine Faser mit ringförmiger Kerngeometrie erweitert werden.

Neben der Erzeugung und dem Transport höherer Leistungen könnten Fasern mit ringförmiger Kerngeometrie zur Etablierung von wirtschaftlich rentableren Lasersystemen verwendet werden. Aufgrund der größeren Kernfläche kann Pumpstrahlung im Vergleich zu konventionellen Singlemode-Fasern stärker absorbiert werden, wodurch die Faserlänge bei gleichbleibendem Manteldurchmesser reduziert werden kann, was wie bereits zuvor dargestellt in einer höheren Schwelle nichtlinearer Effekte resultiert. Außerdem kann die stärkere Absorption der Pumpstrahlung ausgenutzt werden, um nicht die Faserlänge zu reduzieren, sondern den Manteldurchmesser zu erhöhen. Dadurch können zum Beispiel kostengünstigere Diodenlasermodule geringerer Strahlqualität verwendet werden, deren Strahlung dennoch auf praktikablen Faserlängen absorbiert wird. Analog zur Verwendung einer geringeren Strahlqualität, könnten andere Pumpwellenlängen genutzt werden, bei denen zwar der Wirkungsquerschnitt geringer ist, welche aber aus wirtschaftlicher Sicht Vorteile haben. Insgesamt kann die Erhöhung der nichtlinearen Schwellen also auch ausgenutzt werden, um andere Pumpkonzepte anzuwenden, welche ansonsten physikalisch limitiert wären.

Wie in Bild 5.3 gezeigt, kann durch die Variation der Kerngeometrie die Intensitätsverteilung beeinflusst werden. Dadurch können sich prinzipiell für Anwendungen Vorteile ergeben. Während zur Erzeugung von homogenen Strahlprofilen zum Beispiel hochmultimodige Strahlung oder spezielle Linsensysteme verwendet werden müssen, kann dies für Fasern mit ringförmiger Kerngeometrie ohne zusätzliche optische Elemente erreicht werden. Neben homogenen Strahlprofilen können ringförmige Strahlprofile erzeugt werden, welche für homogene Temperaturverteilungen sorgen können, wie in Bild 5.13 vorgestellt. Insgesamt kann das hier vorgestellte Konzept nicht nur zur Erzeugung von Strahlung höherer Leistung, sowie zum Transport dieser über längere Strecken verwendet werden, sondern auch die Effizienz der Anwendung selbst kann durch die Variation des Strahlprofils beeinflusst werden.

## 5.10 Zusammenfassung

In diesem Abschnitt werden grundlegende Eigenschaften von Singlemode-Fasern mit ringförmiger Kerngeometrie vorgestellt und im Hinblick auf ihre Möglichkeiten zum Einsatz in Hochleistungs-Faserlasern analysiert. Zur Analyse wurden die in Abschnitt 4 validierten Modelle verwendet. Im Rahmen der Analysen wurde der Fokus vor allem auf die Eigenschaften von Singlemode-Fasern mit ringförmiger Kerngeometrie zur Unterdrückung von transversalen Modeninstabilitäten gelegt.

Im Vergleich zu klassischen Stufenindex-Fasern mit zwei Freiheitsgraden, dem Kerndurchmesser und der numerischen Apertur, ergeben sich für Fasern mit ringförmiger Kerngeometrie vier Freiheitsgrade: Der Kerndurchmesser, der Ringdurchmesser, die numerische Apertur des Rings gegenüber dem Kern $NA_{\mathrm{RK}}$ und die numerische Apertur des Rings gegenüber dem Mantel $NA_{\mathrm{RM}}$. Dadurch ergeben sich ein größerer Parameterraum und potenziell mehr Möglichkeiten, die Leistung von Singlemode-Faserlasern zu skalieren. Die größtmögliche Querschnittsfläche der Kerngeometrie, die noch singlemodig ist, kann dann ermöglicht werden, wenn der Wert von $NA_{\mathrm{RM}}$, dem Wert von $NA_{\mathrm{RK}}$ entspricht, was im Vergleich zu klassischen Stufenindex-Fasern die größtmögliche Leistungsskalierung verspricht. In der Analyse dieser Leistungsskalierung werden die Eigenschaften, mit denen der größtmöglichen Singlemode-Faser bei gleicher numerischer Apertur verglichen. Dabei ergeben sich sowohl für passive Fasern als auch für laseraktiv dotierte Fasern Vorteile. Im analysierten Parameterraum kann für passive Fasern eine Erhöhung der übertragbaren Leistung um ca. den Faktor 7,2 gezeigt werden, während sich für die Schwellleistung für nichtlineare Effekte in aktiven Fasern im optimalen Fall eine Erhöhung um ca. den Faktor 27 ergibt. Dabei ist zu beachten, dass es sich bei diesen Fasern um Singlemode-Fasern handelt. Auch im Gegensatz zu Few-Mode Fasern ergeben sich Vorteile im Hinblick auf die Leistungsskalierung, während außerdem transversale Modeninstabilitäten unterdrückt sind.

In einer weiteren Analyse werden Faserverstärker basierend auf Fasern mit ringförmiger Kerngeometrie im Hinblick auf die erreichbaren Leistungen, in Abhängigkeit von leistungslimitierenden Effekten analysiert. Die dabei betrachteten Effekte sind die stimulierte Raman-Streuung, die thermische Linse, sowie die Strahlbrillanz kommerziell verfügbarer Diodenlasermodule. Aufgrund des großen Verhältnisses von Modenfeldfläche zu Kernfläche kann die Leistung potenziell weit über die für klassische Stufenindex-Fasern bestimmten Grenzen hinaus skaliert werden. Je nach verwendeter Faser ergeben sich erreichbare Leistungen von 60 kW bis mehr als 100 kW. Damit kann die in Abschnitt 2 formulierte Forschungsfrage 1 beantwortet werden: Durch Fasern mit ringförmiger Kerngeometrie kann die Ausgangsleistung von Faserlasern weiter skaliert werden.

Durch das vorgestellte Few-Mode Faser Konzept, also ein Konzept in dem mehr als eine, zweifach entartete Mode geführt wird, kann die Leistung weiter erhöht werden. Bei der exemplarisch vorgestellten Faser kann die Schwellleistung für das Einsetzen nichtlinearer Effekte um weitere 30 % erhöht werden. Weiterhin können sich durch das aus dem ringförmigen Wärmequellenverteilung resultierende homogene thermische Profil Vorteile zur Unterdrückung transversaler Modeninstabilitäten ergeben. Da sich durch das thermische Profil auch die grundlegenden modalen Eigenschaften von Fasern ändern können, sollte für zukünftige Analysen der Einfluss dieses Effektes auf die transversalen Modeninstabilitäten weiter untersucht werden.

Die Biegeempfindlichkeit ist ein weiterer wichtiger Faktor für die Praktikabilität von Fasern. Für große $NA_{\mathrm{RK}}$ als auch $NA_{\mathrm{RM}}$ und große Kernradien steigt die Biegeempfindlichkeit an, was auf die Fasern zutrifft, welche besonders geeignet zur Unterdrückung nichtlinearer Effekte sind. Zur Beeinflussung der Biegeempfindlichkeit wird das in Abschnitt 4 vorgestellte Konzept zur Unterdrückung der Biegeempfindlichkeit von Fasern mit rechteckiger Kerngeometrie in Form eines Brechzahlpodestes auf die vorgestellten Fasern mit ringförmiger Kerngeometrie angewendet. Dabei ergeben sich im Rahmen der Simulation analoge Vorteile im Vergleich zum experimentell validierten Konzept aus Abschnitt 4: Die Delokalisierung der Mode aus dem Kern und die zugehörigen Biegedämpfungen können durch das Brechzahlpodest beeinflusst werden.

Um weitere grundlegende Systematiken zu analysieren, werden in einem gewählten Parameterraum Singlemode-Fasern mit ringförmiger Kerngeometrie simuliert und Zusammenhänge zwischen der maximal erreichbaren Ausgangsleistung und der Biegedämpfung, sowie den Designparametern der Fasern untersucht. Analog zu vorherigen Analysen ergibt sich für größere Kernflächen eine höhere maximal erreichbare Ausgangsleistung, bei gleichzeitig höherer Biegedämpfung. Darüber hinaus wird die Differenz zwischen $NA_{\mathrm{RM}}$ und $NA_{\mathrm{RK}}$ als zentraler Designparameter identifiziert, wodurch gleichzeitig die maximal erreichbaren Ausgangsleistungen, als auch die Biegedämpfungen beeinflusst werden können. Abschließend kann der Zusammenhang zwischen maximal erreichbarer Ausgangsleistung und Biegedämpfung näherungsweise durch eine Fitfunktion beschrieben werden, wodurch eine grundlegende Systematik von Singlemode-Fasern mit ringförmiger Kerngeometrie aufgezeigt wird.

Weiterhin wird im Rahmen einer Toleranzanalyse die Robustheit des Konzeptes untersucht. Dazu werden für eine gewählte Geometrie die vier Freiheitsgrade variiert und der Einfluss auf die modalen Eigenschaften simuliert. Insgesamt können für eine Faser mit ringförmiger Kerngeometrie die Fertigungstoleranzen geringer als bei klassischen, zylindersymmetrischen Fasern sein, um eine möglichst geringe Streuung der modalen Eigenschaften zu gewährleisten.

Abschließend werden Anwendungsbeispiele der zuvor vorgestellten Fasergeometrien erläutert. Durch die ringförmige Kerngeometrie ergeben sich vorteilhafte Eigenschaften sowohl zur Erzeugung von hohen Leistungen als auch zum Transport der Strahlung. Weiterhin können durch die Kerngeometrie die Strahlprofile beeinflusst werden, wodurch Anwendungen effizienter gestaltet, beziehungsweise ermöglicht werden können.

# 6 Multimode-Faser-Bragg-Gitter

Faser-Bragg-Gitter (FBG) bestehen aus periodischen Modulationen des Brechungsindex in longitudinaler Richtung innerhalb einer Faser und können unter anderem dazu genutzt werden Strahlung zu reflektieren oder bei Verwendung eines langperiodischen FBGs Moden ineinander zu konvertieren. Dadurch können vollständig faserintegrierte Resonatoren ermöglicht werden, wodurch die Kompaktheit und die Stabilität der Resonatoren erhöht werden können. Während beim derzeitigen Stand der Technik vor allem Singlemode-Faser-Bragg-Gitter verwendet werden, werden im Rahmen dieses Abschnitts Multimode-Faser-Bragg-Gitter behandelt, welche potenziell zur Skalierung der Ausgangsleistung von Faserlasern genutzt werden können.

Im ersten Teil dieses Abschnittes werden elementare Konzepte von Multimode-Faser-Bragg-Gittern erarbeitet und anhand experimenteller Ergebnisse validiert. Dazu werden zunächst in Abschnitt 6.1 Grundlagen von Singlemode-Faser-Bragg-Gittern vorgestellt, die auch für Multimode-Faser-Bragg-Gitter relevant sind. Zur Simulation werden die in Abschnitt 3.9 vorgestellten Verfahren verwendet. Diese Grundlagen werden in Abschnitt 6.2 auf Multimode-Fasern und die zugehörigen Eigenschaften erweitert. Dabei werden die Begriffe der modalen und der spektralen Reflektivität eingeführt, welche den Unterschied zwischen Single- und Multimode-Faser-Bragg-Gittern beschreiben. Anhand eines inhomogenen Faser-Bragg-Gitters wird anhand der experimentellen Ergebnisse in Abschnitt 6.3 die Simulation validiert. Gleichzeitig wird mithilfe dieses inhomogenen Faser-Bragg-Gitters die unterschiedliche räumlichen Profile der Moden ausgenutzt, um gezielt einzelne Moden höherer transversaler Ordnung zu reflektieren, beziehungsweise zu transmittieren und dadurch Resonatoren mit einzelnen Moden höherer transversaler Ordnung zu ermöglichen.

Im zweiten Teil dieses Abschnittes wird der Schwerpunkt auf die Realisierung von komplett faserintegrierten Multimode-Faserresonatoren gelegt. Dazu wird in Abschnitt 6.4 ein Konzept für hochreflektierende Multimode-Faser-Bragg-Gitter vorgestellt. In Abschnitt 6.6 wird das in Abschnitt 6.3 bereits gezeigte Konzept zur Beeinflussung der Strahlqualität auf hochmodige Fasern erweitert. Abschließend werden in Abschnitt 6.7 fünf Resonatorkonzepte zur Anwendung von Multimode-Faser-Bragg-Gittern beschrieben, in welchen basierend auf den die in den vorherigen Abschnitten vorgestellten Ergebnissen, beispielsweise die Strahlqualität beeinflusst werden kann.

## 6.1 Grundlagen von Singlemode-Faser-Bragg-Gittern

Durch die longitudinal periodische Modulation des Brechungsindex kann mithilfe eines Faser-Bragg-Gitters gezielt Strahlung reflektiert, beziehungsweise transmittiert werden. Für bestimmte Wellenlängen kann die Strahlung in Rückwärtsrichtung konstruktiv interferieren, das heißt für diese Strahlung wirkt ein FBG wie ein faserintegrierter Spiegel. Für Singlemode-Faser-Bragg-Gitter gibt es im Allgemeinen 6 fundamentale Einflussgrößen auf die spektralen Eigenschaften:

1. Gitterperiode

2. Gitterlänge
3. Brechungsindexänderung,
4. Räumliches Indexprofil des Gitters
5. Chirp
6. Apodisation

Diese Einflussgrößen werden im Folgenden erläutert.

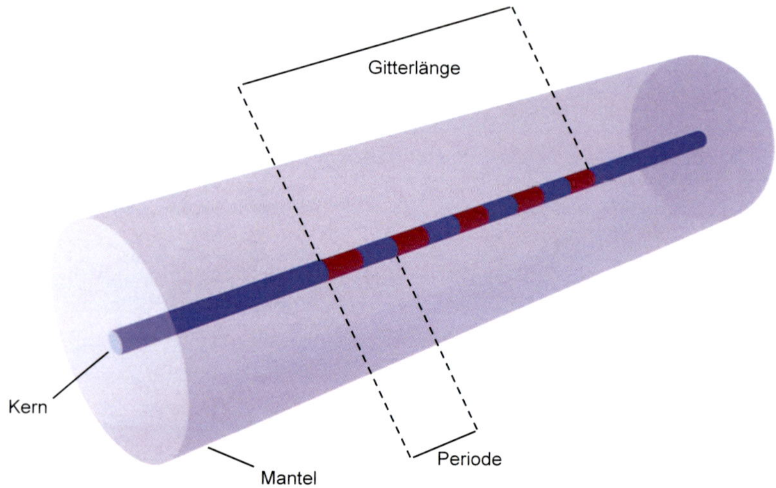


**Bild 6.1:** Schematische Darstellung einer Faser mit integriertem Faser-Bragg-Gitter

In Bild 6.1 ist eine Faser mit integriertem Faser-Bragg-Gitter (FBG) schematisch dargestellt. Zur Illustration sind sowohl die Gitterlänge als auch die Periodizität des Gitters gezeigt. Aus der Periodizität kann die Gitterkonstante $\Lambda$ bestimmt werden, aus welcher die Zentralwellenlänge der am FBG reflektierten Strahlung resultiert, wie in Abschnitt 3.8 gezeigt. Um möglichst nur die im Kern propagierende Strahlung zu reflektieren und Wechselwirkungen mit der im Mantel propagierenden Pumpstrahlung zu vermeiden, ist das FBG nur im Kern lokalisiert.

Die Gitterlänge von Faser-Bragg-Gittern kann nahezu beliebig zwischen wenigen Millimetern und einigen Metern liegen [91, 98–101]. Für spezielle Anwendungen, wie beispielsweise der Kompensation von Dispersion innerhalb eines Resonators, können Gitter mit Längen von mehreren Metern verwendet werden. Typische Gitterlängen möglichst kompakter FBGs liegen im Bereich einiger Millimeter, auf die sich die Analyse im Folgenden beziehen wird. Die Gitterlänge hat sowohl einen Einfluss auf die erreichbare Reflektivität als auch auf die spektrale Bandbreite eines FBGs. In Bild 6.2 (links) ist beispielhaft die auf das Maximum normierten Brechungsindexänderung in Abhängigkeit von der auf die Länge des FBGs normierte Position im FBG aufgetragen. In Bild 6.2 (rechts) ist die Reflektivität in Abhängigkeit von der Wellenlänge für ein FBG mit einer Gitterlänge von 2 mm und einer Brechungsindexänderung $\Delta n$ von $5 \cdot 10^{-4}$ dargestellt. Für die Simulation dieser und der folgenden FBGs werden die in Abschnitt 3.9 vorgestellten Verfahren verwendet. Während reale FBGs zumeist nicht aus einer idealen sinusförmigen Variation der Brechungsindexänderung bestehen, wird im Rahmen der Simulation diese Näherung gewählt. Wie in Abschnitt 3.8 und 3.9 dargestellt, resultieren höhere Frequenzen in der Brechungsindexvariation in einem anderen Wellenlängenbereich, wodurch im Allgemeinen die Reflektivitätseigenschaften im Bereich der Zielwellenlänge nur geringfügig beeinflusst wird.

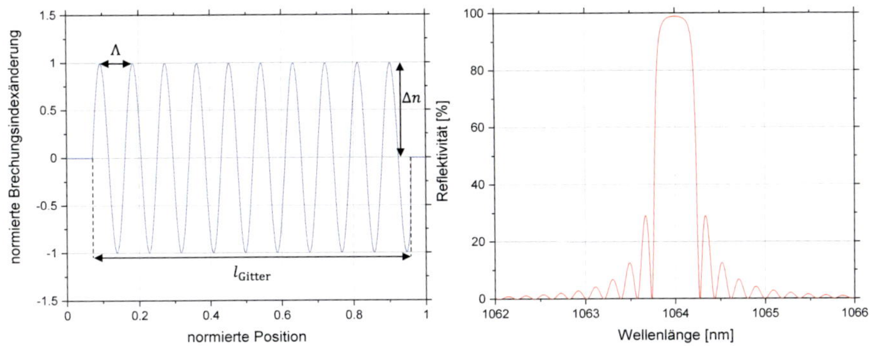


**Bild 6.2:** Modelldarstellung der auf das Maximum normierten Brechungsindexänderung in Abhängigkeit von der auf die Länge des Gitters normierten Position im Gitter (links) und exemplarische Reflektivität (rechts)

Die Brechungsindexänderung $\Delta n$ beschreibt die halbe Amplitude der Brechungsindexänderung des Mediums, in dem sich das FBG befindet, wie in Bild 6.2 (links) dargestellt. In klassischen, zylindersymmetrischen Singlemode-Fasern hat die Grundmode eine gaußähnliche Intensitätsverteilung, wodurch das transversale Profil des FBGs einen Einfluss auf die Reflektivität des FBGs hat, da je nach Position des FBGs in der transversalen Ebene des Kernquerschnitts unterschiedliche hohe Anteile der Mode reflektiert werden. Zur Vereinfachung wird für Singlemode-FBGs im Folgenden von einem homogenen Profil des FBGs über die Kernquerschnittsfläche ausgegangen. Die Brechungsindexänderung hat analog zur Gitterlänge einen Einfluss auf die erreichbare Reflektivität, sowie die spektrale Bandbreite. In Bild 6.3 sind die 90 % Bandbreite $\Delta\lambda$ (links), also die Bandbreite, bei welcher der für Strahlung der Bragg-Wellenlänge resultierende Wert der Reflektivität auf 90 % dieses Wertes abgefallen ist, sowie die Reflektivität $R$ im Maximum (rechts) in Abhängigkeit von der Gitterlänge und der Brechungsindexänderung dargestellt. Hier und im Folgenden bezieht sich die Bragg-Wellenlänge immer auf die Vakuum-Wellenlänge der Strahlung. Zum Erreichen einer hohen Reflektivität ist es vorteilhaft, sowohl eine hohe Gitterlänge als auch eine hohe Brechungsindexänderung zu verwenden. Für eine große Bandbreite bei einer hohen Reflektivität ist vor allem eine hohe Brechungsindexänderung erforderlich. Die Gitterlänge hat in dem dargestellten Parameterbereich nur einen kleinen Einfluss.

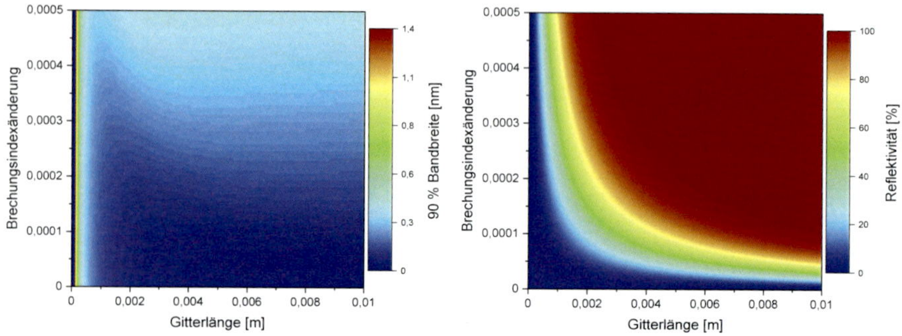


**Bild 6.3:** 90 % Bandbreite (links) und maximale Reflektivität (rechts) in Abhängigkeit der Brechungsindexänderung und der Gitterlänge für Singlemode Faser-Bragg-Gitter

Eine weitere mögliche Einflussgröße eines FBGs ist der Chirp des Gitters. Als Chirp wird die positionsabhängige Änderung der Gitterkonstante bezeichnet, wodurch sich die Bragg-Wellenlänge innerhalb des Gitters ändert. Dadurch können größere Bandbreiten bei gleichbleibender Amplitude der Brechungsindexänderung erreicht werden. In Bild 6.4 (links) sind die auf das Maximum normierte Brechungsindexänderung $\Delta n$ eines gechirpten Gitters sowie die auf das Maximum normierte Gitterperiode $\Lambda$ in Abhängigkeit von der auf die Länge des FBGs normierten Position, sowie die resultierende spektrale Reflektivität dargestellt. Zur Realisierung eines solchen Gitters können zum Beispiel gechirpte Phasenmasken verwendet werden.

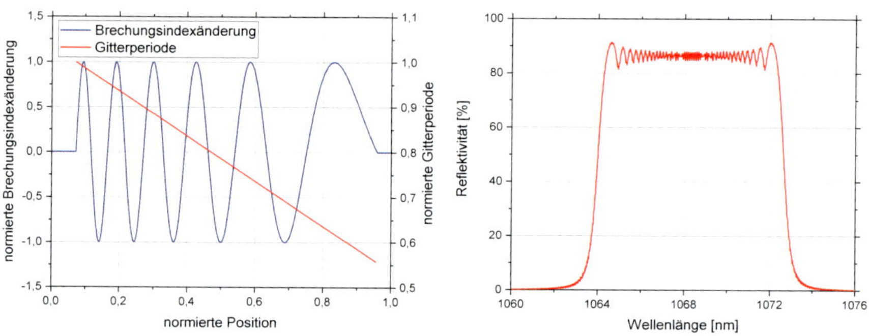


**Bild 6.4:** Modelldarstellung der auf das Maximum normierten Brechungsindexänderung und zugehörigen auf das Maximum normierten Gitterperiode $\Lambda$ in Abhängigkeit von der auf die Länge des Gitters normierten Position im gechirpten Gitter (links) und exemplarische Reflektivität (rechts)

Durch die Apodisation [108] kann die spektrale Reflektivität eines Gitters angepasst werden, sodass diese zur gewünschten Anwendung passt. Als Apodisation wird dabei die Variation der Brechungsindexänderung $\Delta n$ über die Faserlänge bezeichnet. Dadurch können beispielsweise unerwünschte Nebenmaxima, wie in Bild 6.2 (rechts) gezeigt, unterdrückt werden.

## 6.2 Grundlagen von Multimode-Faser-Bragg-Gittern

Während im vorherigen Abschnitt die Eigenschaften von Singlemode-FBGs vorgestellt wurden, ergeben sich in multimodigen Fasern zusätzlich zu den grundlegenden Eigenschaften von Singlemode-FBGs, sowohl aufgrund der unterschiedlichen Ausbreitungskonstanten als auch aufgrund der unterschiedlichen räumlichen Ausdehnungen der Moden deutliche Unterschiede. Zur Darstellung dieser fundamentalen Unterschiede zwischen Singlemode- und Multimode-FBGs wird eine Faser mit zwei Eigenmoden unter dem Einfluss eines räumlich homogenen FBGs simuliert. Für ein räumlich homogenes FBG vereinfacht sich der in Formel (3.32) dargestellte Zusammenhang zur Berechnung der Kopplungsterme zu

$$K_{mn}^{\mathrm{T}} = \frac{\omega}{2 \cdot c} \iint \Delta n(x,y,z)\, \boldsymbol{e_m}(x,y) \boldsymbol{e_n^*}(x,y) \mathrm{d}x\mathrm{d}y = \frac{\omega \cdot \Delta \mathrm{n}}{2 \cdot c} \delta_{mn}. \tag{6.1}$$

Im Rahmen der Simulationsrechnungen wird die Näherung verwendet, dass die Brechungsindexänderung des FBGs über die gesamte Querschnittsfläche der Faser, sondern nur über die Kernquerschnittsfläche transversal homogen ist. Da sich typischerweise Anteile der Modenprofile im Kern geführter Moden nicht nur innerhalb der Kernquerschnittsfläche, sondern auch in den radial äußeren Bereichen wie zum Beispiel der Mantelquerschnittsfläche der Faser befinden, könnte dadurch die Orthogonalitätsbedingung verletzt werden.

Zur Abschätzung, ob die Orthogonalitätsbedingung auch für FBGs erfüllt ist, deren Brechungsindexänderung nur über die Kernquerschnittsfläche und nicht über die gesamte Querschnittsfläche verteilt ist, werden die Eigenmoden einer Faser mit einem Kerndurchmesser von 20 µm und einer numerischen Apertur von 0,08 berechnet und der Kopplungsterm zwischen der $LP_{01}$ Mode und der $LP_{11}$ Mode berechnet. Zwar ergibt sich für das FBG mit transversal homogener Brechungsindexänderung in der Kernquerschnittsfläche in diesem Beispiel ein um ca. 3 Größenordnungen höherer Kopplungsterm im Vergleich zur transversal homogenen Brechungsindexänderung in der gesamten Querschnittsfläche der Faser, der berechnete Kopplungsterm zwischen $LP_{01}$ und $LP_{01}$ selbst ist jedoch um 27 Größenordnungen höher als der Kopplungsterm $LP_{01}$ Mode und der $LP_{11}$ Mode. Daher wird im Folgenden angenommen, dass die Orthogonalitätsbedingung in sehr guter Näherung auch für jene FBGs erfüllt ist, in denen die Brechungsindexänderung homogen in der Kernquerschnittsfläche ist.

Zur Darstellung der Unterschiede von FBGs in Singlemode-Fasern zu FBGs in Multimode-Fasern wird im folgenden Beispiel eine Faser mit zwei Moden, der $LP_{01}$ und der $LP_{11}$ Mode mit voneinander abweichenden Ausbreitungskonstanten betrachtet. Die Gitterkonstante ist dabei so gewählt, dass die Wellenlänge der maximalen Reflektivität der Moden bei ca. 1064 nm liegt. In Bild 6.5 (links) ist die berechnete Reflektivität des betrachteten FBGs in Abhängigkeit von der Wellenlänge der Strahlung bei einer homogenen räumlichen Ausdehnung des FBGs und einer Einkopplung der $LP_{01}$ und $LP_{11}$ Mode dargestellt. Beide Moden werden mit derselben Leistung eingekoppelt. Im Gegensatz zu einem Singlemode-FBG weist die wellenlängenabhängige Reflektivität nun zwei globale Maxima auf. Das Reflexionsmaximum bei einer Wellenlänge von ca. 1064,5 nm resultiert aus der Reflektivität der $LP_{01}$ Mode in die in entgegengesetzter Richtung propagierende $LP_{01}$ Mode, während durch das Reflexionsmaximum bei einer Wellenlänge von ca. 1063,5 nm die Reflexion der $LP_{11}$ Mode in die in entgegengesetzter Richtung propagierende $LP_{11}$ Mode dargestellt wird, was direkt aus der Bragg-Bedingung und den unterschiedlichen Ausbreitungskonstanten der Moden folgt, was analog bereits in der Literatur analysiert worden ist [164, 165]. In diesem Beispiel kann maximal eine Reflektivität von 50 % erreicht werden.

Des Weiteren ist in Bild 6.5 (rechts) ist die berechnete Reflektivität des betrachteten FBGs in Abhängigkeit von der Wellenlänge der Strahlung bei einer homogenen räumlichen Ausdehnung des FBGs separat für die Einkopplung der $LP_{01}$ Mode sowie der $LP_{11}$ Mode dargestellt. Hier kann nun für jede eingestrahlte Mode bei der jeweiligen Bragg-Wellenlänge eine Reflektivität von bis zu 100 % erreicht werden.

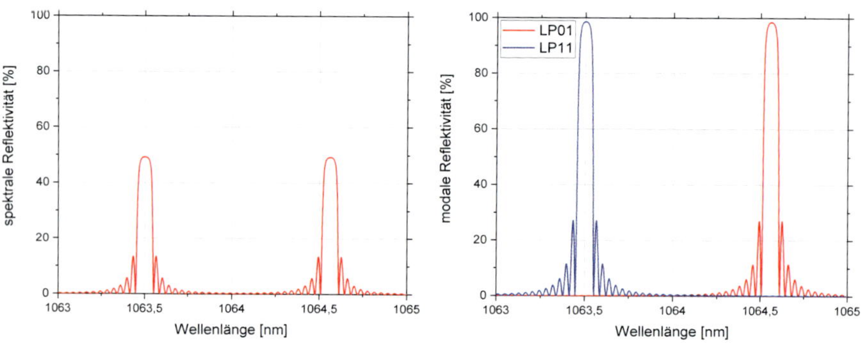


**Bild 6.5:** Spektrale Reflektivität (links) und modale Reflektivität (rechts) des simulierten zweimodigen Faser-Bragg-Gitters. Die spektrale Reflektivität bezieht sich auf die Gesamtstrahlung, während sich die modale Reflektivität jeweils auf eine Mode bezieht

Basierend auf diesen Erkenntnissen werden im Folgenden die modale Reflektivität $R_{\mathrm{Modal}}$ sowie die spektrale Reflektivität $R_{\mathrm{Spektral}}$ definiert. Die modale Reflektivität beschreibt die wellenlängenabhängige Reflektivität des FBGs für die jeweilige eingestrahlte Mode. Die Wellenlänge maximaler Reflektivität ergibt sich dabei aus der Ausbreitungskonstante, wodurch sich für unterschiedliche Moden unterschiedliche Bragg-Wellenlängen ergeben. Zur Berechnung der modalen Reflektivität in Abhängigkeit von der Wellenlänge und der jeweiligen Mode kann das in Abschnitt 3.9 vorgestellte Modell basierend auf der Theorie gekoppelter Moden genutzt werden. Insgesamt kann für jede Mode eine modale Reflektivität von bis zu 100 % erreicht werden

Die spektrale Reflektivität beschreibt die wellenlängenabhängige Reflektivität für eine Einkopplung aller Moden mit derselben Leistung wie zuvor erläutert und kann mithilfe von

$$R_{\text{Spektral}}(\lambda) = \frac{1}{N}\sum_{i}^{N} R_{\text{Modal},i}(\lambda) \tag{6.2}$$

berechnet werden, wobei $N$ die Anzahl der Moden und $R_{\text{Modal},i}$ die modale Reflektivität des FBGs der Mode $i$ sind. Insgesamt kann, abhängig davon wie die modale Verteilung der einfallenden Strahlung zusammengesetzt ist, die spektrale Reflektivität eines Multimode-FBGs beeinflusst werden.

Bei der Betrachtung von Multimode-FBGs müssen basierend auf diesen Ergebnissen neben den spektralen Eigenschaften auch die modalen Eigenschaften betrachtet werden, da sich die Eigenschaften des FBGs abhängig von der eingestrahlten Mode unterscheiden können. Daher werden im Folgenden bei der Betrachtung der spektralen Reflektivität $R_{\text{Spektral}}$ alle im Faserkern führbaren Moden mit der gleichen Leistung angeregt, während die modale Reflektivität $R_{\text{Modal}}$ jeweils in Abhängigkeit von der eingestrahlten Mode betrachtet werden muss.

Bei einer rein spektralen Betrachtung des FBGs kann demnach eine maximale Reflektivität von 100 %/$N$ erreicht werden, wobei $N$ für die Anzahl der Moden steht. Dies gilt, solange der spektrale Abstand zwischen den Peaks groß genug ist, sodass diese nicht Überlappen. Die Bandbreite jedes einzelnen Peaks kann dabei durch die Parameter des Gitters, wie in Bild 6.3 gezeigt, variiert werden, wodurch bei einer hinreichend hohen Bandbreite jedes einzelnen Peaks dennoch eine spektrale Reflektivität von 100 % erreicht werden kann.

Insgesamt zeigen diese Ergebnisse, dass bei der Betrachtung von multimodigen Faser-Bragg-Gittern nicht nur die spektrale Reflektivität, sondern auch die modale Reflektivität betrachtet werden muss. Zusammenfassend wird im Folgenden als spektrale Reflektivität, die Reflektivität bei Anregung aller im Kern geführten Moden mit derselben Leistung bezeichnet, während es sich bei der modalen Reflektivität um die Reflektivität bei der Anregung nur einer einzigen im Kern geführten Mode handelt.

Für FBGs mit transversal inhomogener Störung $\Delta n(x,y,z)$ kann der in Formel (3.32) vorgestellte Kopplungsterm [141]

$$K_{mn}^{\mathrm{T}} = \frac{\omega}{2\cdot c}\iint \Delta n(x,y,z)\,\boldsymbol{e}_{\boldsymbol{m}}(x,y)\boldsymbol{e}_{\boldsymbol{n}}^{*}(x,y)\mathrm{dxdy} \tag{6.3}$$

für unterschiedliche Moden ungleich 0 sein, da die Orthogonalitätsbedingung nur für homogene Störungen erfüllt ist. Dadurch können Kopplungen zwischen unterschiedlichen Moden und insbesondere zwischen vorwärtspropagierenden Moden und anderen rückwärtspropagierenden Moden auftreten. Zur Erläuterung werden an dieser Stelle zwei Begriffe eingeführt, die in Bild 6.6 illustriert sind. Als Selbstkopplung wird im Folgenden die Kopplung zwischen zwei gleichen aber in unterschiedliche Richtungen propagierende Moden bezeichnet. Als Kreuzkopplung wird entsprechend die Kopplung zwischen zwei unterschiedlichen in entgegengesetzte Richtung propagierende Moden bezeichnet, also zum Beispiel die Kopplung der vorwärtspropagierenden $LP_{01}$ Mode in die rückwärtspropagierende $LP_{11}$ Mode.

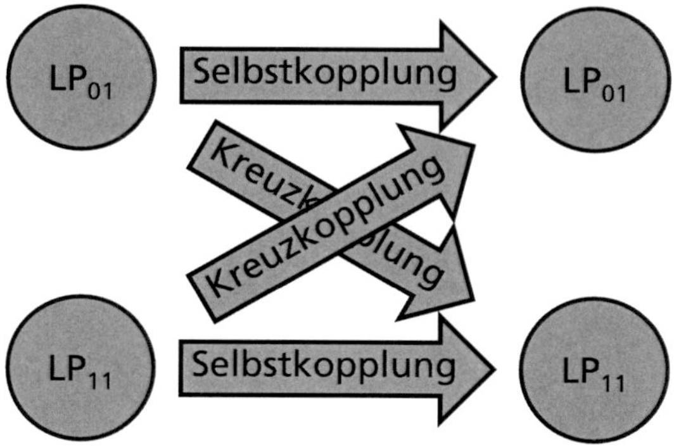


**Bild 6.6:** Darstellung der Begriffe der Selbstkopplung, sowie der Kreuzkopplung am Beispiel der $LP_{01}$ und der $LP_{11}$ Modc

In Formel (3.39) wird die Bedingung vorgestellt, bei deren Erfüllung die Kopplung zwischen zwei in entgegengesetzter Richtung propagierender Moden maximal wird. Direkt aus diesem Zusammenhang folgt die hier definierte Bragg-Wellenlänge der Kreuzkopplungen $\lambda_{\mathrm{B,Kreuz}}$ mit

$$\lambda_{\mathrm{B,Kreuz}} = \Lambda \cdot \left(n_{\mathrm{eff,LP_{01}}} - n_{\mathrm{eff,LP_{11}}}\right) = \frac{\lambda_{\mathrm{B,LP01}} + \lambda_{\mathrm{B,LP11}}}{2}, \tag{6.4}$$

welche mithilfe der effektiven Brechungsindizes der beteiligten Moden, beziehungsweise den Bragg-Wellenlängen berechnet werden kann. Die Wellenlängen dieser Kreuzkopplungen liegen demnach spektral genau mittig zwischen den Bragg-Wellenlängen der einzelnen Moden bei einer Selbstkopplung. Insgesamt können sich für eine Faser mit $N$ im Kern geführten Moden durch die Selbstkopplung der Moden $N$ Peaks und durch die Kreuzkopplung von Moden in eine jeweils andere Mode $M$ weitere Peaks, mit

$$M = \sum_{i=1}^{N} i - 1 \tag{6.5}$$

ergeben. Die jeweils wellenlängenabhängigen Reflektivitätskurven der jeweiligen Peaks sind dabei direkt abhängig von der räumlichen Ausdehnung des FBGs.

Der spektrale Abstand der Peaks wird durch die Faserparameter und den daraus resultierenden effektiven Brechungsindizes der jeweiligen Moden vorgegeben. Wie in Abschnitt 3 dargestellt, liegen die effektiven Brechungsindizes $n_{\mathrm{eff}}$ der im Kern geführten Moden einer Faser in einem Bereich, der durch den Brechungsindex des Mantels und des Kerns definiert wird, mit

$$n_{\mathrm{Mantel}} \leq n_{\mathrm{eff}} \leq n_{\mathrm{Kern}}. \tag{6.6}$$

Unter der Näherung, dass für die höchste geführte Mode $n_{\mathrm{eff}} = n_{\mathrm{Kern}}$, beziehungsweise für die niedrigste geführte Mode $n_{\mathrm{eff}} = n_{\mathrm{Mantel}}$ gilt, kann mithilfe dieser Bedingung und der bereits in Formel (3.40) vorgestellten Bragg-Wellenlänge

$$\lambda_B = 2 \cdot n_{\text{eff}} \cdot \Lambda, \tag{6.7}$$

ein direkter Zusammenhang zwischen der numerischen Apertur des Kerns der Faser $NA$ und dem resultierenden maximalen spektralen Abstand der Peaks $\Delta\lambda_{\text{Peaks}}$ innerhalb des FBGs gefunden werden. Dieser ergibt sich zu

$$\Delta\lambda_{\text{Peaks}} = \lambda_{\text{B,Kern}} - \lambda_{\text{B,Mantel}} = 2 \cdot \Lambda \cdot n_{\text{Kern}} \left(1 - \sqrt{1 + \left(\frac{NA}{n_{\text{Kern}}}\right)^2}\right). \tag{6.8}$$

In Bild 6.7 ist zur Illustration für ein Gitter bei einer Wellenlänge von ca. 1064 nm der resultierende maximale spektrale Abstand zwischen den Peaks $\Delta\lambda_{\text{Peaks}}$ in Abhängigkeit von der numerischen Apertur aufgetragen. Dabei folgt beispielsweise aus einer numerischen Apertur von 0,08 ein Abstand von ca. 1,6 nm, während bei einer numerischen Apertur von 0,2 ein spektraler Abstand von mehr als 10 nm zwischen höchster und niedrigster geführter Mode vorliegt. Diese Ergebnisse und Vorgehensweise wurden in ähnlicher Form bereits zuvor veröffentlicht [166].

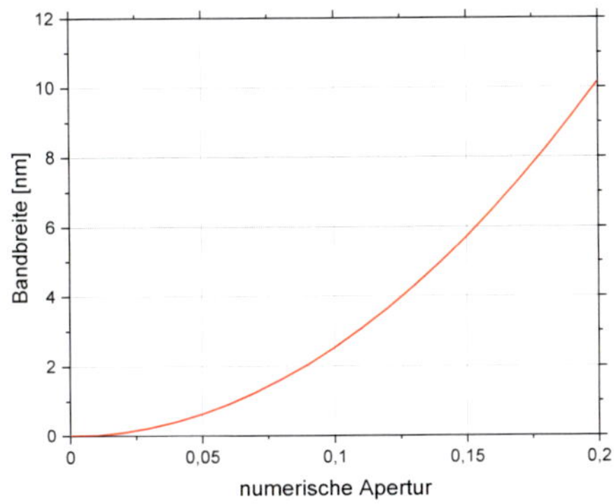


**Bild 6.7:** Spektraler Abstand der Zentralwellenlängen der Moden, deren effektiver Brechungsindex dem Brechungsindex des Kerns, beziehungsweise dem Brechungsindex des Mantels entspricht gegen numerische Apertur der Faser

Die in einer Faser führbaren Moden können, neben den bereits betrachteten unterschiedlichen Bragg-Wellenlängen, weitere voneinander abweichende modale Eigenschaften, wie Modenfeldfläche und Fernfelddivergenzwinkel haben, aus deren Produkt die Beugungsmaßzahl resultiert. Zur Analyse der Abhängigkeit der Beugungsmaßzahl vom effektiven Brechungsindex ist in Bild 6.8 die Beugungsmaßzahl in Richtung der x- und der y-Achse in Abhängigkeit vom effektiven Brechungsindex für eine Multimode-Faser mit einer numerischen Apertur von 0,1 und einem Faserdurchmesser von 65 µm dargestellt. Insgesamt werden im Kern dieser Faser ca. 180 Moden geführt. Für die Mode mit dem höchsten effektiven Brechungsindex, also der $LP_{01}$ Mode, ergibt sich die höchste Strahlqualität. Für kleiner werdende effektive Brechungsindizes steigt im Allgemeinen die Beugungsmaßzahl. Daraus resultiert für die am FBG reflektierte Strahlung bei der Verwendung eines nicht gechirpten FBGs eine wellenlängenabhängige Beugungsmaßzahl: Für niedrigere Wellenlängen ist die Beugungsmaßzahl höher als für höhere Wellenlängen. Eine mögliche Anwendung dieser Abhängigkeiten in einem Multimode-Resonatorkonzept wird in Abschnitt 6.7 vorgestellt.

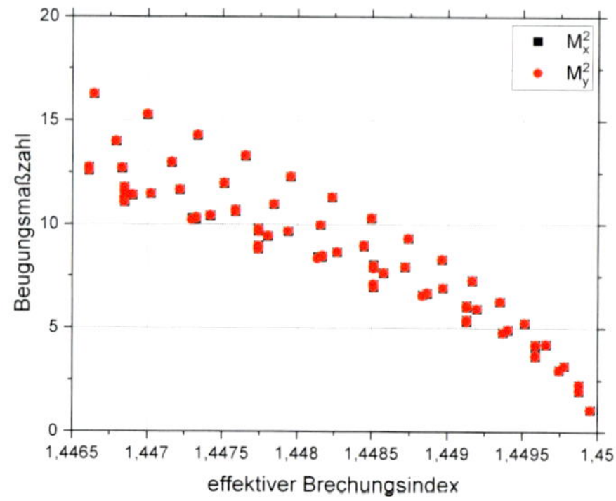


**Bild 6.8:** Berechnete Beugungsmaßzahl der ca. 180 führbaren Moden in x- und y-Richtung in Abhängigkeit vom effektiven Brechungsindex der Moden

## 6.3 Faser-Bragg-Gittern in niedrig-modigen Fasern

Nicht entartete Moden in Multimode-Fasern haben im Allgemeinen ein voneinander abweichendes transversales Modenprofil. In niedrig-modigen Fasern kann die Anzahl der Moden so gering sein, dass die ortsabhängige Intensität einer Mode sehr viel größer als die aller anderen Moden an der betrachteten transversalen Position in der Faserquerschnittsfläche ist. Durch die Verwendung eines inhomogenen FBGs können durch Ausnutzung der unterschiedlichen räumlichen Intensitätsverteilungen prinzipiell einzelne ausgewählte Moden stärker reflektiert werden als andere. Dadurch können Faserresonatoren ermöglicht werden, welche gezielt einzelne Moden höherer transversaler Ordnung selektieren, welche beispielsweise für Mode-Division-Multiplexing oder zur Generierung von Strahlprofilen passend zur jeweiligen Anwendung genutzt werden können.

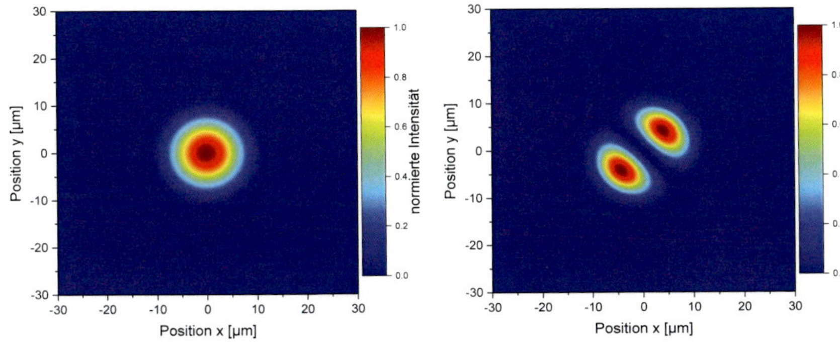


**Bild 6.9:** Nahfeldcharakteristik der $LP_{01}$-Mode und der $LP_{11}$-Mode der verwendeten Faser mit einem Kerndurchmesser von 20 µm

In Bild 6.9 sind die $LP_{01}$- und die $LP_{11}$-Mode einer Faser mit einem Kerndurchmesser von 20 µm und einer numerischen Apertur von 0,08 dargestellt. Während die $LP_{01}$ Mode ihre maximale Intensität im Mittelpunkt des Kerns hat, liegen die Maxima der $LP_{11}$ Mode im äußeren Bereich. Die Reflektivität der beiden Moden innerhalb eines inhomogenen FBGs hängt von der räumlichen Brechungsindexänderung des FBGs $\Delta n(x, y, z)$ ab. Um das FBG beispielsweise zur Modendiskriminierung der $LP_{01}$ Mode zu verwenden, muss die Reflektivität für die $LP_{11}$ Mode höher jene für die $LP_{01}$ Mode sein. Dazu kann das Verhältnis der Kopplungsterme $\varphi_{\mathrm{LP}_{11}/\mathrm{LP}_{01}}$ maximiert werden, welches im Folgenden als relativer Überlappkoeffizient

$$\varphi_{\mathrm{LP}_{11}/\mathrm{LP}_{01}} = \frac{\iint \Delta n(x, y, z)\, \boldsymbol{e}_{\mathbf{LP_{11}}}(x, y) \boldsymbol{e}^{*}_{\mathbf{LP_{11}}}(x, y)\mathrm{d}x\mathrm{d}y}{\iint \Delta n(x, y, z)\, \boldsymbol{e}_{\mathbf{LP_{01}}}(x, y) \boldsymbol{e}^{*}_{\mathbf{LP_{01}}}(x, y)\mathrm{d}x\mathrm{d}y} = \frac{\kappa_{\mathrm{LP}_{11}}}{\kappa_{\mathrm{LP}_{01}}} \tag{6.9}$$

bezeichnet wird. Zusätzlich sollte der Selbstkopplungsterm $\kappa_{\mathrm{LP}_{11}}$ möglichst groß sein, um eine hohe modale Reflektivität bei kleinen Gitterlängen erreichen zu können, was vorteilhaft im Hinblick auf die Robustheit des Gitters und des Herstellungsprozesses des Gitters sein kann.

Zur Bestimmung vorteilhafter FBG-Geometrien wird an allen Orten innerhalb des Faserkerns, an denen die Bedingung

$$I_{\mathrm{LP}_{11}}(x, y) \geq \rho_V \cdot I_{\mathrm{LP}_{01}}(x, y) \tag{6.10}$$

für einen definierten Verhältnisfaktor $\rho_V$ erfüllt ist, das FBG definiert. Für die daraus resultierenden Geometrien ist die Intensitätsverteilung der $LP_{11}$ Mode an allen ausgewählten transversalen Punkten innerhalb des Faserkerns mindestens um den Verhältnisfaktor $\rho_V$ höher als die der $LP_{01}$ Mode. Für diese Geometrien wird der relative Überlappkoeffizient $\varphi_{\mathrm{LP}_{11}/\mathrm{LP}_{01}}$, sowie der Selbstkopplungsterm $\kappa_{\mathrm{LP}_{11}}$ berechnet. In Bild 6.10 ist exemplarisch für vier unterschiedliche Verhältnisfaktoren $\rho_V$ der Anteil der $LP_{11}$ Mode, der innerhalb der räumlichen Brechungsindexänderung des FBGs liegt, aufgetragen. Der rote Ring repräsentiert den Radius des Kerns. Für größer werdende Verhältnisfaktoren steigt der relative Überlappkoeffizient $\varphi_{LP_{11}/LP_{01}}$ an, während der räumliche, reflektierte Anteil der $LP_{11}$ Mode und damit auch der normierte Selbstkopplungsterm $\kappa_{LP_{11}}$ sinken.

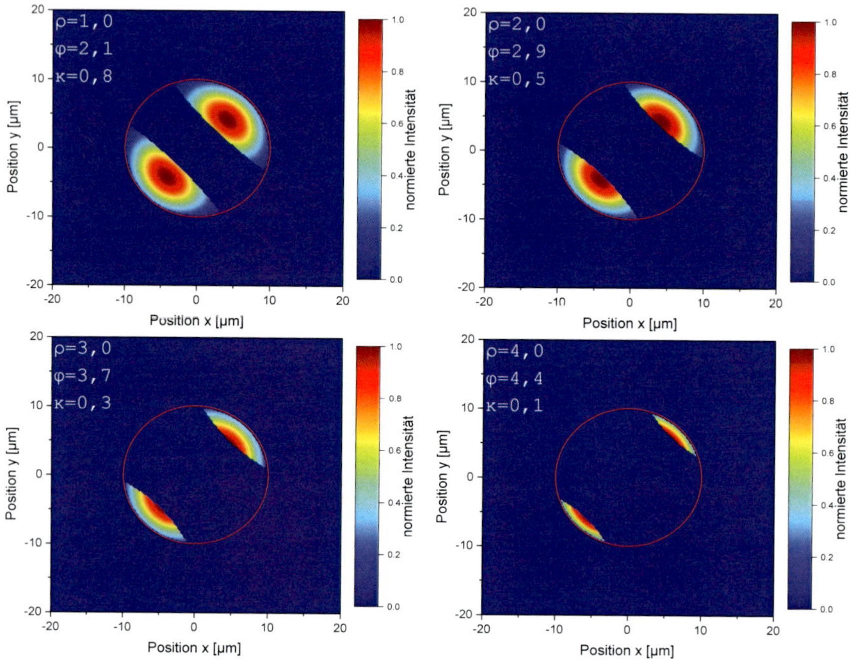


**Bild 6.10:** Leistungsanteile der $LP_{11}$-Mode an den Positionen in der transversalen Ebene, an denen die aus dem jeweiligen Verhältnisfaktor resultierende Brechungsindexänderung des jeweiligen inhomogenen FBGs ungleich 0 ist

Durch das Durchführen dieser Berechnung für unterschiedliche Verhältnisfaktoren $\rho$ kann eine Korrelation zwischen dem normierten Selbstkopplungsterm und dem relativen Überlappkoeffizienten bestimmt werden. In Bild 6.11 ist der relative Überlappkoeffizient in Abhängigkeit von dem normierten Selbstkopplungsterm aufgetragen. Zusätzlich ist die resultierende Länge des FBGs aufgetragen, die nötig ist, um eine modale Reflektivität von mehr als 95 % bei einer konstanten Brechungsindexänderung von $5 \cdot 10^{-4}$ zu erreichen. Analog zu Bild 6.10 sinkt für größer werdende relative Überlappkoeffizienten der normierte Selbstkopplungsterm ab, was in einer großen benötigten Gitterlänge resultiert. Insgesamt in zeigt die Analyse, dass der Überlappkoeffizient der $LP_{11}$ Mode bis zu fünf-mal größer werden kann als der der $LP_{01}$ Mode.

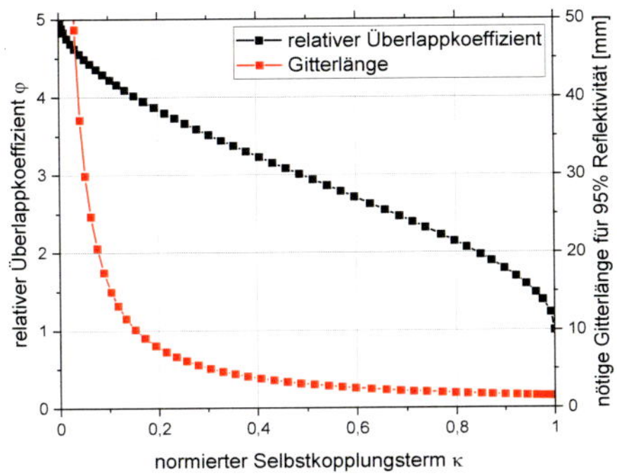


**Bild 6.11:** Relativer Überlappkoeffizient und nötige Gitterlänge für eine Reflektivität von 95 % in Abhängigkeit vom normierten Selbstkopplungsterm

Zur Bestimmung des Verhältnisses der Reflektivität der $LP_{11}$ Mode zur $LP_{01}$ Mode, wird mit dem in Abschnitt 3.9 vorgestellten Verfahren ein inhomogenes FBG simuliert. Für die räumliche Verteilung des FBGs wird die aus dem in Bild 6.10 dargestellte Verteilung für $\rho = 3{,}0$ gewählt. Daraus resultieren ein Selbstkopplungsterm $\kappa_{\mathrm{LP}_{11}} = 3{,}0$ und ein relativer Überlappkoeffizient $\varphi_{\mathrm{LP}_{11}/\mathrm{LP}_{01}} = 3{,}7$. In Bild 6.12 (links) ist das Verhältnis der Reflektivität der $LP_{11}$ zur $LP_{01}$ Mode und (rechts) die Reflektivität des FBGs für die $LP_{11}$ Mode in Abhängigkeit von der Gitterlänge und der Brechungsindexänderung dargestellt. Vor allem für eine geringe Reflektivität ist das Verhältnis mit Werten von mehr als 10 höher als der relative Überlappkoeffizient. Für eine Reflektivität von ca. 100 % lässt sich ein Verhältnis von ca. 2-3 erreichen. Daraus folgt, dass vor allem die Auskoppelgitter, also die Gitter im Resonator mit geringerer Reflektivität für die Modendiskriminierung geeignet sind. Durch die Kombination von einem inhomogenen HR-Gitter und einem LR-Gitter kann basierend auf der Simulation die $LP_{11}$ Mode insgesamt mehr als 30-mal stärker von den FBGs reflektiert werden, was zur Modendiskriminierung der $LP_{01}$ Mode genutzt werden kann.

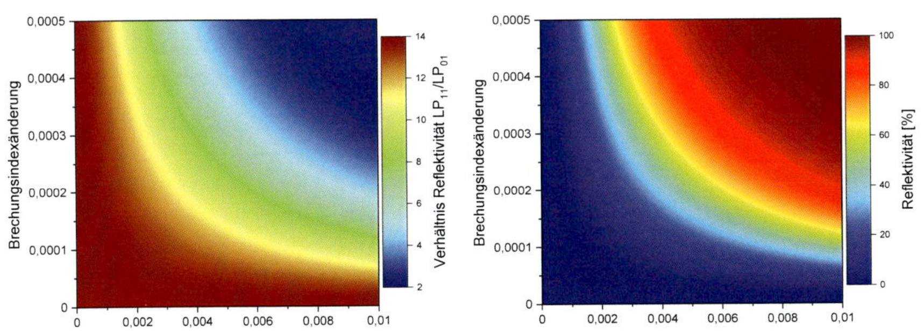


**Bild 6.12:** Verhältnis der Reflektivität von $LP_{11}$ zu $LP_{01}$ Mode des FBGs (links) und die Reflektivität des FBGs für die $LP_{11}$ Mode (rechts) für $\rho = 3{,}0$ in Abhängigkeit von der Gitterlänge und der Brechungsindexänderung

Zur experimentellen Analyse wird eine 20 µm Faser mit einer numerischen Apertur von 0,08 verwendet. In dieser Faser können vier, jeweils zweifach oder vierfach entartete Moden geführt werden. Um das zuvor dargestellte Beispiel mit nur zwei in der Faser geführten Moden nachbilden zu können, kann die unterschiedliche Dämpfung der Moden bei einem gewählten Biegeradius bei der Propagation durch die Faser ausgenutzt werden: Da die Moden höherer transversaler Ordnung typischerweise empfindlicher gegenüber der Biegung der Faser sind, können bei bestimmten Biegeradien nur noch die $LP_{01}$ und die $LP_{11}$ Mode effizient durch die Faser propagieren. Dies ist analog zum Beispiel der Few-Mode Fasern, in welchen durch die Biegung der Faser nur noch die Grundmode effizient propagieren kann [18, 19]. In Bild 6.13 ist die Dämpfung in Abhängigkeit vom Biegeradius für die in der Faser führbaren Moden aufgetragen. Um die $LP_{21}$ und die $LP_{02}$ Mode effizient zu dämpfen, sollte die Faser daher beispielsweise auf einen Biegeradius von ca. 0,08 m gewickelt werden. Bei diesem Biegeradius beträgt die Dämpfung für die $LP_{21}$ ca. 2 dB/m und für die $LP_{02}$ Mode mehr als 100 dB/m, wodurch diese Moden höherer transversaler Ordnung bei typischen Resonatorlängen von einigen Metern effektiv gedämpft werden, während die Dämpfungen für $LP_{01}$ und die $LP_{11}$ weniger als 0,1 dB/m betragen.

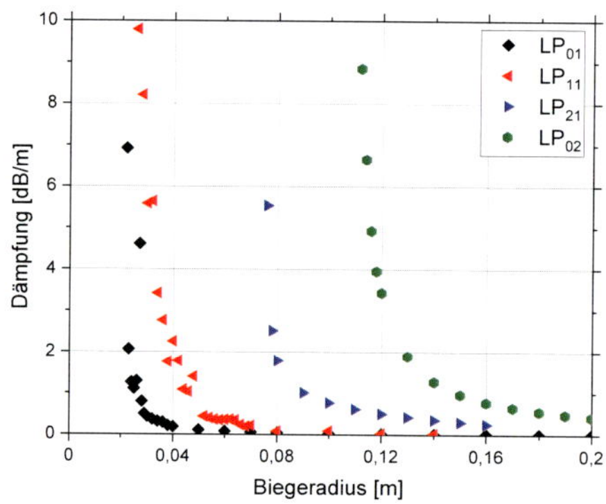


**Bild 6.13:** Dämpfung in Abhängigkeit des Biegeradius für vier in der Faser führbare Moden

Zum Nachweis des Prinzips des zuvor gezeigten Ansatzes wird ein inhomogenes FBG in eine Faser mit einem Kerndurchmesser von 20 µm und einer numerischen Apertur von 0,08 geschrieben und in den in Bild 6.14 gezeigten Aufbau integriert. Zur Herstellung des FBGs wird ein Ultrakurzpulslaser mit einer Wellenlänge von ca. 800 nm in Kombination mit einer Phasenmaske verwendet [121]. Die Phasenmaske hat in der ersten Ordnung eine Periodizität von ca. 1483 nm, woraus sich für das FBG eine Bragg-Wellenlänge von ca. 2150 nm bei einem effektiven Brechungsindex von 1,45 ergibt. Aus der zweiten Ordnung der Phasenmaske ergibt sich eine Bragg-Wellenlänge von ca. 1075 nm, die für die im Folgenden wiedergegebenen Experimente genutzt wird. Im experimentellen Aufbau wird als Pumpquelle des aktiven Mediums ein fasergekoppelter Diodenlaser verwendet, dessen Ausgangsfaser an die FBG-Faser gespleißt wird. An der Auskoppelseite wird die Faser mit einem Winkel von 0° gecleavt.

Aus der Fresnel-Reflexion entsteht am Cleave eine Reflektivität von ca. 3,5 %, wodurch sich ein Resonator zwischen dem FBG und dem Cleave ergibt. In dem Aufbau ist zu beachten, dass das FBG direkt in die aktiv-dotierte Faser geschrieben ist und daher keine zusätzlichen Spleiße benötigt werden.

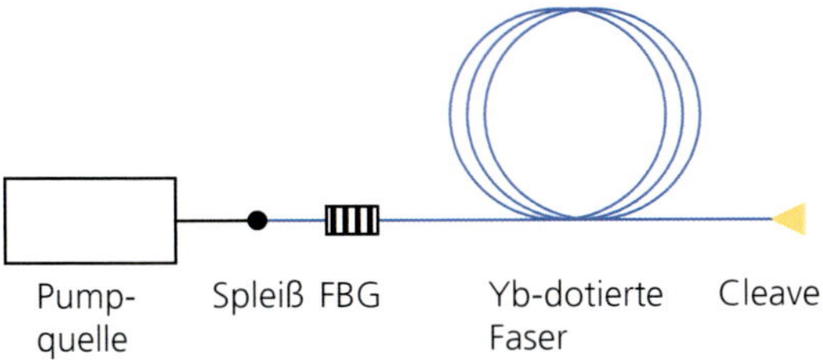


**Bild 6.14:** Experimenteller Aufbau zur Charakterisierung der Resonatoreigenschaften

Für die experimentelle Analyse werden die Nahfeldcharakteristik, sowie die spektralen Eigenschaften vermessen. In Bild 6.15 ist die gemessene spektrale Leistung dargestellt. Für die emittierte Strahlung ergibt sich eine Zentralwellenlänge von 1075,77 nm mit einer Halbwertsbreite von 0,2 nm, das Rauschlevel liegt bei ca. -30 dB. Auf der absteigenden Flanke in Richtung höherer Wellenlängen sind bei einer Wellenlänge um ca. 1076,2 nm andere Fluktuationen als an der absteigenden Flanke in Richtung niedrigerer Wellenlängen zu erkennen. Eine Erklärung können mögliche Anteile niedrigerer Moden sein, da aus den berechneten Ausbreitungskonstanten folgt, dass die Bragg-Wellenlänge der $LP_{01}$ Mode bei einer Wellenlänge von 1076,2 nm liegt. Aufgrund des niedrigen Leistungsanteils dieser Fluktuationen ist jedoch nicht zu erwarten, dass dies in der Nahfeldcharakteristik erkennbar ist.

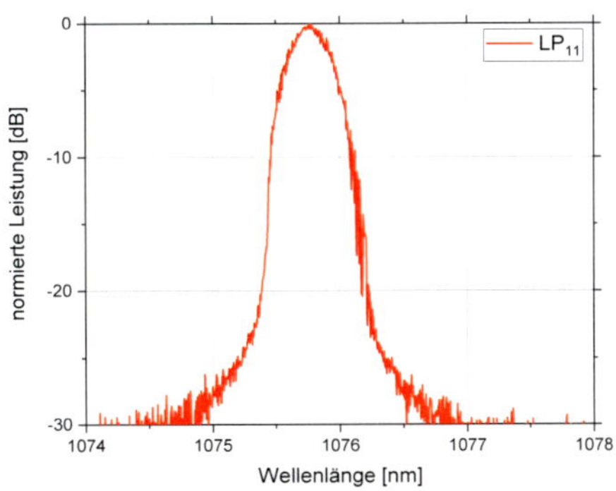


**Bild 6.15:** Gemessene normierte Leistung in Abhängigkeit von der Wellenlänge für eine Faser mit einem inhomogenen FBG

In Bild 6.16 sind die gemessene Nahfeldcharakteristik (links), sowie die simulierte Nahfeldcharakteristik der $LP_{11}$ Mode dargestellt. Insgesamt ergibt sich zwischen den beiden Nahfeldcharakteristiken eine gute Übereinstimmung. Durch das inhomogene FBG kann der Resonator demnach so beeinflusst werden, dass nur für eine einzelne Mode höherer transversaler Ordnung die Laserschwelle überschritten wird.

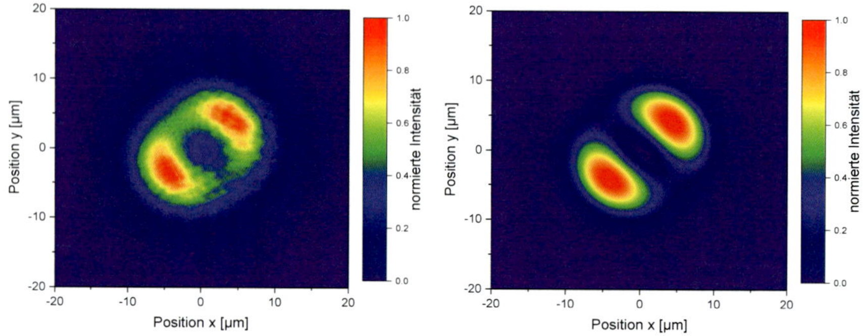


**Bild 6.16:** Gemessene Nahfeldcharakteristik (links), beziehungsweise simulierte Nahfeldcharakteristik der $LP_{11}$-Mode (rechts) einer Faser mit inhomogenem FBG

Durch das Biegen der Faser auf kleinere Biegeradien kann, wie in Bild 6.13 dargestellt, die Propagation der $LP_{11}$ Mode beeinflusst werden. Dadurch kann nur noch die $LP_{01}$ Mode effizient durch den Resonator propagieren. In Bild 6.17 sind die gemessene (links), beziehungsweise die simulierte Nahfeldcharakteristik der $LP_{01}$ Mode (rechts) dargestellt. Zwischen den beiden Nahfeldcharakteristiken ist eine sehr gute Übereinstimmung festzustellen. Durch die Änderung des Biegeradius kann demnach die Propagation der $LP_{01}$ Mode ermöglicht werden, während die $LP_{11}$ Mode im Vergleich zum vorherigen Fall unterdrückt wird.

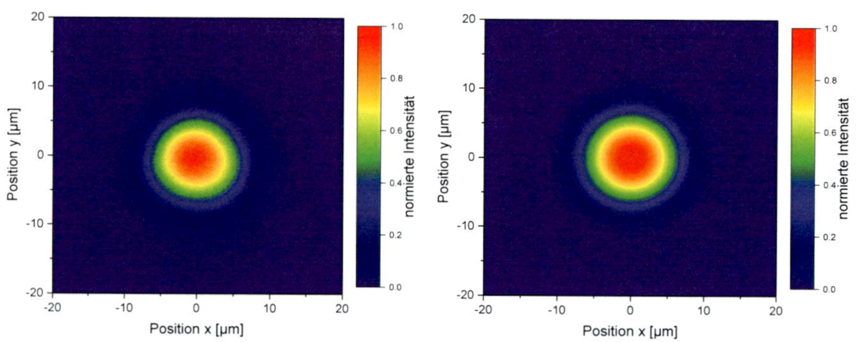


**Bild 6.17:** Gemessene Nahfeldcharakteristik (links), beziehungsweise simulierte Nahfeldcharakteristik der $LP_{11}$-Mode (rechts) der gebogenen Faser mit einem inhomogenen FBG

Zur spektralen Analyse ist in Bild 6.18 die gemessene normierte Leistung in Abhängigkeit von der Wellenlänge aufgetragen. Dabei ergibt sich eine Zentralwellenlänge von 1076,2 nm bei einer Halbwertsbreite von 0,1 nm. Die Zentralwellenlänge entspricht der Bragg-Wellenlänge, die aus dem simulierten effektiven Brechungsindex der $LP_{01}$ Mode folgt. Zusätzlich entspricht dies auch der Wellenlänge, bei der in Bild 6.16

die Fluktuationen an der abfallenden Flanke zu höheren Wellenlängen hin aufgetreten sind. Zusätzliche Eigenschaften, wie das höhere Rauschlevel bei ca. -25 dB, sowie die niedrigere Halbwertsbreite im Vergleich zur spektralen Analyse des $LP_{11}$ Resonators lassen darauf schließen, dass die Reflektivität des FBG für die $LP_{01}$ Mode niedriger als für die $LP_{11}$ Mode ist, wie bereits in Bild 6.3 gezeigt.

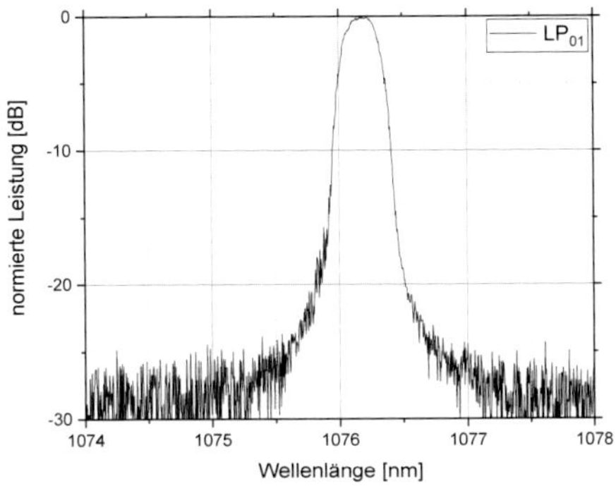


**Bild 6.18:** Gemessene normierte Leistung in Abhängigkeit von der Wellenlänge für eine gebogene Faser mit einem inhomogenen FBG

Insgesamt zeigen diese Ergebnisse, dass durch ein inhomogenes FBG Resonatoren ermöglicht werden können, in denen nur eine einzelne Mode höherer transversaler Ordnung propagiert. Die Ansätze zu Beginn dieses Abschnitts konnten durch die experimentellen Ergebnisse bestätigt werden: Sowohl die gemessenen Nahfeldcharakteristiken als auch die analog zur Simulation auftretende Änderung der Zentralwellenlängen beider hier gezeigten Fälle sind starke Indizien zur Validierung dieses Konzepts. Damit kann die in Abschnitt 2 formulierte Forschungsfrage 3 beantwortet werden. Weiterhin kann mithilfe der Ergebnisse das Modell validiert werden, wie beispielsweise das Prinzip der modalen Reflektivität. Für das weitere Vorgehen müssen genaue Informationen über die Herstellungstoleranzen des FBGs und Informationen über die Absorption der Strahlung in der Faser gesammelt werden, um damit optimale inhomogene FBGs entwerfen zu können.

## 6.4 Hochreflektierende Multimode-Faser-Bragg-Gitter

Zum Aufbau von vollständig faserintegrierten Multimode-Faserresonatoren werden für eine hohe optisch-optische Effizienz FBGs mit einer hohen Reflektivität benötigt. Zur Analyse dieser FBGs werden im Folgenden, die in den vorherigen Abschnitten dargestellten Grundlagen verwendet. Als hochreflektierendes FBG soll an dieser Stelle ein FBG gelten, welches eine spektrale Reflektivität, also für alle Moden bei einer definierten Wellenlänge, von mehr als 99 % erreicht. Um eine hohe Reflektivität für alle Moden zu ermöglichen, werden an dieser Stelle FBGs betrachtet, deren Brechungsindex im Kern in radialer Richtung konstant ist.

In Bild 6.7 wird dargestellt, dass sich für Multimode-FBGs aus der numerischen Apertur eine Abweichung der Zentralwellenlänge $\Delta\lambda_{\mathrm{Peaks}}$ der höchsten und der niedrigsten im Kern führbaren Mode ergibt. Um eine spektrale Reflektivität von mehr als 99 % erreichen zu können, muss die modale Bandbreite $\Delta\lambda_{\mathrm{Modal}}$ aller geführten Moden so groß sein, dass diese bei einer Wellenlänge überlappen. Daraus ergibt sich die Bedingung

$$\Delta\lambda_{\mathrm{Modal}} \geq 2 \cdot \Delta\lambda_{\mathrm{Peaks}}. \tag{6.11}$$

Der Faktor zwei folgt aus der Definition der modalen Bandbreite $\Delta\lambda_{\mathrm{Modal}}$, welche um die Bragg-Wellenlänge der jeweiligen Mode herum definiert ist. Für die modale Reflektivität einer Mode in einem Multimode-FBG ergibt sich die in Bild 6.3 für Singlemode-FBGs dargestellte Abhängigkeit der Reflektivität und der Bandbreite von der Gitterlänge und der Brechungsindexänderung: Für steigende Brechungsindexänderungen steigt die modale Bandbreite an, die maximale Brechungsindexänderung ist jedoch technisch limitiert. Für eine typische realisierbare Brechungsindexänderung von $8 \cdot 10^{-4}$ bei einer Gitterlänge von 8 mm ergibt sich eine Bandbreite von ca. 0,6 nm. In Bild 6.19 (links) sind die modale Reflektivität der höchsten und der niedrigsten im Kern geführten Mode, sowie die resultierende spektrale Reflektivität (rechts) einer Faser mit einem Kerndurchmesser von 65 µm und einer numerischen Apertur von 0,1 dargestellt. Aufgrund des geringeren spektralen Überlapps der modalen Reflektivität beträgt die resultierende spektrale Reflektivität ca. 38 %. Eine höhere spektrale Reflektivität kann in diesem Beispiel nur mit höheren Brechungsindexänderungen realisiert werden. Das hier vorgestellte Konzept ist beispielsweise zur Herstellung von Auskoppelgittern für Resonatoren geeignet, in denen nur eine niedrige Reflektivität benötigt wird.

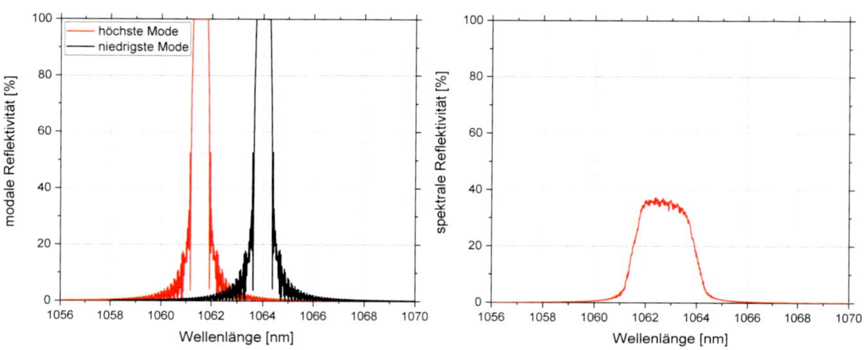


**Bild 6.19:** Modale Reflektivität der höchsten und niedrigsten im Kern geführten Mode (links), sowie spektrale Reflektivität für alle im Kern geführten Moden (rechts)

Ein alternativer Ansatz für hohe modale Bandbreiten ist die Verwendung eines gechirpten Gitters, wie in Bild 6.4 dargestellt. Die Bragg-Bedingung kann dadurch bei mehreren Wellenlängen erfüllt werden, was in einer größeren modalen Bandbreite resultieren kann. In Bild 6.20 (links) sind die modale Reflektivität der höchsten und der niedrigsten in der Faser geführten Mode, sowie die resultierende spektrale Reflektivität (rechts) dargestellt. Der Chirp ist in diesem Beispiel so gewählt, dass die Bragg-Wellenlänge der höchsten im Kern geführten Mode zu Beginn des Gitters bei $z = 0$ der Bragg-Wellenlänge der niedrigsten im Kern geführten Mode zu Ende des Gitters bei $z = l_G$ entspricht, ausgedrückt in

$$\Lambda(z = 0, n_{\mathrm{eff,min}}) = \Lambda(z = l_G, n_{\mathrm{eff,max}}). \tag{6.12}$$

Dadurch ist für eine gewählte Wellenlänge die Bragg-Bedingung für alle im Kern geführten Mode an einem Ort innerhalb des Gitters erfüllt, wodurch in diesem Beispiel eine maximale spektrale Reflektivität von ca. 99,6 % erreicht werden kann.

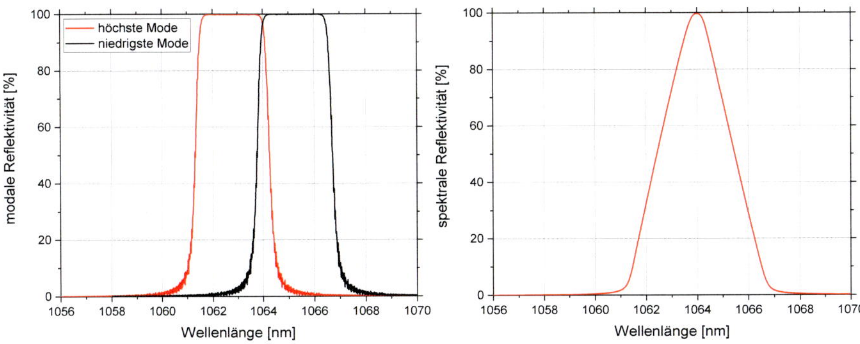


**Bild 6.20:** Modale Reflektivität der höchsten und niedrigsten im Kern geführten Mode, sowie spektrale Reflektivität für alle im Kern geführten Moden für ein gechirptes FBG

Zum Vergleich ist in Bild 6.21 die maximale spektrale Reflektivität von Multimode-FBGs ohne (links), beziehungsweise mit Chirp (rechts) in Abhängigkeit von der Gitterlänge und der Brechungsindexänderung dargestellt. Der Chirp ist dabei so gewählt, dass Formel (6.12) erfüllt wird. Für das Gitter ohne Chirp ist für steigende Gitterlängen die spektrale Reflektivität nahezu konstant. Für steigende Brechungsindexänderungen steigt auch die spektrale Reflektivität an. Insgesamt wird für den hier aufgespannten Parameterraum eine maximale spektrale Reflektivität von ca. 44 % erreicht. Im Gegensatz dazu ist für das Gitter mit Chirp die Gitterlänge ein Parameter zur Erhöhung der spektralen Reflektivität. In Kombination mit der Brechungsindexänderung, welche bei steigenden Werten ebenfalls in einer höheren spektralen Reflektivität resultiert. kann durch den Chirp insgesamt eine spektrale Reflektivität von nahezu 100 % erreicht werden. Dadurch können vollständig faserintegrierte Multimode-Faserresonatoren ermöglicht werden.

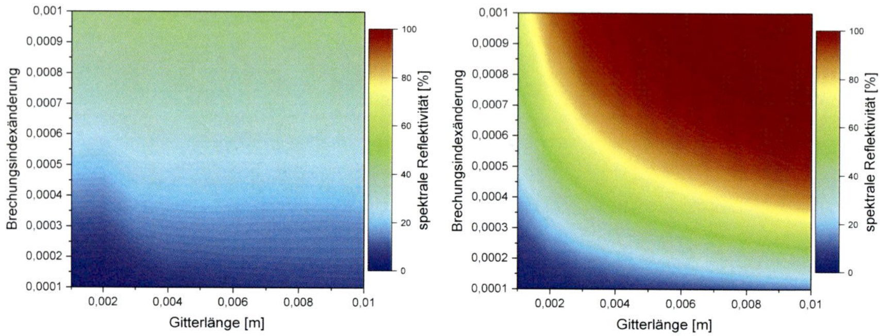


**Bild 6.21:** Spektrale Reflektivität eines nicht gechirpten (links), sowie eines gechirpten FBGs (rechts) in Abhängigkeit von der Brechungsindexänderung und der Gitterlänge

Zu beachten ist, dass die spektrale Reflektivität für niedrige Gitterlängen und Brechungsindexänderungen unter der des nicht gechirpten Gitters liegen kann. Dazu ist zur Veranschaulichung in Bild 6.22 die Differenz der maximalen Reflektivität der Gitter mit und ohne Chirp aufgetragen, was hier als relative Reflektivität bezeichnet wird. Die maximale relative Reflektivität wird für Brechungsindexänderungen um $5 \cdot 10^{-4}$ erreicht. Für steigende Brechungsindexänderungen sinkt die relative Reflektivität ab. Zwar steigt die modale Bandbreite, gleichzeitig gerät die modale Reflektivität jedoch in Sättigung. Für hinreichend hohe Brechungsindexänderungen kann demnach für die Konzepte mit und auch ohne Chirp eine hinreichend hohe Reflektivität erreicht werden, die technischen Limitierungen, die unter anderem aus der Verspannung der Faser resultieren können, müssen dabei jedoch beachtet werden. Außerdem muss berücksichtigt werden, dass bei den hier dargestellten Rechnungen eine Faser mit einer numerischen Apertur von 0,1 verwendet wird. Da der in Bild 6.7 dargestellte Abstand der Zentralwellenlängen $\Delta\lambda_{\mathrm{Peaks}}$ für größere numerische Aperturen ansteigt, ist zu erwarten, dass die Vorteile des Gitters mit Chirp gegenüber dem Gitter ohne Chirp für höhere numerische Aperturen noch größer ausfallen werden, wenn eine hohe spektrale Reflektivität erreicht werden soll.

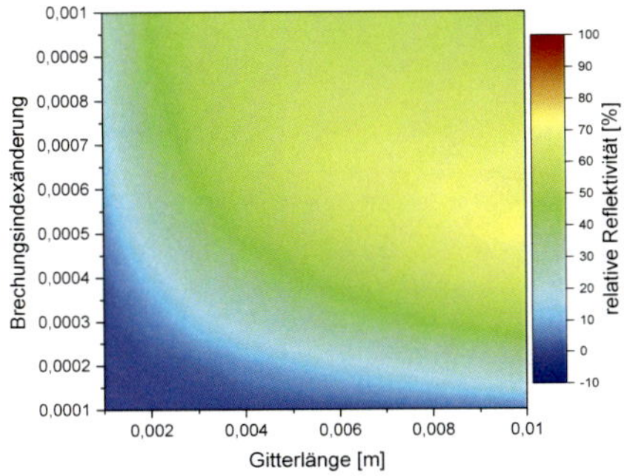


**Bild 6.22:** Differenz der maximalen Reflektivität der Gitter mit und ohne Chirp, bezeichnet als relative Reflektivität, in Abhängigkeit von der Brechungsindexänderung und der Gitterlänge

Mit diesen hochreflektierenden FBGs können komplett faserintegrierte Multimoderesonatoren mit hohen Effizienzen ermöglicht werden. In Bild 6.23 ist das Schema eines solchen faserintegrierten Aufbaus dargestellt. Neben einem HR-Gitter wird ein LR-Gitter zur spektralen Stabilisierung und zur Auskopplung der Strahlung verwendet.

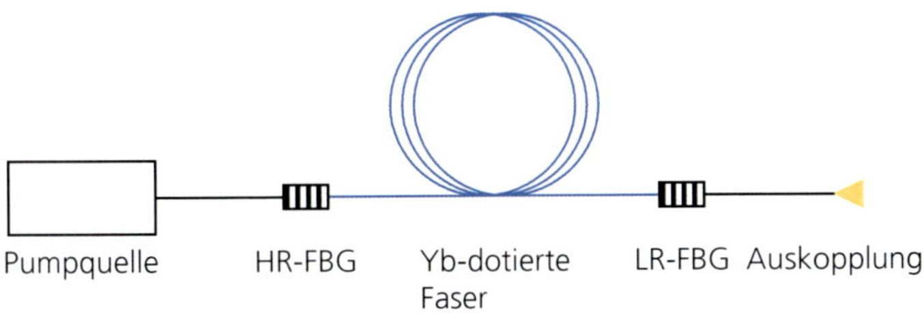


**Bild 6.23:** Schematischer Aufbau eines komplett faserintegrierten Multimode-Faserresonators

Die Effizienz eines solchen Resonators wird maximal, wenn die Reflektivität des HR-FBGs 100 % beträgt. Aktuell ist die experimentelle Herstellung eines solchen HR-FBGs schwierig, wodurch technisch bedingt typischerweise eine geringere Reflektivität erzielt wird. Um abzuschätzen, wie stark die Gesamteffizienz eines solchen Resonators von der Reflektivität des HR-FBGs abhängt, wird dies im Folgenden analysiert. In Bild 6.24 (links) sind dazu die auf das Maximum normierte Pumpleistung, die Signalleistung in Vorwärtsrichtung $P_{\mathrm{Sig,Vor}}$ und die Signalleistung in Rückwärtsrichtung $P_{\mathrm{Sig,Rück}}$ in Abhängigkeit von der Position in der Faser $l_{\mathrm{Pos}}$ aufgetragen. Abhängig von der Reflektivität des HR-FBGs und des LR-FBGs wird Signalleistung ausgekoppelt. Aufgrund des gepumpten aktiv-dotierten Mediums steigt die Signalleistung bei der Propagation im Resonator an. In Bild 6.24 (rechts) ist der Anteil der am HR-FBGs ausgekoppelten Signalleistung

$$P_{\mathrm{Rück}} = P_{\mathrm{Sig,Rück}}(l_{\mathrm{Pos}} = 0) - P_{\mathrm{Sig,Vor}}(l_{\mathrm{Pos}} = 0) \tag{6.13}$$

und der am LR-Gitter ausgekoppelten Signalleistung

$$P_{\mathrm{Vor}} = P_{\mathrm{Sig,Vor}}(l_{\mathrm{Pos}} = 0{,}5) - P_{\mathrm{Sig,Rück}}(l_{\mathrm{Pos}} = 0{,}5) \tag{6.14}$$

an der gesamten ausgekoppelten Signalleistung

$$P_{\mathrm{Gesamt}} = P_{\mathrm{Vor}} + P_{\mathrm{Rück}} \tag{6.15}$$

in Abhängigkeit von der Reflektivität des HR-FBGs aufgetragen. Die Reflektivität des LR-FBGs liegt bei 10 %. Für eine HR-FBG Reflektivität von 100 % wird die gesamte ausgekoppelte Signalleistung nur am LR-FBG ausgekoppelt. Für eine niedrigere HR-FBG Reflektivität sinkt die in Vorwärtsrichtung ausgekoppelte Signalleistung ab, während die in Rückwärtsrichtung ausgekoppelte Signalleistung ansteigt. Der minimale am LR-FBG ausgekoppelte Leistungsanteil von 50 % wird dann erreicht, wenn die Reflektivität des HR-FBGs dem des LR-FBGs entspricht, und zum Beispiel wird für eine HR-FBG-Reflektivität von 60 % eine Effizienz von mehr als 80 % erzielt. Dementsprechend können auch für HR-FBGs mit einer niedrigeren Reflektivität hohe Effizienzen erreicht werden.

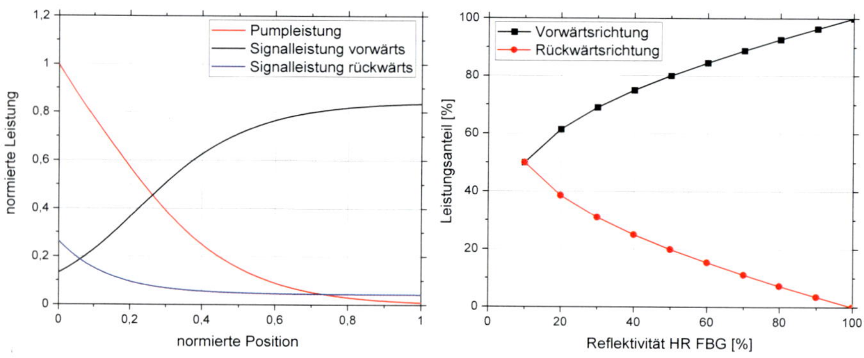


**Bild 6.24:** Normierte Pumpleistung und Signalleistung in Vorwärts- und Rückwärtsrichtung in Abhängigkeit von der Position in der Faser (links) und prozentuale Leistung, die in Vorwärts, beziehungsweise in Rückwärtsrichtung den Resonator verlässt, in Abhängigkeit von der Reflektivität des HR-FBGs

## 6.5 Experimentelle Realisierung von faserintegrierten Multimode-Faserresonatoren

Zur experimentellen Realisierung eines faserintegrierten Multimode-Faserresonators wird mithilfe des in Abschnitt 6.4 gezeigten Prinzips ein hochreflektierendes Gitter hergestellt. Die im Folgenden vorgestellte Vorgehensweise und Ergebnisse wurden teilweise bereits zuvor veröffentlicht [167].

Die dazu verwendete Faser ist eine Faser mit rechteckiger Kerngeometrie mit Kernabmessungen von 20 µm x 60 µm und einer numerischen Apertur von 0,1. In Bild 6.25 (links) ist eine mikroskopische Aufnahme der Faserfacette dargestellt. Der Fasermantel hat einen Durchmesser von ca. 125 µm bei einer numerischen Apertur von 0,37, wodurch Mantelpumpen für diese Faser ermöglicht wird. In der Faser können bei einer Wellenlänge von ca. 1064 nm mehr als 60 Moden geführt werden. Dadurch können potenziell homogene Strahlprofile, bei hohen mittleren Leistungen erzielt werden. In Bild 6.25 (rechts) ist die resultierende Nahfeldcharakteristik bei homogener Anregung alle Moden dargestellt. Dies könnte vor allem für Anwendung vorteilhaft sein, die eine hohe Abhängigkeit von einer homogenen Verteilung haben und dabei keine beugungsbegrenzte Strahlqualität benötigen.

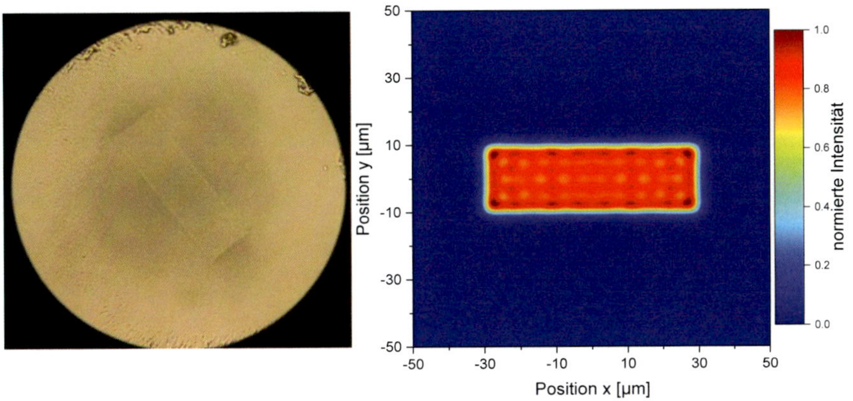


**Bild 6.25:** Mikroskopische Aufnahme der Faserfacette der Faser mit Kernabmessungen von 20 µm x 60 µm (links) und die resultierende Nahfeldcharakteristik bei homogener Anregung aller Moden (rechts)

Zur experimentellen Analyse wird der in Bild 6.26 gezeigte Messaufbau verwendet. Als Pumpquelle wird ein fasergekoppeltes Diodenlasermodul bei einer Wellenlänge von 920 nm verwendet. Bei der Transportfaser handelt es sich um eine 105 µm Faser mit einer numerischen Apertur von 0,2. Zur Einkopplung der Pumpstrahlung in die laseraktiv dotierte Faser wird eine Freistrahlkopplung mit einem zusätzlichen dichroitischen Spiegel verwendet, mit dem die Pumpstrahlung von der in der aktiv-dotierten Faser erzeugten Signalstrahlung getrennt werden kann. An der Einkopplung der Pumpstrahlung wird ein gerader Cleave mit einer aus der Fresnel-Reflexion resultierenden Reflektivität von ca. 4 % verwendet. Der Resonator wird an der anderen Seite durch die Verwendung des HR-FBGs komplettiert. Hier kann die nicht-absorbierte Pumpleistung und zusätzlich die durch das HR-FBG propagierende Signalleistung gemessen werden.

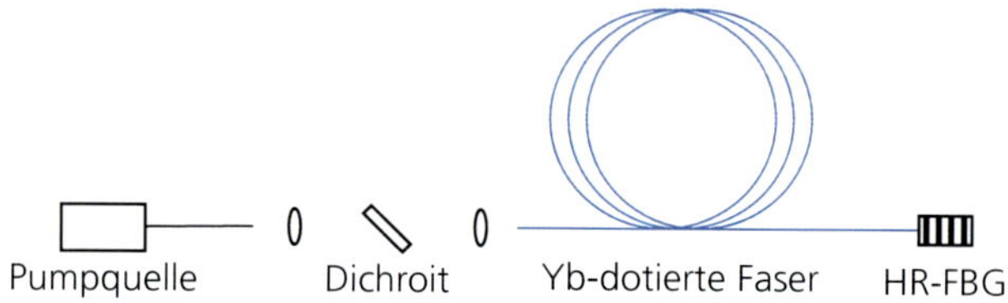


**Bild 6.26:** Experimenteller Aufbau zur Realisierung eines faserintegrierten Multimode-Resonators

In Bild 6.27 ist die Ausgangsleistung in Abhängigkeit von der absorbierten Pumpleistung dargestellt. Die optisch-optische Effizienz liegt dabei bei ca. 50 %. Zusätzlich ist die gesamte Signalleistung, als Summe der am LR- und am HR-FBG ausgekoppelten Leistung dargestellt. Daraus lässt sich berechnen, dass ca. 12 % der gesamten Signalleistung am HR-Gitter ausgekoppelt werden. Demnach kann die Reflektivität des hergestellten FBGs weiter verbessert werden, um die Gesamteffizienz des Resonators weiter zu steigen.

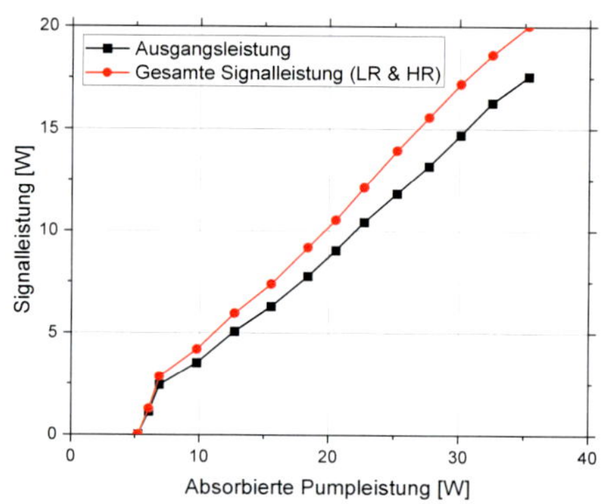


**Bild 6.27:** Ausgangsleistung in Abhängigkeit von der absorbierten Pumpleistung für die am LR-FBG ausgekoppelte Signalleistung sowie für die Summe aus der am LR-FBG und der am HR-FBG ausgekoppelten Signalleistung

Zur spektralen Analyse ist in Bild 6.28 (links) die spektrale Leistung bei einer absorbierten Pumpleistung von ca. 35 W dargestellt. Dabei sind zwei Maxima zu erkennen: Das Maximum bei einer Wellenlänge von ca. 1072 nm resultiert aus der Gitterkonstante des Bragg-Gitters, was im Folgenden als Zentralwellenlänge bezeichnet wird. Das Maximum bei einer Wellenlänge von ca. 1030 nm entspricht dem Maximum der verstärkten spontanen Emission. Aufgrund der gewählten Randbedingungen des Resonators, also zum Beispiel Faserlänge und Pumpwellenlänge, würde ohne das FBG die Wellenlänge der emittierten Strahlung in diesem Bereich liegen. Da dennoch mehr als 90 % der Gesamtleistung innerhalb des spektralen Bereiches der Zentralwellenlänge liegen, ist dadurch die spektrale Stabilisierung durch das Multimode-FBG demonstriert. In Bild 6.28 (rechts) ist der Anteil der Leistung bei der Zentralwellenlänge und bei der ASE-Wellenlänge dargestellt. Über der Laserschwelle liegt der Anteil bei allen Messwerten bei über 90 % und sinkt für größer werdende Pumpleistung ab, was aufgrund der höheren mittleren Inversion innerhalb der Faser bei höheren absorbierten Pumpleistungen zu erwarten ist. Zur Reduktion des Anteils der ASE könnte beispielsweise die Faserlänge erhöht oder die Pumpwellenlänge variiert werden, um die mittlere Inversion innerhalb der Faser zu verringern und dadurch das Verstärkungsmaximum in den Bereich um 1072 nm zu verschieben.

Aus der spektralen Analyse und der Leistungsanalyse lässt sich analog zu den in Bild 6.24 (rechts) vorgestellten Ergebnissen der Simulation die Reflektivität des HR-FBGs abschätzen. Dazu wird die normierte Leistung in Abhängigkeit von der Wellenlänge für die am HR-FBG ausgekoppelte Leistung gemessen und der Anteil bei der Zentralwellenlänge zu ca. 50 % bestimmt. Dies wird ins Verhältnis zu der am HR-FBG ausgekoppelten Signalleistung gesetzt. Damit kann die Reflektivität des HR-FBGs bei der Zentralwellenlänge zu ca. 70 % abgeschätzt werden.

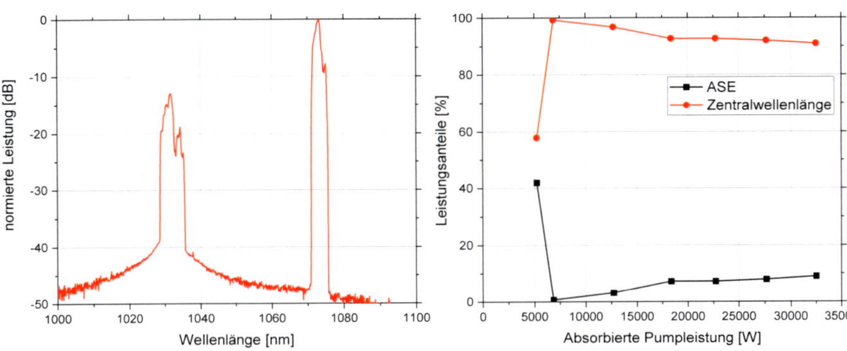


**Bild 6.28:** Experimentell gemessene normierte Leistung in Abhängigkeit von der Wellenlänge für eine absorbierte Pumpleistung von 35 W (links) und Leistungsanteil der ASE und der Zentralwellenlänge in Abhängigkeit von der absorbierten Pumpleistung

## 6.6 Beeinflussung der Strahlqualität durch Faser-Bragg-Gitter in hochmodigen Fasern

Je mehr Moden in einer Faser geführt werden, desto schwieriger wird es, Regionen im Kern zu finden, in denen die Intensität einer Mode größer ist als die Summe der Intensitäten aller anderen Moden. Für hochmodige Fasern ist demnach die in Abschnitt 6.3 vorgestellte Methodik zur Auswahl einzelner Moden im Resonator, nicht, oder nur schwer umsetzbar. In diesem Abschnitt wird stattdessen der Ansatz verfolgt, anstelle von einzelnen Moden, Modengruppen mit den gewünschten Eigenschaften zu betrachten. Gewünschte Eigenschaften können beispielsweise eine bestimmte Strahlqualität oder ein bestimmter Fernfelddivergenzwinkel sein.

In Bild 6.8 wird gezeigt, dass unterschiedliche Moden unterschiedliche Beugungsmaßzahlen haben können. Aufgrund der unterschiedlichen räumlichen Profile der Moden können damit innerhalb des Faserquerschnitts Gebiete unterschiedlicher Beugungsmaßzahlen entstehen. Ein inhomogenes FBG kann in diesem Fall dazu genutzt werden die Beugungsmaßzahl beziehungsweise die numerische Apertur der Strahlung gezielt zu beeinflussen. Zur Analyse wird in den Simulationsrechnungen die Gesamtquerschnittsfläche der Faser $A_{\mathrm{Ges}}$ in Flächenelemente $A_{x,y}$ gleicher Größe unterteilt. Für jede dieser Flächen wird bestimmt, wie groß der Leistungsanteil

$$\rho_{x,y,i} = \frac{\int_{A_{x,y}} I_{\mathrm{Mode},i}(x,y)\mathrm{dA}}{\int_{A_{\mathrm{Ges}}} I_{\mathrm{Mode},i}(x,y)\mathrm{dA}}, \tag{6.16}$$

einer Mode innerhalb eines gewählten Flächenelements ist, was sich aus der Intensitätsverteilung der betrachteten Mode $I_{\mathrm{Mode},i}$ ergibt. Demnach entspricht der hier definierte Leistungsanteil $\rho_{x,y,i}$ dem Leistungsanteil einer gewählten Mode in einem gewählten Flächenelement $A_{x,y}$. Aufgrund der unterschiedlichen räumlichen Profile der Moden ergeben sich Regionen in der transversalen Querschnittsfläche des Kerns, in denen die Intensität bestimmter Moden von Gruppen höher ist als die von anderen Modengruppen. Dies kann genutzt werden, um durch FBGs mit transversal inhomogener Brechungsindexänderung gewählte Moden beziehungsweise Gruppen von Moden gezielt zu reflektieren und damit beispielsweise die Beugungsmaßzahl der Strahlung eines Resonators unter Verwendung eines solchen FBGs gezielt zu beeinflussen. Unter der Annahme, dass jede im Kern der Faser führbare Mode dieselbe Leistung führt, wird im Folgenden mithilfe von

$$I_{\mathrm{Ges},x,y} = \sum_i \rho_{x,y,i} \cdot I_{\mathrm{Mode},i} \tag{6.17}$$

die aus einem gewählten Flächenelement $A_{x,y}$ resultierende modale Intensitätsverteilung $I_{\mathrm{Ges},x,y}$ bestimmt. Dieser Zusammenhang kann zur Bestimmung der aus einem transversal inhomogenen FBG mit Brechungsindexänderung im Flächenelement $A_{x,y}$ resultierenden modalen Intensitätsverteilung genutzt werden, unter der Annahme eines linearen Zusammenhangs zwischen dem Leistungsanteil der Moden $\rho_{x,y,i}$ und der

Reflektivität des FBGs mit inhomogener Brechungsindexänderung, sowie der Annahme, dass alle Moden dieselbe Leistung führen.

Wenn für jede resultierende modale Intensitätsverteilung $I_{\mathrm{Ges},x,y}$ die Beugungsmaßzahl bestimmt wird, entsteht daraus ein Zusammenhang zwischen den Flächenelementen in der transversalen Querschnittsfläche der Faser $A_{x,y}$ zur resultierenden Beugungsmaßzahl bei der Verwendung eines inhomogenen FBGs unter Vernachlässigung der Kreuzkopplung. Analog kann dies auch für die numerische Apertur der Strahlung durchgeführt werden, die den Fernfelddivergenzwinkel bestimmt.

Als Beispiel wird eine Faser mit einem Kerndurchmesser von 65 µm und einer numerischen Apertur von 0,1 verwendet. In dieser Faser können ca. 180 Moden geführt werden. In Bild 6.29 (links) ist die resultierende ortsabhängige numerische Apertur der Strahlung dargestellt. Innerhalb des Kernes lassen sich keine relevanten Abweichungen von der numerischen Apertur der Faser von ca. 0,1 feststellen. Durch ein inhomogenes FBG in hoch-multimodigen Fasern kann demnach, zumindest in dem hier gezeigten Beispiel, die numerische Apertur der Strahlung nicht beeinflusst werden.

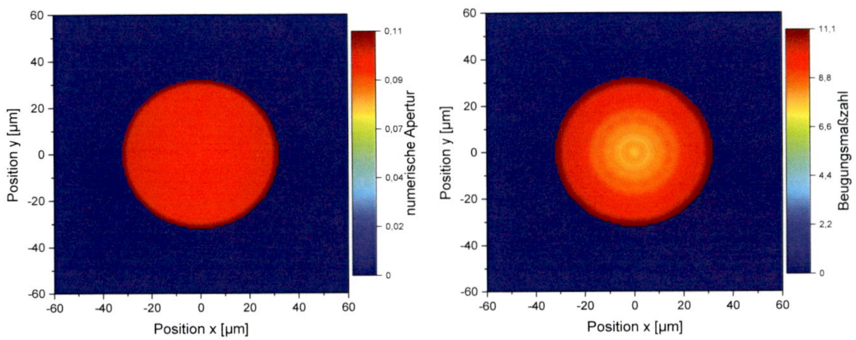


**Bild 6.29:** Resultierende Ortsabhängigkeit der numerischen Apertur der Strahlung sowie der Beugungsmaßzahl

In Bild 6.29 (rechts) ist die ortsabhängige Beugungsmaßzahl dargestellt. Im Gegensatz zur numerischen Apertur der Strahlung lässt sich hier eine Ortsabhängigkeit feststellen. In der Mitte der Faser ist die Beugungsmaßzahl niedriger als am Rand des Kernes. Insgesamt ergibt sich eine Beugungsmaßzahl in Abhängigkeit von der radialen Position in der transversalen Querschnittsfläche der Faser. Zur Quantifizierung ist in Bild 6.30 die Beugungsmaßzahl in Abhängigkeit von den Parametern eines ringförmigen, inhomogenen FBGs aufgetragen. Dabei wird der innere Ringdurchmesser variiert, während die Ringdicke konstant bei 1 µm bleibt. Die minimal erreichbare Beugungsmaßzahl liegt in diesem Beispiel bei ca. 7,5, während die maximale Beugungsmaßzahl bei ca. 10,5 liegt. Die Beugungsmaßzahl könnte durch ein inhomogenes FBG demnach verbessert werden. Dadurch kann in Fasern mit großen Kerndurchmesser, welche aufgrund der großen Kernquerschnittsfläche vorteilhaft zur Absorption der Pumpstrahlung sind, wodurch geringere Faserlängen genutzt werden können, eine bessere

Beugungsmaßzahl der emittierten Strahlung erzeugt werden, als dies von der Faser vorgegeben wird. Zusätzlich muss im Fall eines Faserresonators der Einfluss der Modenkopplungseffekte betrachtet werden, wodurch die Beugungsmaßzahl durch die Propagation im Resonator verbessert, beziehungsweise verschlechtert werden kann.

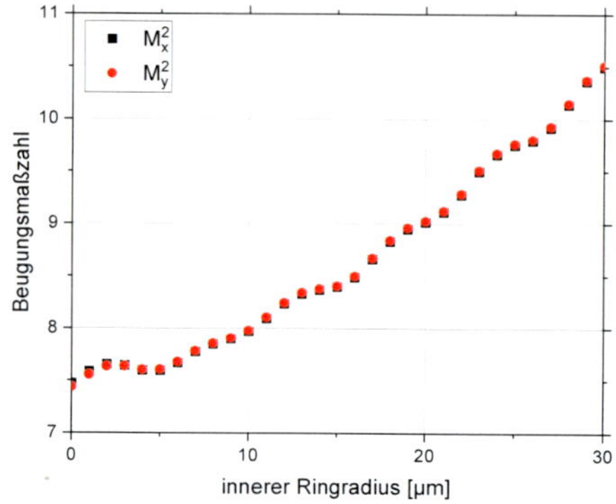


**Bild 6.30:** Beugungsmaßzahl in Abhängigkeit von dem inneren Ringradius

Ein zusätzlicher wichtiger Effekt ist die Deformation der Modenprofile innerhalb der Faser aufgrund von weiteren Effekten, wie beispielsweise dem Biegen der Faser. Bei einer zu großen Deformation des Modenprofils ist die zuvor gezeigte Ortsabhängigkeit der Beugungsmaßzahl im Allgemeinen nicht mehr gegeben. Als Beispiel sind in Bild 6.31 die Grundmode einer Faser mit einem Kerndurchmesser von 105 µm und einer numerischen Apertur von 0,22 für einen Biegeradius von 0,5 m, 3 m und im nicht gebogenen Zustand und die zugehörigen Querschnitte dargestellt. Vor allem für kleine Biegeradien ist eine starke Deformation zu erkennen, wodurch sich beispielsweise die in Bild 6.29 (rechts) dargestellte ortsabhängige Beugungsmaßzahl verändern würde und dadurch abhängig vom Biegeradius andere örtliche Verteilungen verwendet werden müssten. Um dies zu verhindern, sollte der Bereich des FBGs nicht gebogen werden, um dadurch die Deformation zu verhindern. Dies muss jedoch für jede Faser analysiert werden, um die Relevanz des Einflusses dieser Deformation abzuschätzen und ob dadurch die zuvor gezeigten Eigenschaften erfüllt werden können.

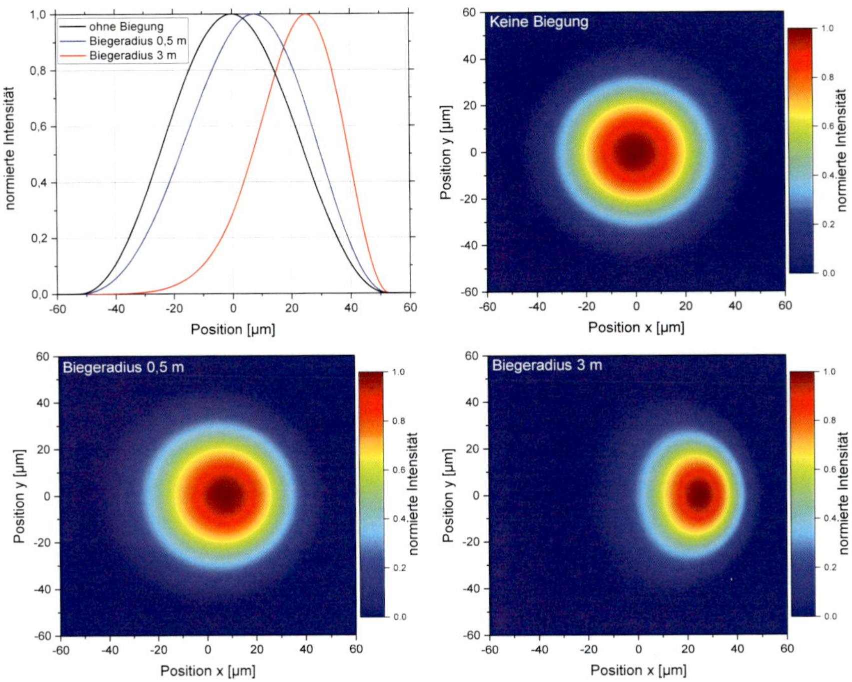


**Bild 6.31:** Grundmode einer 105 µm Faser mit einer numerischen Apertur von 0,22 für einen Biegeradius von 0,5 m, 3 m und im nicht gebogenen Zustand (von links nach rechts)

## 6.7 Multimode-Resonatorkonzepte

Basierend auf den in den vorherigen Abschnitten vorgestellten Eigenschaften von Multimode-Faser-Bragg-Gittern werden an dieser Stelle einige Multimode-Resonatorkonzepte vorgestellt. Dabei werden unter anderem Möglichkeiten zur Verbesserung der Strahlqualität von Multimode-Resonatoren untersucht. Die Konzepte basieren auf den folgenden Eigenschaften:

- Für Multimode-FBGs muss zwischen modaler und spektraler Reflektivität unterschieden werden (Bild 6.5).
- Für hochreflektierende FBGs muss im Allgemeinen ein gechirptes Gitter verwendet werden. Dadurch können alle Moden bei der gleichen Wellenlänge reflektiert werden (Abschnitt 6.4).
- Die Beugungsmaßzahl ist für Moden höherer Ordnung, also für Moden mit niedrigeren effektiven Brechungsindizes im Allgemeinen höher. Dadurch kann sich für die am FBG reflektierte Strahlung eine wellenlängenabhängige Beugungsmaßzahl ergeben (Bild 6.8).

- Aufgrund der unterschiedlichen räumlichen Profile der Moden können durch ein inhomogenes FBG Moden unterschiedlich stark reflektiert werden. Dadurch kann sich eine ortsabhängige Beugungsmaßzahl ergeben (Abschnitt 6.6).

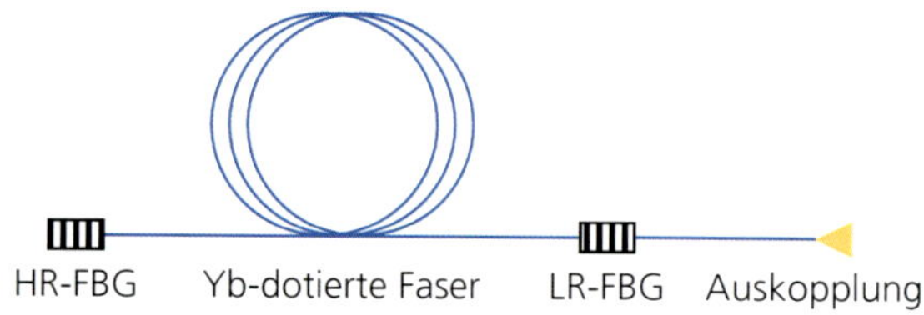


**Bild 6.32:** Schematischer Aufbau eines komplett faserintegrierten Singlemode-Faserresonators

Komplett faserintegrierte Singlemode-Faserresonatoren bestehen aus einem hochreflektierenden-Gitter (HR), sowie einem niedrigreflektierenden-Gitter (LR). In Bild 6.32 ist der grundlegende Aufbau eines solchen, komplett faserintegrierten Resonators gezeigt. Das HR-Gitter ist zumeist ein Gitter mit einer Reflektivität nahe 100 %, während am LR-Gitter eine niedrigere Reflektivität zur Rückkopplung in den Resonator und zur Auskopplung des Signallichtes genutzt wird.

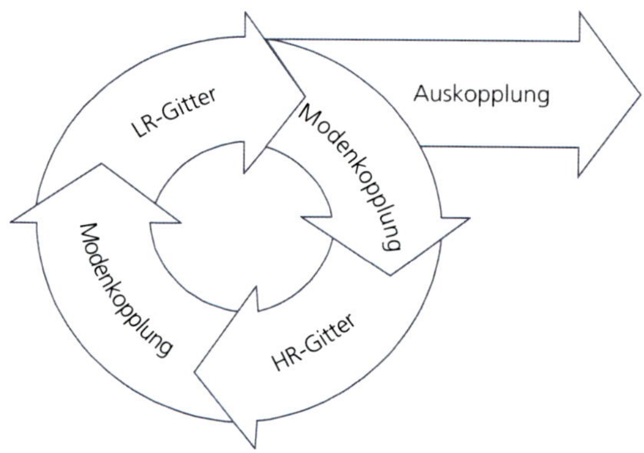


**Bild 6.33:** Modellhafte Darstellung der Abschnitte der Strahlpropagation im Faserresonator und Auskopplung der Strahlung

Zusätzlich zu den zuvor genannten Eigenschaften muss für Multimode-Faserresonatoren die Modenkopplung innerhalb des Resonators betrachtet werden. Für starke Modenkopplungseffekte innerhalb des Resonators kann eine durch ein inhomogenes FBG entstehende, inhomogene modale Struktur wieder homogenisiert werden. Für die Betrachtung von unterschiedlichen Multimode-Faserresonatorkonzepten wird die in Bild 6.33 gezeigt Vorgehensweise verwendet. Der Kreislauf der Strahlung im Resonator teilt sich in 4 Abschnitte auf: das LR-Gitter, die Propagation zum HR-Gitter, das HR-Gitter und die Propagation zum LR-Gitter. Am LR-Gitter wird ein Teil der Strahlung ausgekoppelt. Basierend auf den Eigenschaften des jeweiligen Abschnittes ergeben sich verschiedene Resonatorkonzepte.

In Bild 6.34 ist ein Entscheidungsbaum zur Auswahl des jeweiligen Konzeptes dargestellt. Zentrale Fragen sind dabei, ob die Strahlqualität durch das FBG beeinflusst werden soll, ob das FBG homogen über den Kern verteilt sein soll, ob zusätzliche optische Komponenten zur spektralen Stabilisierung verwendet werden können und wie groß der Einfluss der Modenkopplungseffekte im Resonator ist.

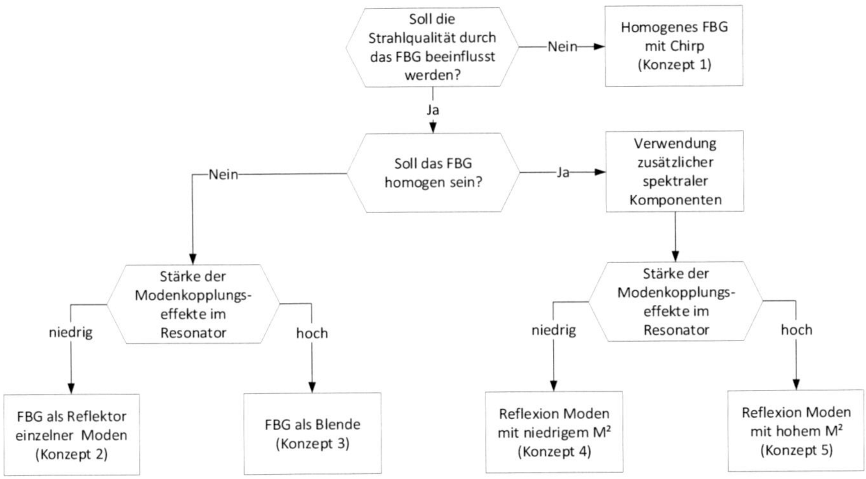


**Bild 6.34:** Entscheidungsbaum zur Auswahl des geeigneten FBG-Konzeptes für einen Multimode-Faserresonator

In Konzept 1 wird die Strahlqualität der im Resonator propagierenden Moden durch das FBG nicht beeinflusst. Die beiden FBGs werden daher nur als Resonator-Endspiegel, beziehungsweise als Auskoppelspiegel verwendet. Das LR- und das HR-Gitter sollten daher bei der gleichen Wellenlänge eine hohe Reflektivität für alle Moden aufweisen, was durch die in Abschnitt 6.4 vorgestellten gechirpten Gitter ermöglicht werden kann. Zusätzlich zum Chirp sollte das FBG innerhalb des Kerns transversal homogen verteilt sein, um die gleiche Reflektivität für alle Moden zu ermöglichen. Aufgrund der hohen Robustheit und vergleichsweise niedrigen Abhängigkeit des Konzeptes von den jeweiligen Faserparametern, wodurch sich eine flexible Übertragbarkeit auf unterschiedliche Fasern ergibt, ist dieses Konzept insbesondere für Multimode-Faserresonatoren im industriellen Umfeld geeignet. Lediglich die Scan-Strategie zur homogenen Erzeugung des FBGs über den gesamten Kern, sowie die Größe des Chirps, wie in Bild 6.7 dargestellt, müssen auf die verwendete Faser angepasst werden. Des Weiteren könnte ein homogenes Gitter ebenfalls zur Rückkopplung von nicht-absorbierter Pumpstrahlung in einer Doppelmantelfaser verwendet werden, wenn das Gitter den kompletten Fasermantel abdeckt. Dadurch könnten die Anteile der nicht im aktiven Medium absorbierten Strahlung verringert werden, wodurch die Gesamteffizienz des Systems erhöht wird. Insgesamt ist von allen vorgestellten Konzepten Konzept 1 im Vergleich zu den anderen folgenden vorgestellten Konzepten das Konzept mit der technisch einfachsten Umsetzbarkeit.

In Konzept 2 und Konzept 3 soll die Strahlqualität durch die Verwendung eines inhomogenen FBGs beeinflusst werden. Die beiden Konzepte unterscheiden sich durch den Einfluss der Modenkopplungseffekte im Resonator auf die relativen Leistungsanteile der Moden. Bei einem hohen Einfluss wird davon ausgegangen, dass alle Moden innerhalb der Propagation zwischen den Gittern homogen angeregt sind, während bei einem niedrigen Einfluss nur die aus den Eigenschaften des FBGs resultierende modale Reflektivität relevant ist.

Durch die in Abschnitt 6.3 und Abschnitt 6.6 vorgestellten Möglichkeiten zur Beeinflussung der Strahlqualität ergeben sich für die FBGs zwei Möglichkeiten: Die bevorzugte Reflektivität von Moden niedriger oder hoher Strahlqualität. In Konzept 2 ist der Einfluss der Modenkopplungseffekte vernachlässigbar. Dadurch kann das FBG analog zu Abschnitt 6.3 und Abschnitt 6.6 dazu genutzt werden, gezielt Moden hoher Strahlqualität zu reflektieren. Bei einer hinreichend hohen Modendiskriminierung mithilfe der beiden FBGs können nur ausgewählte Moden effizient im gesamten Resonator propagieren.

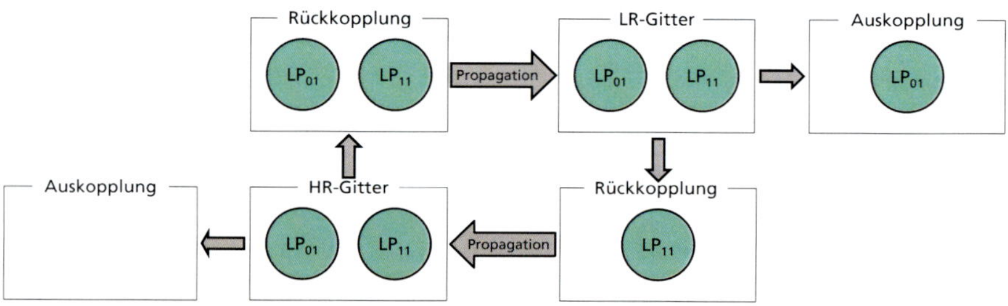


**Bild 6.35:** Evolution der modalen Verteilung in Multimode-Faserresonatorkonzept 3

In Konzept 3 werden die Modenkopplungseffekte als stark angenommen. In diesem Fall handelt es sich bei dem LR-Gitter um ein inhomogenes FBG, bei welchem vor allem Moden geringer Strahlqualität reflektiert werden. Das HR-Gitter ist ein räumlich homogenes, gechirptes FBG, wodurch alle Moden bei einer gewählten Wellenlänge reflektiert werden. In Bild 6.35 ist die Evolution der relativen Leistungsanteile der Moden von Konzept 3 am Beispiel der $LP_{01}$ Mode, als Mode hoher Strahlqualität, und der $LP_{11}$ Mode, als Mode geringer Strahlqualität, dargestellt. Beide Moden stehen hier repräsentativ für Moden hoher, beziehungsweise niedriger Strahlqualität und werden zur vereinfachten Darstellung an dieser Stelle verwendet. Am LR-Gitter wird aufgrund des transversalen Indexprofils, analog zu Abschnitt 6.3, die $LP_{11}$ Mode stärker reflektiert, mit der Bragg-Wellenlänge $\lambda_{B,LP11}$. Bei der Propagation im Resonator homogenisiert sich das Modengemisch, wodurch neben der $LP_{11}$ Mode auch die $LP_{01}$ Mode bei der Bragg-Wellenlänge $\lambda_{B,LP11}$ im Resonator propagiert. Am HR-Gitter werden beide Moden reflektiert, wodurch diese darauffolgend zum LR-Gitter propagieren. Da unterschiedliche Moden unterschiedliche Bragg-Wellenlängen haben, wie in Abschnitt 6.2 vorgestellt, wird die $LP_{01}$ Mode am LR-Gitter ausgekoppelt, während die $LP_{11}$-Mode im Resonator verbleibt. Das LR-Gitter wird in diesem Fall also als eine Art Modenblende verwendet. Dadurch kann effektiv die Strahlqualität des Resonators, im Vergleich zu einer homogenen Anregung aller im Kern führbaren Moden, verbessert werden.

Zusammenfassend werden in Konzept 2 und 3 die FBGs als Reflektor ausgewählter Moden verwendet. Nachteile dieser beiden Konzepte sind die hohe Abhängigkeit von den Faserparametern: die FBGs müssen passend zur räumlichen Ausdehnung der Moden und der Ausprägung der Modenkopplungseffekte im Resonator ausgelegt werden, um den größtmöglichen Effekt zu erzielen. Die Stärke der Modenkopplungseffekte hängt zum Beispiel von Einflussgrößen des Herstellungsprozesses, wie Fremdatome oder interne Verspannungen, der Biegung der Faser, der thermischen Änderung des Brechungsindexprofils resultierend beispielsweise aus der Absorption von Pumpstrahlung und auch den Faserparametern selbst ab.

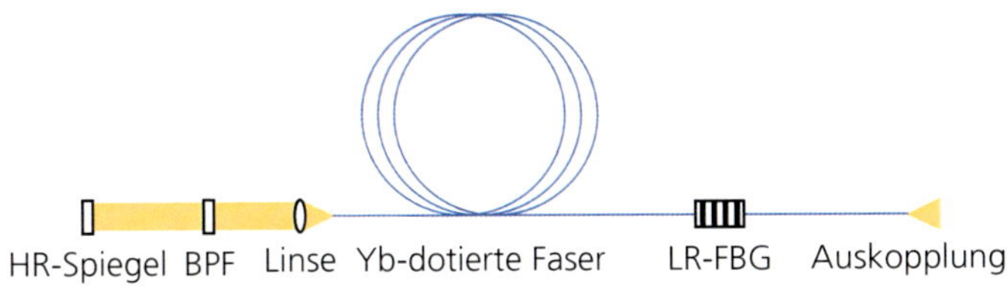


**Bild 6.36:** Schematischer Aufbau eines Multimode-Faserresonators unter Verwendung eines LR-FBGs und zusätzlichen faserexternen, optischen Elementen wie einem Bandpassfilter (BPF) zur Beeinflussung der Strahlqualität

In Konzept 4 und Konzept 5 werden im Kern transversal homogene FBGs verwendet. Um dennoch die Strahlqualität der Resonatoren beeinflussen zu können, werden zusätzliche optische Komponenten zur spektralen Stabilisierung verwendet. In Bild 6.36 ist ein exemplarischer Aufbau eines solchen Konzeptes dargestellt. Um die Strahlqualität zu beeinflussen wird ein zusätzlicher faserexterner Bandpassfilter (BPF) verwendet, dessen Funktion in den folgenden Abschnitten erläutert wird. Um die Rückkopplung der Strahlung in die Faser zu ermöglichen, wird zusätzlich eine Linse, sowie ein hochreflektierender Spiegel (HR-Spiegel) verwendet.

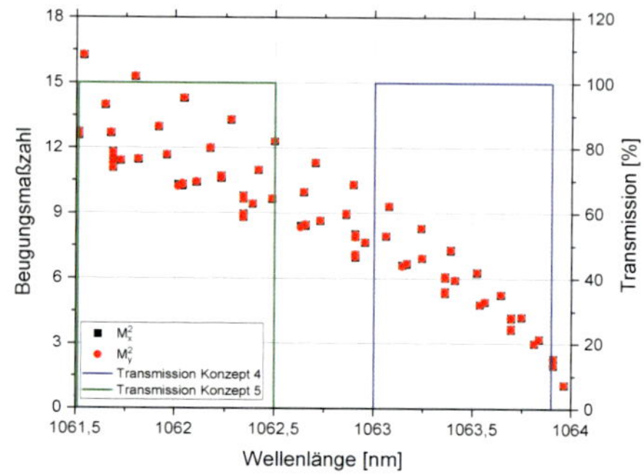


**Bild 6.37:** Beugungsmaßzahl der Moden in x- und y-Richtung in Abhängigkeit von der Bragg-Wellenlänge in einem Faser-Bragg-Gitter und Transmissionscharakteristik des Bandpassfilters in Konzept 4 und 5

In Bild 6.37 ist die Beugungsmaßzahl der Moden in x- und y-Richtung in Abhängigkeit von der Bragg-Wellenlänge für ein nicht gechirptes FBG in einer Multimode-Faser mit einer numerischen Apertur von 0,1 und einem Faserdurchmesser von 65 µm dargestellt. Analog zu Abschnitt 6.2 ist die Beugungsmaßzahl für niedrigere Bragg-Wellenlängen höher. Daraus ergibt sich eine wellenlängenabhängige Strahlqualität der am FBG reflektierten Moden. Zusätzlich sind die Transmissionscharakteristiken der Bandpassfilter von Konzept 4 und 5 dargestellt. Durch die Verwendung eines solchen Bandpassfilters können gezielt Wellenlängen im Resonator diskriminiert werden, wodurch nur Strahlung bestimmter Wellenlängen bevorzugt propagieren kann. Die Funktionalität dieses Bandpassfilters wird im Folgenden für die beiden Konzepte erläutert.

In Konzept 4 sind die Modenkopplungseffekte im Resonator vernachlässigbar, analog zu Konzept 2. Der Bandpassfilter wird so ausgewählt, dass passend zum FBG nur hohe Wellenlängen transmittiert werden, wie exemplarisch in Bild 6.37 dargestellt. Da in diesem Bereich nur die Bragg-Wellenlängen der Moden hoher Strahlqualität liegen, können auch nur diese Moden hoher Stahlqualität effizient im Resonator propagieren, während die Moden, deren Bragg-Wellenlängen außerhalb des Transmissionsbereiches des Bandpassfilters liegen, am Bandpassfilter gedämpft werden. Dadurch kann die Strahlqualität der Strahlung im Resonator verbessert werden. Konzept 4 ist demnach vergleichbar mit Konzept 2 – die emittierte Strahlqualität entspricht der Strahlqualität im Resonator.

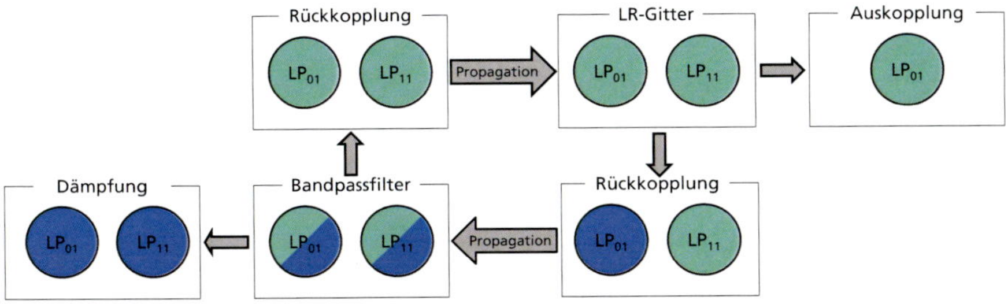


**Bild 6.38:** Evolution der relativen Leistungsanteile der Moden in Multimode-Faserresonatorkonzept 5, mit der Bragg-Wellenlänge der $LP_{01}$ Mode in blau und der Bragg-Wellenlänge der $LP_{11}$ Mode in grün

In Konzept 5 ist der Einfluss der Modenkopplung im Resonator hoch. Dadurch wird die durch das FBG entstehenden relativen Leistungsanteile der Moden während der Propagation im Resonator homogenisiert. In Bild 6.38 ist die Evolution der modalen Verteilung analog zu zuvor am Beispiel der $LP_{01}$ Mode, als Mode hoher Strahlqualität und der $LP_{11}$ Mode, als Mode geringer Strahlqualität dargestellt, welche im Folgenden erläutert wird. Da in diesem Beispiel die Wellenlänge eine zentrale Größe ist, sind die Bragg-Wellenlänge der $LP_{11}$ Mode in grün und die Bragg-Wellenlänge der $LP_{01}$ Mode in blau illustriert.

Am homogenen LR-Gitter können prinzipiell beide Moden mit der jeweiligen Bragg-Wellenlänge $\lambda_{B,LP01}$, beziehungsweise $\lambda_{B,LP11}$ reflektiert werden. Aufgrund der Modenkopplungseffekte in der Faser werden die relativen Leistungsanteile der Moden bei der Propagation im Resonator homogenisiert, wodurch bei jeder der beiden Bragg-Wellenlängen beide Moden auftreten. Am darauf folgenden Bandpassfilter werden, wie in Bild 6.37 dargestellt, nur niedrige Wellenlängen transmittiert, wodurch in diesem Beispiel die Moden bei der Wellenlänge $\lambda_{B,LP01}$ gedämpft werden, welche in blau dargestellt sind. Dadurch propagieren nur noch bei der Bragg-Wellenlänge $\lambda_{B,LP11}$ beide Moden im Resonator.

Am homogenen LR-Gitter treten beide Moden bei der Bragg-Wellenlänge der $LP_{11}$ Mode auf. Aufgrund des in Abschnitt 6.2 vorgestellten Prinzips der modalen Reflektivität wird die $LP_{11}$ Mode reflektiert, während die $LP_{01}$ Mode ausgekoppelt wird. Insgesamt ist durch die Auskopplung am LR-Gitter in diesem Konzept die Strahlqualität der ausgekoppelten Strahlung höher als die Strahlqualität im Resonator, analog zu Konzept 3.

In Konzept 4 und 5 fungiert das FBG demnach nicht zur spektralen Stabilisierung, die hier durch den schmalbandig reflektierenden Spiegel ermöglicht wird, sondern zur modalen Stabilisierung und zur daraus resultierenden Strahlqualitätsverbesserung. Im Vergleich zu Konzept 2 und 3 ergeben sich für Konzept 4 und 5 durch das im Kern transversal homogene Indexprofil des FBGs eine niedrigere Abhängigkeit von den Faserparametern. Lediglich der Einfluss der Modenkopplungseffekte muss für die jeweilige Faser abgeschätzt werden, wodurch ein passender, schmalbandig reflektierender

Spiegel, beziehungsweise Bandpassfilter verwendet werden muss. Insgesamt ist Konzept 1 das Konzept mit der technisch einfachsten Realisierbarkeit, wobei auf die Beeinflussung der Strahlqualität verzichtet wird.

## 6.8 Zusammenfassung

Die grundlegenden Eigenschaften von Singlemode-Faser-Bragg-Gittern treten auch in Multimode Faser-Bragg-Gittern bei jeder einzelnen Mode auf, die in der Multimode-Faser geführt werden kann. Aufgrund der unterschiedlichen Ausbreitungskonstanten der Moden liegen die Bragg-Wellenlängen der Moden bei unterschiedlichen Wellenlängen, weswegen das Prinzip der modalen und der spektralen Reflektivität eingeführt wird.

Mithilfe von transversal inhomogenen Brechungsindexänderungen innerhalb eines Faser-Bragg-Gitters können die modalen Eigenschaften eines Faserlaserresonators beeinflusst werden. Zur Demonstration dieses Prinzips wird eine niedrigmodige Faser mit einem transversal inhomogenen Faser-Bragg-Gitter verwendet, wodurch im Resonator entweder nur die $LP_{01}$ Grundmode oder die nächsthöhere $LP_{11}$ Mode effektiv propagieren kann. Damit kann die in Abschnitt 2 formulierte Forschungsfrage 3 beantwortet werden: Durch ein inhomogenes Faser-Bragg-Gitter kann die Strahlqualität beeinflusst werden. Basierend auf den validierten Ergebnissen wird das Konzept auf Faser-Bragg-Gitter in hoch multimodigen Fasern angewendet, in denen durch transversal inhomogene Brechungsindexänderungen die reflektierte Strahlqualität entweder erhöht oder verringert werden kann.

Um ein hochreflektierendes Gitter mit einer hohen spektralen Reflektivität zu ermöglichen, müssen alle Moden bei einer definierten Wellenlänge eine möglichst hohe modale Reflektivität haben. Um dies zu ermöglichen kann ein gechirptes Faser-Bragg-Gitter verwendet werden. Während bei Singlemode-Faser-Bragg-Gittern der Chirp zumeist nur genutzt wird, um die spektrale Bandbreite zu erhöhen, kann für Multimode-Faser-Bragg-Gitter mithilfe des Chirps die spektrale Reflektivität erhöht werden, wodurch hochreflektierende Gitter mit einer Reflektivität von bis zu 100 % für alle Moden ermöglicht werden. Durch die Verwendung eines hochreflektierenden Multimode-Faser-Bragg-Gitters wird ein faserintegrierter Multimode-Faserresonator experimentell realisiert, und damit die Umsetzbarkeit eines solchen Konzeptes demonstriert. Damit können potenziell homogene Strahlprofile bei hohen Leistungen ohne das Auftreten nichtlinearer Effekte ermöglicht werden und die momentan im Stand der Technik verwendeten faserexternen Spiegel durch eine kompaktere und stabilere Technologie ersetzt werden. Damit kann die in Abschnitt 2 formulierte Forschungsfrage 2 beantwortet werden: Durch die vorgestellten Ansätze können hochreflektierende Multimode-Faser-Bragg-Gitter zur Realisierung von faserintegrierten Multimode-Resonatoren ermöglicht werden.

Abschließend werden auf Basis dieser Grundlagen fünf Konzepte zur Realisierung von Multimode Faserlaserresonatoren erarbeitet und vorgestellt. Eines dieser Konzepte ist ein Resonator mit Gittern, welche hochreflektierend für alle Moden bei einer definierten

Wellenlänge sind. Dabei muss das Gitter im Kern transversal homogen verteilt sein, was bedeutet, dass die modalen Eigenschaften nicht beeinflusst werden. Die restlichen vier Konzepte beziehen sich auf die Beeinflussung der Strahlqualität im Resonator. In Abhängigkeit von der jeweiligen Faser werden zusätzliche Informationen benötigt, wie beispielsweise die genauen Modenprofile der geführten Moden, sowie der Einfluss der Modenkopplungseffekte im Resonator. Basierend auf diesen Informationen kann die erforderliche räumliche Ausdehnung der inhomogenen Brechungsindexänderung, sowie die Größe der Verbesserung der Strahlqualität bestimmt werden.

# 7 Zusammenfassung und Ausblick

## 7.1 Zusammenfassung

Die Ausgangsleistung von Faserlasern mit beugungsbegrenztem Strahlprofil ist unter anderem durch nichtlineare Effekte, wie stimulierte Raman-Streuung, stimulierte Brillouin-Streuung, und transversale Modeninstabilitäten, sowie thermische Effekte, wie die thermische Linsenwirkung limitiert. Um die weitere Leistungsskalierbarkeit von Faserlasersystemen zu ermöglichen, habe ich im Rahmen meiner vorliegenden Arbeit mehrere Konzepte auf Grundlage von Singlemode-Fasern mit abweichender Kerngeometrie sowie Faser-Bragg-Gittern in Multimode-Fasern analysiert.

Um transversale Modeninstabilitäten zu vermeiden und dennoch die Leistungsgrenzen nach oben zu verschieben, habe ich Singlemode-Fasern mit unkonventionellen Kerngeometrien untersucht. Dazu gehören Fasern mit eckigen sowie mit ringförmigen Kerngeometrien. Für Fasern mit eckiger Kerngeometrie ergeben sich leichte, aber keine fundamentalen Vorteile gegenüber von Fasern mit klassischen, zylindersymmetrischen Kerngeometrien. Anhand von experimentellen Nachweisen konnte ich zentrale Ergebnisse der Simulationsrechnung validieren. Dazu gehören unter anderem die Nahfeld- und Fernfeldcharakteristik, die Singlemode-Eigenschaften, die Strahlqualität und die Biegeempfindlichkeit. Da die Biegeempfindlichkeit von Fasern ein grundlegendes Problem ist, habe ich ein Konzept zur Verbesserung der Biegeempfindlichkeit mithilfe einer zusätzlichen Struktur innerhalb der Faser in Form eines Brechzahlpodestes entwickelt, simuliert und experimentell validiert, wodurch die Biegeempfindlichkeit stark verbessert werden kann.

Für Singlemode-Fasern mit zylindersymmetrischer, ringförmiger Kerngeometrie ergeben sich auf Grundlage meiner Analyse deutliche Vorteile im Vergleich zu Singlemode-Fasern mit klassischer, zylindersymmetrischer Kerngeometrie. Der dabei von mir analysierte Parameterraum beinhaltet numerische Aperturen typischer, industriell hergestellter Fasern. Insgesamt kann durch das von mir entwickelte Konzept die Leistung für passive Fasern um ca. den Faktor 7 gesteigert werden, während sich für aktivdotierte Fasern die Schwellleistung für das Einsetzen nichtlinearer Effekte um etwa den Faktor 25 erhöhen lässt. Dadurch ergeben sich auch Vorteile im Vergleich zu Few-Mode Fasern, insbesondere da im Gegensatz zu diesen aufgrund der Singlemode-Kerngeometrie transversale Modeninstabilitäten nicht auftreten können.

Zur weiteren Analyse habe ich Faserverstärker im Hinblick auf ihre Leistungslimitierung durch stimulierte Raman-Streuung, thermische Linsenwirkung sowie die Verfügbarkeit der Strahlbrillanz kommerzieller Laserdioden untersucht. Je nach Faserdesign kann durch die Verwendung meines Faserkonzepts die Ausgangsleistung in den Bereich von 60 kW bis mehr als 100 kW skaliert werden, wodurch die bisher für klassische, zylindersymmetrische Fasern prognostizierten maximal erreichbaren Ausgangsleistungen weiter erhöht werden können. Dadurch kann Forschungsfrage 1 beantwortet werden: Durch die Verwendung unkonventioneller Kerngeometrien kann die

Schwellleistung für das Einsetzen nichtlinearer Effekte von Singlemode-Fasern weiter erhöht werden.

Durch das von mir entwickelte Few-Mode Faser Konzept von Fasern mit ringförmiger Kerngeometrie kann die Schwellleistung für das Einsetzen nichtlinearer Effekte für die beschriebene Faser um weitere 30 % gesteigert werden. Weiterhin können sich bei der alleinigen Dotierung des Ringes durch die resultierende homogene Temperaturverteilung im Kern grundlegende Vorteile zur Unterdrückung von transversalen Modeninstabilitäten in Few-Mode Fasern ergeben. Das für Fasern mit eckiger Kerngeometrie validierte Konzept zur Verbesserung der Biegeempfindlichkeit konnte ich analog auf Fasern mit ringförmiger Kerngeometrie übertragen, wodurch sich ähnliche Biegedämpfungen wie für konventionelle Singlemode-Fasern ergeben. Durch die abschließend durchgeführte Toleranzanalyse habe ich die modalen Eigenschaften von Fasern mit ringförmiger Kerngeometrie in Abhängigkeit von Fertigungstoleranzen untersucht, wodurch ich die für eine reproduzierbare Fertigung nötige Fertigungstoleranz identifiziert habe.

Als weiterer Ansatz zur Leistungsskalierung von Faserlasersystemen habe ich Multimode-Faser-Bragg-Gitter untersucht. Dazu habe ich die grundlegenden Eigenschaften von Faser-Bragg-Gittern in Multimode-Fasern untersucht und Konzepte entwickelt. Durch das von mir entwickelte Konzept können hochreflektierende Faser-Bragg-Gitter ermöglicht werden, wodurch die derzeit üblicherweise verwendeten faserexternen Spiegel durch eine kompaktere Technologie ersetzt werden können. Um hochreflektierende Faser-Bragg-Gitter mit hoher spektraler Reflektivität zu ermöglichen, muss für alle in der Faser geführten Moden bei einer gewählten Wellenlänge eine hohe modale Reflektivität erreicht werden, was durch ein gechirptes Gitter ermöglicht wird. Das Konzept eines faserintegrierten Multimode-Faserresonators habe ich im Rahmen einer experimentellen Untersuchung demonstriert und validiert. Dadurch kann Forschungsfrage 2 abgeschlossen werden: Mithilfe eines gechirpten, sowie transversal homogenen Faser-Bragg-Gitters können alle Moden einer Faser bei einer gewählten Wellenlänge reflektiert werden.

Des Weiteren habe ich analysiert, dass transversal inhomogene Brechungsindexänderungen genutzt werden können, um die modalen Eigenschaften von Faser-Bragg-Gittern zu beeinflussen. Dadurch kann beispielsweise die Strahlqualität der Ausgangsstrahlung verändert werden. Das Prinzip habe ich anhand einer Few-Mode Faser mit wenigen geführten Moden analysiert, experimentell nachgewiesen und daraufhin auf hoch multimodige Fasern übertragen, wodurch Forschungsfrage 3 beantwortet wird: Durch transversal inhomogene Faser-Bragg-Gitter kann die Strahlqualität der Ausgangsstrahlung von Faserresonatoren beeinflusst werden. Auf Basis dieser Grundlagen habe ich mehrere Konzepte zur Realisierung von Faser-Bragg-Gitter in Multimode-Faserresonatoren erarbeitet, mit denen die Strahlqualität beeinflusst werden kann.

## 7.2 Ausblick

Mit den von mir entwickelten Konzepten kann die Ausgangsleistung von Faserlasern weiter skaliert werden. Vor allem das Konzept der Faser mit ringförmiger Kerngeometrie zeigt vielversprechende Ergebnisse. Die nächsten Schritte zu diesem Konzept sind nach der Konzepterstellung der Herstellung einer Faser mit ringförmiger Kerngeometrie der experimentelle Nachweis der zentralen Eigenschaften, wie unter anderem der modalen Verteilung, der Biegeempfindlichkeit und der Strahlqualität. Darauf folgt die Demonstration von Faserresonatoren und Verstärkerstufen. Ebenfalls könnte die Entwicklung von beispielsweise diffraktiven optischen Elementen zur Umformung der klassischen, gaußähnlichen modalen Verteilungen in die in einer Faser mit ringförmiger Kerngeometrie geführten modalen Verteilungen ein weiterführendes Forschungsthema sein. Durch ein solches optisches Element könnte die Verwendung dieser Fasern beispielsweise als letzte Verstärkungsstufe in bestehenden Faserlasersystemen erleichtert werden, wodurch der potenzielle Markt vergrößert werden könnte. Dies ist auch ein wichtiger Aspekt für die Verwendung einer solchen Faser als Transportfaser: Bestehende Lasersysteme könnten zum Transport der Strahlung beispielsweise zum Werkstück eine Faser mit ringförmiger Kerngeometrie in Kombination mit einem diffraktiven optischen Element verwenden.

Neben dem von mir entwickeltem Singlemode-Konzept kann durch ein Few-Mode Faser Konzept die Leistung weiter skaliert werden. Da in einer Few-Mode Faser prinzipiell transversale Modeninstabilitäten die Leistung limitieren können, müssen weitere grundlegende Untersuchungen zu transversalen Modeninstabilitäten in Few-Mode Fasern mit ringförmiger Kerngeometrie durchgeführt werden. Aufgrund der homogenen Temperaturverteilung könnte eine Faser mit ringförmiger Kerngeometrie vorteilhaft zur Unterdrückung von transversalen Modeninstabilitäten sein.

Mithilfe von den im Rahmen meiner vorliegenden Arbeit entwickelten Multimode-Faser-Bragg-Gittern können vollständig faserintegrierte Multimode-Faserlaser ermöglicht werden. Dadurch können im Vergleich zu Singlemode-Faserlasern höhere Ausgangsleistungen bei gleichbleibender Komplexität des Systems aber niedrigerer Strahlqualität erzielt werden. Nach der bereits im Rahmen meiner Arbeit erfolgreichen Demonstration des Konzeptes können die nächsten Schritte die weitere Skalierung der Ausgangsleistung, sowie die Verbesserung des Herstellungsprozesses von Faser-Bragg-Gittern sein. Weiterhin können Untersuchungen zur gezielten Strukturierung einzelner Areale innerhalb der Faser durchgeführt werden, wodurch bestimmte Modengruppen durch das Gitter transmittieren, beziehungsweise an diesem reflektiert werden. Vor allem in Kombination mit den experimentell realisierbaren Strukturierungsgrößen, beziehungsweise Genauigkeiten, können sich hier neue Ansätze ergeben. Die nächsten Schritte sind die experimentellen Nachweise der demonstrierten Resonatorkonzepte, womit komplett faserintegrierte Multimode-Faserlaser ermöglicht werden können und die Strahlqualität dieser gezielt beeinflusst werden könnte.

Insgesamt bieten die von mir entwickelten Konzepte, sowohl die Variation der Kerngeometrie im Bereich der Singlemode-Faserlaser als auch die Faser-Bragg-Gitter im Bereich der Multimode-Faserlaser vielversprechende Möglichkeiten, die Ausgangsleistung von Faserlasern gegenüber dem Stand der Technik deutlich zu steigern.

# 8 Anhang

## 8.1 Analyse der Kreuzkopplung von Kern- zu Mantelmoden

Im Fall einer Doppelmantelfaser kann Strahlung sowohl im Kern als auch im Mantel geführt werden. Dabei ergeben sich durch ein Faser-Bragg-Gitter zwei spektrale Bereiche, in denen die Selbstkopplung der Kern- und Mantelmoden auftritt. Zur Erläuterung sind in Bild 8.1 für eine Faser mit einer numerischen Apertur des Kerns von 0,1, einer numerischen Apertur des Mantels von 0,2 und einem Brechungsindex des Kerns von 1,45 die Bereiche aufgetragen, in denen die effektiven Brechungsindizes aller Moden und die daraus resultierenden Bragg-Wellenlängen liegen. Die Bereiche folgen direkt aus der Annahme, dass die effektiven Brechungsindizes innerhalb des Brechungsindex des Mediums, in dem die Moden geführt werden und dem umgebenden niedrigbrechenden Medium liegen, wie in Formel (6.6) vorgestellt. Für ein Faser-Bragg-Gitter ergibt sich daraus für die Zentralwellenlänge der Reflektivität aller Moden in sich selbst ein spektraler Bereich, in dem die Kern- und Mantelmoden jeweils nur in sich selbst koppeln. Für ein FBG, in dem die Gitterperiodizität so angepasst ist, dass die Zentralwellenlänge der höchsten Mode bei einer Wellenlänge von 1064 nm liegt, ergibt sich dabei ein Bereich von ca. 3.5 nm und für die Mantelmoden ein Bereich von ca. 10 nm, analog zu Bild 6.7.

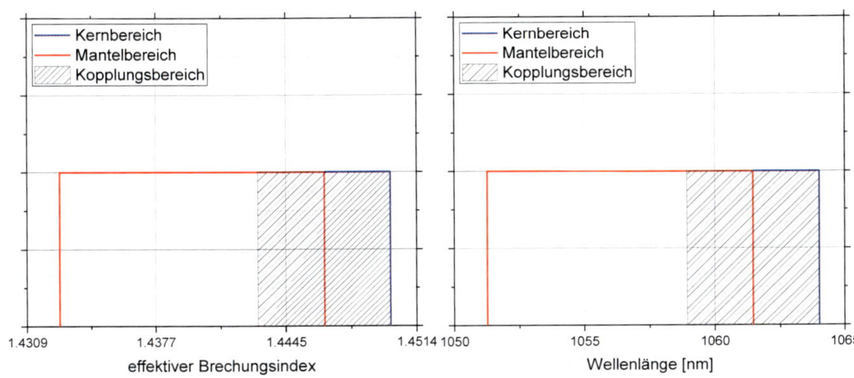


**Bild 8.1:** Kern- und Mantelbereich der effektiven Brechungsindizes einer exemplarischen Faser und resultierende Kreuzkopplungsbereich der $LP_{01}$ Mode

In einem Faserlaser-Resonator, in dem das FBG die Eigenschaften des Resonators bestimmt, wird die Wellenlänge des Resonators durch die Bragg-Wellenlänge der im Kern geführten Moden bestimmt, solange das FBG nur im Kern lokalisiert ist und nur dieser aktiv-dotiert ist. Im Fall eines inhomogenen Faser-Bragg-Gitters kann jedoch Kreuzkopplung von Kern- zu Mantelmoden auftreten. Dadurch können zusätzliche Verluste im Faser-Bragg-Gitter auftreten, die die Gesamteffizienz des Resonators beeinflussen.

Zur Analyse und Quantifizierung der Kreuzkopplung von Kern- in Mantelmoden wird exemplarisch die $LP_{01}$ Mode betrachtet, also die Mode mit dem höchsten effektiven Brechungsindex innerhalb des dielektrischen Systems. Wie in Formel (6.4) dargestellt liegt die Bragg-Wellenlänge der Kreuzkopplung $\lambda_{\mathrm{B,Kreuz}}$ in der Mitte der Bragg-Wellenlängen der Selbstkopplung $\lambda_{\mathrm{B}}$ der beiden beteiligten Moden. Unter der Näherung einer unendlich schmalbandigen modalen Reflektivität, sodass die $LP_{01}$ Mode nur bei der Bragg-Wellenlänge $\lambda_{\mathrm{B,LP01}}$ im Resonator entstehen kann, ist dementsprechend keine Kreuzkopplung in andere Moden möglich.

Aufgrund der endlichen Bandbreite der modalen Reflektivität und von Modenkopplungseffekten im Resonator, wodurch jede im Kern geführte Mode höherer transversaler Ordnung in die $LP_{01}$ Mode koppeln kann, können potenziell auch $LP_{01}$ Moden mit Wellenlängen $\lambda_{\mathrm{LP01}}$ abseits von der Bragg-Wellenlänge der $LP_{01}$ Mode $\lambda_{\mathrm{B,LP01}}$ auftreten. In diesem Beispiel entspricht der Bereich in dem potenziell $LP_{01}$ Moden auftreten können dem Kernbereich in Bild 8.1 (rechts).

Aus diesem Bereich und Formel (6.4) ergibt sich die minimale Bragg-Wellenlänge einer Mantelmode $\lambda_{\mathrm{Kreuz,min}}$, mit welcher die Kreuzkopplung mit der $LP_{01}$ Mode ermöglicht werden kann zu

$$\lambda_{\mathrm{Kreuz,min}} = \lambda_{\mathrm{B,LP01}} - 2 \cdot \left(\lambda_{\mathrm{B,LP01}} - \lambda_{\mathrm{B,Clad}}\right). \tag{8.1}$$

Der daraus resultierende Wellenlängenbereich, in dem die Bragg-Wellenlängen der Moden liegen, für welche potenziell Kreuzkopplungen mit der $LP_{01}$ Mode auftreten können, ist in Bild 8.1 (rechts) als Kopplungsbereich dargestellt. Während die Kreuzkopplung innerhalb der Kernmoden Auswirkungen auf die Strahlqualität haben kann, können durch die Kopplung von Kern- in Mantelmoden Effizienzverluste auftreten.

Zur Quantifizierung dieser Effizienzverluste, werden exemplarisch die im Kern und im Mantel geführten Eigenmoden einer Faser mit einem Kerndurchmesser von 20 µm und einem Manteldurchmesser von 100 µm mit einer numerischen Apertur des Kerns und Mantels von jeweils 0,08 bestimmt. Für alle Moden, für die die Bedingung

$$n_{\mathrm{Kreuz,min}} \leq n_{\mathrm{eff}} \leq n_{\mathrm{Mantel}} \tag{8.2}$$

erfüllt ist, werden die in Formel (6.3) dargestellten Kopplungsterme $K_{mn}^{\mathrm{T}}$ zwischen der ausgewählten Mode und der $LP_{01}$ Mode exemplarisch für die in Bild 8.2 (rechts) dargestellte inhomogene Störung des dielektrischen Systems bestimmt. Zusätzlich wird der Selbstkopplungsterm der $LP_{01}$ Mode bestimmt. Daraufhin wird mit diesen Kopplungstermen ein FBG simuliert, in dem die Selbstkopplung der $LP_{01}$ Mode mehr als 98 % beträgt, wobei es sich also um ein hochreflektierendes FBG handelt.

In Bild 8.2 (links) sind die modale Reflektivität der Selbstkopplung, sowie die modale Reflektivität der Kreuzkopplung der $LP_{01}$ Mode in Mantelmoden aufgetragen. Die Zentralwellenlänge der Selbstkopplung liegt bei ca. 1063.2 nm, bei einer Reflektivität von mehr als 98 %. In diesem spektralen Bereich höchster Reflektivität beträgt die maximale Reflektivität der Kreuzkopplung weniger als 0,01 %. Demnach werden in dem spektralen Bereich höchster Reflektivität von der $LP_{01}$ Mode maximal 0,01 % in Mantelmoden gekoppelt. Das Maximum der Kreuzkopplung der $LP_{01}$ Mode in Mantelmoden liegt bei einer Wellenlänge von ca. 1062 nm mit einer Reflektivität von ca. 0,4 % und liegt in dem in Bild 8.1 (rechts) skizzierten Bereich, in dem in diesem Beispiel $LP_{01}$ Moden im Resonator propagieren können. Daher werden diese 0,4 % der Strahlung, die beispielsweise durch Modenkopplungseffekte Moden höherer transversaler Ordnung in die $LP_{01}$ Mode entstanden sind, für das hier beschriebene FBG in Mantelmoden koppeln. Dieser Wert liegt mehr als 2 Größenordnungen unter der Reflektivität der Selbstkopplung und wird die folgenden Analysen daher als vernachlässigbar interpretiert.

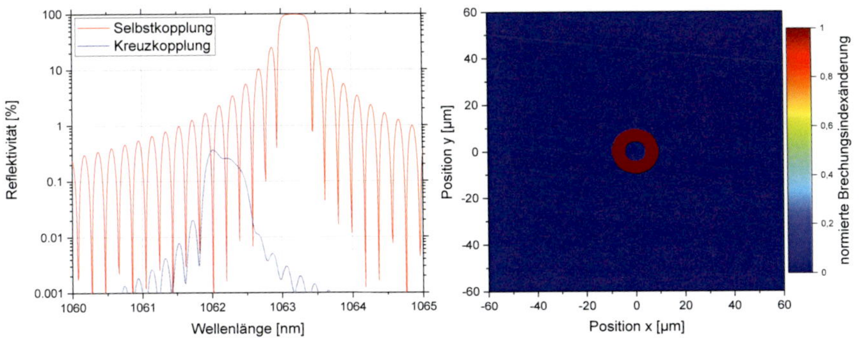


**Bild 8.2:** Resultierende Reflektivität aus der Selbstkopplung der LP01 Mode und Kreuzkopplung in Mantelmoden in Abhängigkeit von der Wellenlänge (links) und zugehöriges inhomogenes FBGs (rechts)

# 9 Literatur

[1] E. Snitzer, “Proposed Fiber Cavities for Optical Masers,” *Journal of Applied Physics*, vol. 32, no. 1, pp. 36–39, 1961, doi: 10.1063/1.1735955.

[2] Industrial Laser Solutions, *Umsatz von industriellen Lasern nach Art weltweit in den Jahren 2018 und 2019 sowie eine Prognose für 2020 (in Millionen US-Dollar)*, [Online]. Verfügbar unter: https://de.statista.com/statistik/daten/studie/783749/umfrage/umsatz-von-industriellen-lasern-nach-art-weltweit/ (Zugriff am: 27. November 2020).

[3] R. Paschotta, J. Nilsson, A. C. Tropper, and D. C. Hanna, “Ytterbium-doped fiber amplifiers,” *IEEE J. Quantum Electron.*, vol. 33, no. 7, pp. 1049–1056, 1997, doi: 10.1109/3.594865.

[4] W. J. Miniscalco, “Erbium-doped glasses for fiber amplifiers at 1500 nm,” *J. Lightwave Technol.*, vol. 9, no. 2, pp. 234–250, 1991, doi: 10.1109/50.65882.

[5] S. D. Agger and J. H. Povlsen, “Emission and absorption cross section of thulium doped silica fibers,” *Optics express*, vol. 14, no. 1, pp. 50–57, 2006, doi: 10.1364/OPEX.14.000050.

[6] N. Simakov, A. Hemming, W. A. Clarkson, J. Haub, and A. Carter, “A cladding-pumped, tunable holmium doped fiber laser,” *Optics express*, vol. 21, no. 23, pp. 28415–28422, 2013, doi: 10.1364/OE.21.028415.

[7] L. Zhang, H. Jiang, X. Yang, W. Pan, and Y. Feng, “Ultra-wide wavelength tuning of a cascaded Raman random fiber laser,” *Optics letters*, vol. 41, no. 2, pp. 215–218, 2016, doi: 10.1364/OL.41.000215.

[8] S. D. Jackson and R. K. Jain, “Fiber-based sources of coherent MIR radiation: key advances and future prospects (invited),” *Optics express*, vol. 28, no. 21, pp. 30964–31019, 2020, doi: 10.1364/OE.400003.

[9] Y. O. Aydin *et al.*, “Dual stage fiber amplifier operating near 3 µm with milijoule-level, sub-ns pulses at 5 W,” *Optics letters*, vol. 46, no. 18, pp. 4506–4509, 2021, doi: 10.1364/OL.434182.

[10] V. Fortin, F. Jobin, M. Larose, M. Bernier, and R. Vallée, “10-W-level monolithic dysprosium-doped fiber laser at 3.24 µm,” *Optics letters*, vol. 44, no. 3, pp. 491–494, 2019, doi: 10.1364/OL.44.000491.

[11] Y. Sasaki, K. Okamoto, T. Hosaka, and N. Shibata, “Polarization-maintaining and absorption-reducing fibers,” in *Optical Fiber Communication*, Phoenix, Arizona, ThCC6, doi: 10.1364/OFC.1982.ThCC6.

[12] J. Hansryd, F. Dross, M. Westlund, P. A. Andrekson, and S. N. Knudsen, “Increase of the SBS threshold in a short highly nonlinear fiber by applying a temperature distribution,” *J. Lightwave Technol.*, vol. 19, no. 11, pp. 1691–1697, 2001, doi: 10.1109/50.964069.

[13] F. Wellmann *et al.*, “High power, single-frequency, monolithic fiber amplifier for the next generation of gravitational wave detectors,” *Optics express*, vol. 27, no. 20, pp. 28523–28533, 2019, doi: 10.1364/OE.27.028523.

[14] M.-J. Li *et al.*, “Al/Ge co-doped large mode area fiber with high SBS threshold,” *Optics express*, vol. 15, no. 13, pp. 8290–8299, 2007, doi: 10.1364/OE.15.008290.

[15] A. Liu, “Suppressing stimulated Brillouin scattering in fiber amplifiers using nonuniform fiber and temperature gradient,” *Optics express*, vol. 15, no. 3, pp. 977–984, 2007, doi: 10.1364/OE.15.000977.

[16] K. Patokoski *et al.*, “Single-frequency 100 ns / 0.5 mJ laser pulses from all-fiber double clad ytterbium doped tapered fiber amplifier,” *Optics express*, vol. 27, no. 22, pp. 31532–31541, 2019, doi: 10.1364/OE.27.031532.

[17] K. Jiao, H. Shen, Z. Guan, F. Yang, and R. Zhu, “Suppressing stimulated Raman scattering in kW-level continuous-wave MOPA fiber laser based on long-period fiber gratings,” *Optics express*, vol. 28, no. 5, pp. 6048–6063, 2020, doi: 10.1364/OE.384760.

[18] M. E. Fermann, “Single-mode excitation of multimode fibers with ultrashort pulses,” *Optics letters*, vol. 23, no. 1, pp. 52–54, 1998, doi: 10.1364/OL.23.000052.

[19] J. P. Koplow, D. A. Kliner, and L. Goldberg, “Single-mode operation of a coiled multimode fiber amplifier,” *Optics letters*, vol. 25, no. 7, pp. 442–444, 2000, doi: 10.1364/OL.25.000442.

[20] J. M. Sousa and O. G. Okhotnikov, “Multimode Er-doped fiber for single-transverse-mode amplification,” *Appl. Phys. Lett.*, vol. 74, no. 11, pp. 1528–1530, 1999, doi: 10.1063/1.123605.

[21] J. A. Alvarez-Chavez, A. B. Grudinin, J. Nilsson, P. W. Turner, and W. A. Clarkson, “Mode selection in high power cladding pumped fibre lasers with tapered section,” in *Technical Digest. Summaries of papers presented at the Conference on Lasers and Electro-Optics. Postconference Edition. CLEO '99. Conference on Lasers and Electro-Optics (IEEE Cat. No.99CH37013)*, Baltimore, MD, USA, May. 1999, pp. 247–248, doi: 10.1109/CLEO.1999.834141.

[22] C. Jauregui, J. Limpert, and A. Tünnermann, “High-power fibre lasers,” *Nature Photon*, vol. 7, no. 11, pp. 861–867, 2013, doi: 10.1038/nphoton.2013.273.

[23] D. J. Richardson, J. Nilsson, and W. A. Clarkson, “High power fiber lasers: current status and future perspectives [Invited],” *J. Opt. Soc. Am. B*, vol. 27, no. 11, B63, 2010, doi: 10.1364/JOSAB.27.000B63.

[24] J. W. Dawson *et al.*, “Analysis of the scalability of diffraction-limited fiber lasers and amplifiers to high average power,” *Optics express*, vol. 16, no. 17, pp. 13240–13266, 2008, doi: 10.1364/OE.16.013240.

[25] J. D. Minelly, E. R. Taylor, K. P. Jedrzejewski, J. Wang, and D. N. Payne, “Laser-diode-pumped neodymium-doped fiber laser with output power >1W,” 1992, doi:

[26] V. Gapontsev, V. Fomin, A. Ferin, and M. Abramov, “Diffraction Limited Ultra-High-Power Fiber Lasers,” 2010, doi: 10.1364/ASSP.2010.AWA1.

[27] E. Stiles, “New developments in IPG fiber laser technology,” 2009, doi:

[28] C. Jauregui, T. Eidam, J. Limpert, and A. Tünnermann, "The impact of modal interference on the beam quality of high-power fiber amplifiers," *Optics express*, vol. 19, no. 4, pp. 3258–3271, 2011, doi: 10.1364/OE.19.003258.

[29] F. Stutzki *et al.*, "High average power large-pitch fiber amplifier with robust single-mode operation," *Optics letters*, vol. 36, no. 5, pp. 689–691, 2011, doi: 10.1364/OL.36.000689.

[30] A. V. Smith and J. J. Smith, "Mode instability in high power fiber amplifiers," *Optics express*, vol. 19, no. 11, pp. 10180–10192, 2011, doi: 10.1364/OE.19.010180.

[31] C. Jauregui, C. Stihler, and J. Limpert, "Transverse mode instability," *Adv. Opt. Photon.*, vol. 12, no. 2, p. 429, 2020, doi: 10.1364/AOP.385184.

[32] A. V. Smith and J. J. Smith, "Steady-periodic method for modeling mode instability in fiber amplifiers," *Optics express*, vol. 21, no. 3, pp. 2606–2623, 2013, doi: 10.1364/OE.21.002606.

[33] H.-J. Otto, N. Modsching, C. Jauregui, J. Limpert, and A. Tünnermann, "Impact of photodarkening on the mode instability threshold," *Optics express*, vol. 23, no. 12, pp. 15265–15277, 2015, doi: 10.1364/OE.23.015265.

[34] C. Jauregui, H.-J. Otto, F. Stutzki, J. Limpert, and A. Tünnermann, "Simplified modelling the mode instability threshold of high power fiber amplifiers in the presence of photodarkening," *Optics express*, vol. 23, no. 16, pp. 20203–20218, 2015, doi: 10.1364/OE.23.020203.

[35] C. Jauregui, C. Stihler, A. Tünnermann, and J. Limpert, "Pump-modulation-induced beam stabilization in high-power fiber laser systems above the mode instability threshold," *Optics express*, vol. 26, no. 8, pp. 10691–10704, 2018, doi: 10.1364/OE.26.010691.

[36] B. Yang *et al.*, "6 kW single mode monolithic fiber laser enabled by effective mitigation of the transverse mode instability," *Optics express*, vol. 29, no. 17, pp. 26366–26374, 2021, doi: 10.1364/OE.433630.

[37] M. N. Zervas, "Transverse mode instability, thermal lensing and power scaling in Yb3+-doped high-power fiber amplifiers," *Optics express*, vol. 27, no. 13, pp. 19019–19041, 2019, doi: 10.1364/OE.27.019019.

[38] J. Limpert *et al.*, "Extended single-mode photonic crystal fiber lasers," *Optics express*, vol. 14, no. 7, pp. 2715–2720, 2006, doi: 10.1364/OE.14.002715.

[39] X. Ma, C. Zhu, I.-N. Hu, A. Kaplan, and A. Galvanauskas, "Single-mode chirally-coupled-core fibers with larger than 50 µm diameter cores," *Optics express*, vol. 22, no. 8, pp. 9206–9219, 2014, doi: 10.1364/OE.22.009206.

[40] T. T. Alkeskjold, M. Laurila, L. Scolari, and J. Broeng, "Single-Mode ytterbium-doped Large-Mode-Area photonic bandgap rod fiber amplifier," *Optics express*, vol. 19, no. 8, pp. 7398–7409, 2011, doi: 10.1364/OE.19.007398.

[41] L. Dong *et al.*, "Ytterbium-doped all glass leakage channel fibers with highly fluorine-doped silica pump cladding," *Opt. Express*, vol. 17, no. 11, pp. 8962–8969, 2009, doi: 10.1364/oe.17.008962.

[42] J. Limpert *et al.*, “Yb-doped large-pitch fibres: effective single-mode operation based on higher-order mode delocalisation,” *Light Sci Appl*, vol. 1, no. 4, e8-e8, 2012, doi: 10.1038/lsa.2012.8.

[43] X. Zhang, S. Gao, Y. Wang, W. Ding, X. Wang, and P. Wang, “7-cell hollow-core photonic bandgap fiber with broad spectral bandwidth and low loss,” *Optics express*, vol. 27, no. 8, pp. 11608–11616, 2019, doi: 10.1364/OE.27.011608.

[44] C. Wei, R. Joseph Weiblen, C. R. Menyuk, and J. Hu, “Negative curvature fibers,” *Adv. Opt. Photon.*, vol. 9, no. 3, p. 504, 2017, doi: 10.1364/AOP.9.000504.

[45] A. Tünnermann *et al.*, “The renaissance and bright future of fibre lasers,” *J. Phys. B: At. Mol. Opt. Phys.*, vol. 38, no. 9, S681-S693, 2005, doi: 10.1088/0953-4075/38/9/016.

[46] D. Jain, Y. Jung, P. Barua, S. Alam, and J. K. Sahu, “Demonstration of ultra-low NA rare-earth doped step index fiber for applications in high power fiber lasers,” *Opt. Express*, vol. 23, no. 6, pp. 7407–7415, 2015, doi: 10.1364/OE.23.007407.

[47] A. Rainville, M. Chen, M. Whittlesey, Q. Du, and A. Galvanauskas, “22mJ Coherent Beam Combining from Three 85µm Core CCC Fiber Amplifiers,” in *Conference on Lasers and Electro-Optics*, San Jose, California, SW2B.4, doi: 10.1364/CLEO_SI.2021.SW2B.4.

[48] C. D. Brooks and F. Di Teodoro, “Multimegawatt peak-power, single-transverse-mode operation of a 100µm core diameter, Yb-doped rodlike photonic crystal fiber amplifier,” *Appl. Phys. Lett.*, vol. 89, no. 11, p. 111119, 2006, doi: 10.1063/1.2348742.

[49] F. Stutzki, F. Jansen, A. Liem, C. Jauregui, J. Limpert, and A. Tünnermann, “26 mJ, 130 W Q-switched fiber-laser system with near-diffraction-limited beam quality,” *Optics letters*, vol. 37, no. 6, pp. 1073–1075, 2012, doi: 10.1364/OL.37.001073.

[50] F. Beier *et al.*, “Single mode 4.3 kW output power from a diode-pumped Yb-doped fiber amplifier,” *Optics express*, vol. 25, no. 13, pp. 14892–14899, 2017, doi: 10.1364/OE.25.014892.

[51] F. Beier *et al.*, “Narrow linewidth, single mode 3 kW average power from a directly diode pumped ytterbium-doped low NA fiber amplifier,” *Opt. Express*, vol. 24, no. 6, pp. 6011–6020, 2016, doi: 10.1364/OE.24.006011.

[52] K. Peng *et al.*, “Single-mode large-mode-area laser fiber with ultralow numerical aperture and high beam quality,” *Applied optics*, vol. 55, no. 35, pp. 10133–10137, 2016, doi: 10.1364/AO.55.010133.

[53] R. Sidharthan *et al.*, “Ultra-low NA step-index large mode area Yb-doped fiber with a germanium doped cladding for high power pulse amplification,” *Optics letters*, vol. 45, no. 14, pp. 3828–3831, 2020, doi: 10.1364/OL.396157.

[54] J. Nold, M. Strecker, A. Liem, R. Eberhardt, T. Schreiber, and A. Tünnermann, “Narrow Linewidth Single Mode Fiber Amplifier With 2.3 kW Average Power,” in *2015 European Conference on Lasers and Electro-Optics*, doi:

[55] S. Hochheim *et al.*, "Single-frequency chirally coupled-core all-fiber amplifier with 100 W in a linearly polarized TEM00 mode," *Optics letters*, vol. 45, no. 4, pp. 939–942, 2020, doi: 10.1364/OL.379002.

[56] H. Pei, J. Ruppe, S. Chen, M. Sheikhsofla, J. Nees, and A. Galvanauskas, "Multi-mJ Ultrashort Pulse Coherent Pulse Stacking Amplification in a Yb-doped 85µm CCC Fiber Based System," in *Conference on Lasers and Electro-Optics*, San Jose, California, SM1L.2, doi: 10.1364/CLEO_SI.2017.SM1L.2.

[57] J. Želudevičius, R. Danilevičius, K. Viskontas, N. Rusteika, and K. Regelskis, "Femtosecond fiber CPA system based on picosecond master oscillator and power amplifier with CCC fiber," *Opt. Express*, vol. 21, no. 5, pp. 5338–5345, 2013, doi: 10.1364/OE.21.005338.

[58] A. Baz, L. Bigot, G. Bouwmans, and Y. Quiquempois, "Single-Mode, Large Mode Area, Solid-Core Photonic BandGap Fiber With Hetero-Structured Cladding," *J. Lightwave Technol.*, vol. 31, no. 5, pp. 830–835, 2013, doi: 10.1109/JLT.2012.2237542.

[59] L. Dong *et al.*, "Large-Mode-Area All-Solid Photonic Bandgap Fibers for the Mitigation of Optical Nonlinearities," *IEEE J. Select. Topics Quantum Electron.*, vol. 22, no. 2, pp. 316–322, 2016, doi: 10.1109/JSTQE.2015.2451012.

[60] M. Kashiwagi, K. Saitoh, K. Takenaga, S. Tanigawa, S. Matsuo, and M. Fujimaki, "Effectively single-mode all-solid photonic bandgap fiber with large effective area and low bending loss for compact high-power all-fiber lasers," *Opt. Express*, vol. 20, no. 14, pp. 15061–15070, 2012, doi: 10.1364/OE.20.015061.

[61] F. Kong *et al.*, "Efficient 240W single-mode 1018nm laser from an Ytterbium-doped 50/400µm all-solid photonic bandgap fiber," *Opt. Express*, vol. 26, no. 3, pp. 3138–3144, 2018, doi: 10.1364/OE.26.003138.

[62] R. A. Barankov, K. Wei, B. Samson, and S. Ramachandran, "Resonant bend loss in leakage channel fibers," *Optics letters*, vol. 37, no. 15, pp. 3147–3149, 2012, doi: 10.1364/OL.37.003147.

[63] G. Gu *et al.*, "Impact of fiber outer boundaries on leaky mode losses in leakage channel fibers," *Opt. Express*, vol. 21, no. 20, pp. 24039–24048, 2013, doi: 10.1364/OE.21.024039.

[64] F. Kong *et al.*, "Flat-top mode from a 50 µm-core Yb-doped leakage channel fiber," *Opt. Express*, vol. 21, no. 26, pp. 32371–32376, 2013, doi: 10.1364/OE.21.032371.

[65] G. T. Raja and S. K. Varshney, "Extremely Large Mode-Area Bent Hybrid Leakage Channel Fibers for Lasing Applications," *IEEE J. Select. Topics Quantum Electron.*, vol. 20, no. 5, pp. 251–259, 2014, doi: 10.1109/JSTQE.2014.2312913.

[66] M. Laurila, T. T. Alkeskjold, J. Laegsgaard, and J. Broeng, "Spatial and spectral imaging of LMA photonic crystal fiber amplifiers," in *Fiber Lasers VIII: Technology, Systems, and Applications*, San Francisco, California, USA, 2011, 79142D, doi: 10.1117/12.874564.

[67] J. Limpert *et al.*, "Low-nonlinearity single-transverse-mode ytterbium-doped photonic crystal fiber amplifier," *Opt. Express*, vol. 12, no. 7, pp. 1313–1319, 2004, doi: 10.1364/OPEX.12.001313.

[68] M. Napierała, T. Nasilowski, E. Bereś-Pawlik, P. Mergo, F. Berghmans, and H. Thienpont, "Large-mode-area photonic crystal fiber with double lattice constant structure and low bending loss," *Opt. Express*, vol. 19, no. 23, pp. 22628–22636, 2011, doi: 10.1364/OE.19.022628.

[69] M. Napierała, T. Nasiłowski, E. Bereś-Pawlik, F. Berghmans, J. Wójcik, and H. Thienpont, "Extremely large-mode-area photonic crystal fibre with low bending loss," *Opt. Express*, vol. 18, no. 15, pp. 15408–15418, 2010, doi: 10.1364/OE.18.015408.

[70] C. Robin, I. Dajani, and B. Pulford, "Modal instability-suppressing, single-frequency photonic crystal fiber amplifier with 811 W output power," *Optics letters*, vol. 39, no. 3, pp. 666–669, 2014, doi: 10.1364/OL.39.000666.

[71] F. Röser *et al.*, "Millijoule pulse energy high repetition rate femtosecond fiber chirped-pulse amplification system," *Optics letters*, vol. 32, no. 24, pp. 3495–3497, 2007, doi: 10.1364/OL.32.003495.

[72] R. Dauliat *et al.*, "Demonstration of a homogeneous Yb-doped core fully aperiodic large-pitch fiber laser," *Applied optics*, vol. 55, no. 23, pp. 6229–6235, 2016, doi: 10.1364/AO.55.006229.

[73] T. Eidam *et al.*, "Fiber chirped-pulse amplification system emitting 3.8 GW peak power," *Opt. Express*, vol. 19, no. 1, pp. 255–260, 2011, doi: 10.1364/OE.19.000255.

[74] A. K. Sridharan, P. H. Pax, J. E. Heebner, D. R. Drachenberg, J. P. Armstrong, and J. W. Dawson, "Mode-converters for rectangular-core fiber amplifiers to achieve diffraction-limited power scaling," *Optics express*, vol. 20, no. 27, pp. 28792–28800, 2012, doi: 10.1364/OE.20.028792.

[75] R. J. Beach, M. D. Feit, R. H. Page, L. D. Brasure, R. Wilcox, and S. A. Payne, "Scalable antiguided ribbon laser," *J. Opt. Soc. Am. B*, vol. 19, no. 7, p. 1521, 2002, doi: 10.1364/JOSAB.19.001521.

[76] B. Anderson *et al.*, "Fundamental mode operation of a ribbon fiber laser by way of volume Bragg gratings," *Optics letters*, vol. 39, no. 22, pp. 6498–6500, 2014, doi: 10.1364/OL.39.006498.

[77] W. L. Wentao Li, D. C. Danping Chen, Q. Z. Qinling Zhou, and a. L. H. and Lili Hu, "Watt-level output rectangular-core neodymium-doped silicate glass fiber laser," *Chin. Opt. Lett.*, vol. 14, no. 1, pp. 11402–11404, 2016, doi: 10.3788/COL201614.011402.

[78] V. Khitrov, V. V. Shkunov, D. A. Rockwell, Y. A. Zakharenkov, and F. Strohkendl, "Er-doped high aspect ratio core (HARC) rectangular fiber producing 5-mJ, 13-nsec pulses at 1572 nm," in *Lasers, Sources, and Related Photonic Devices*, San Diego, California, AW4A.5, doi: 10.1364/ASSP.2012.AW4A.5.

[79] S. Yoo *et al.*, "Mode area scalability in rectangular core fiber," in *2015 IEEE Photonics Conference (IPC)*, Reston, VA, Oct. 2015 - Oct. 2015, pp. 323–324, doi: 10.1109/IPCon.2015.7323543.

[80] J. Ji *et al.*, "Bendable large-mode-area fiber with a non-circular core," *Applied optics*, vol. 57, no. 22, pp. 6388–6395, 2018, doi: 10.1364/AO.57.006388.

[81] J. W. Dawson *et al.*, "Large flattened mode optical fiber for high output energy pulsed fiber lasers," *Conference on Lasers and Electro-Optics*, 2003, doi:

[82] C. Valentin *et al.*, "Top-hat beam output of a single-mode microstructured optical fiber: impact of core index depression," *Optics express*, vol. 21, no. 20, pp. 23250–23260, 2013, doi: 10.1364/OE.21.023250.

[83] P. Calvet *et al.*, "Top-hat beam output from a large mode area microstructured fiber for beam delivery," in *Laser Sources and Applications*, Brussels, Belgium, 2012, 84330K, doi: 10.1117/12.921691.

[84] D. Jain and J. K. Sahu, "Ring fiber with flat-top profile for extremely large mode area single mode operation," in *Advanced Solid State Lasers*, Shanghai, AM5A.29, doi: 10.1364/ASSL.2014.AM5A.29.

[85] J. Zhang *et al.*, "Orbital-angular-momentum mode-group multiplexed transmission over a graded-index ring-core fiber based on receive diversity and maximal ratio combining," *Optics express*, vol. 26, no. 4, pp. 4243–4257, 2018, doi: 10.1364/OE.26.004243.

[86] L. Rechtman and D. M. Marom, "Rectangular versus circular fiber core designs: New opportunities for mode division multiplexing?," in *Optical Fiber Communication Conference*, Los Angeles, California, Th2A.10, doi: 10.1364/OFC.2017.Th2A.10.

[87] Z. Liu *et al.*, "High-power coherent beam polarization combination of fiber lasers: progress and prospect [Invited]," *J. Opt. Soc. Am. B*, vol. 34, no. 3, A7, 2017, doi: 10.1364/JOSAB.34.0000A7.

[88] M. Müller *et al.*, "10.4 kW coherently combined ultrafast fiber laser," *Optics letters*, vol. 45, no. 11, pp. 3083–3086, 2020, doi: 10.1364/OL.392843.

[89] E. A. Shcherbakov, V. V. Fomin, A. A. Abramov, A. A. Ferin, D. V. Mochalov, and V. P. Gapontsev, "Industrial grade 100 kW power CW fiber laser," in *Advanced Solid-State Lasers Congress*, Paris, ATh4A.2, doi: 10.1364/ASSL.2013.ATh4A.2.

[90] M. Ackermann *et al.*, "Extraction of more than 10kW from a single ytterbium-doped MM-fiber," in *Fiber Lasers XVI: Technology and Systems*, San Francisco, United States, Feb. 2019 - Feb. 2019, p. 42, doi: 10.1117/12.2509307.

[91] B. S. Kawasaki, K. O. Hill, D. C. Johnson, and Y. Fujii, "Narrow-band Bragg reflectors in optical fibers," *Optics letters*, vol. 3, no. 2, pp. 66–68, 1978, doi: 10.1364/OL.3.000066.

[92] R. G. Krämer *et al.*, "Extremely robust femtosecond written fiber Bragg gratings for an ytterbium-doped fiber oscillator with 5 kW output power," *Optics letters*, vol. 45, no. 6, pp. 1447–1450, 2020, doi: 10.1364/OL.389427.

[93] S. Ikoma, K. Uchiyama, Y. Takubo, M. Kashiwagi, K. Shima, and D. Tanaka, "5-kW single stage all-fiber Yb-doped single-mode fiber laser for materials processing," in *Fiber Lasers XV: Technology and Systems*, San Francisco, United States, Jan. 2018 - Feb. 2018, p. 11, doi: 10.1117/12.2287624.

[94] N. M. Litchinitser and D. B. Patterson, "Analysis of fiber Bragg gratings for dispersion compensation in reflective and transmissive geometries," *J. Lightwave Technol.*, vol. 15, no. 8, pp. 1323–1328, 1997, doi: 10.1109/50.618332.

[95] G. P. Agrawal and S. Radic, "Phase-shifted fiber Bragg gratings and their application for wavelength demultiplexing," *IEEE Photon. Technol. Lett.*, vol. 6, no. 8, pp. 995–997, 1994, doi: 10.1109/68.313074.

[96] Y. J. Rao, D. J. Webb, D. A. Jackson, L. Zhang, and I. Bennion, "Optical in-fiber bragg grating sensor systems for medical applications," *Journal of biomedical optics*, vol. 3, no. 1, pp. 38–44, 1998, doi: 10.1117/1.429860.

[97] Y. Okabe, R. Tsuji, and N. Takeda, "Application of chirped fiber Bragg grating sensors for identification of crack locations in composites," *Composites Part A: Applied Science and Manufacturing*, vol. 35, no. 1, pp. 59–65, 2004, doi: 10.1016/j.compositesa.2003.09.004.

[98] K. O. Hill and G. Meltz, "Fiber Bragg grating technology fundamentals and overview," *J. Lightwave Technol.*, vol. 15, no. 8, pp. 1263–1276, 1997, doi: 10.1109/50.618320.

[99] M. Gagné, S. Loranger, J. Lapointe, and R. Kashyap, "Fabrication of high quality, ultra-long fiber Bragg gratings: up to 2 million periods in phase," *Optics express*, vol. 22, no. 1, pp. 387–398, 2014, doi: 10.1364/OE.22.000387.

[100] C.-L. Lee and Y. Lai, "Optimal narrowband dispersionless fiber Bragg grating filters with short grating length and smooth dispersion profile," *Optics Communications*, vol. 235, 1-3, pp. 99–106, 2004, doi: 10.1016/j.optcom.2004.03.025.

[101] Z. Li *et al.*, "Simultaneous distributed static and dynamic sensing based on ultra-short fiber Bragg gratings," *Optics express*, vol. 26, no. 13, pp. 17437–17446, 2018, doi: 10.1364/OE.26.017437.

[102] N. M. Dragomir *et al.*, "Nondestructive imaging of a type I optical fiber Bragg grating," *Optics letters*, vol. 28, no. 10, pp. 789–791, 2003, doi: 10.1364/OL.28.000789.

[103] B. P. Kouskousis *et al.*, "Quantitative investigation of the refractive-index modulation within the core of a fiber Bragg grating," *Optics express*, vol. 14, no. 22, pp. 10332–10338, 2006, doi: 10.1364/OE.14.010332.

[104] S. J. Mihailov *et al.*, "Fiber bragg gratings made with a phase mask and 800-nm femtosecond radiation," *Optics letters*, vol. 28, no. 12, pp. 995–997, 2003, doi: 10.1364/OL.28.000995.

[105] C. Smelser, S. Mihailov, and D. Grobnic, "Formation of Type I-IR and Type II-IR gratings with an ultrafast IR laser and a phase mask," *Optics express*, vol. 13, no. 14, pp. 5377–5386, 2005, doi: 10.1364/OPEX.13.005377.

[106] P. J. Lemaire, R. M. Atkins, V. Mizrahi, and W. A. Reed, "High pressure H2 loading as a technique for achieving ultrahigh UV photosensitivity and thermal

sensitivity in GeO2 doped optical fibres," *Electron. Lett.*, vol. 29, no. 13, p. 1191, 1993, doi: 10.1049/el:19930796.

[107] H. Kogelnik, "Filter Response of Nonuniform Almost-Periodic Structures," *Bell System Technical Journal*, vol. 55, no. 1, pp. 109–126, 1976, doi: 10.1002/j.1538-7305.1976.tb02062.x.

[108] M. Matsuhara and K. O. Hill, "Optical-waveguide band-rejection filters: design," *Applied optics*, vol. 13, no. 12, pp. 2886–2888, 1974, doi: 10.1364/AO.13.002886.

[109] J. Dong and K. S. Chiang, "Mode-Locked Fiber Laser With Transverse-Mode Selection Based on a Two-Mode FBG," *IEEE Photon. Technol. Lett.*, vol. 26, no. 17, pp. 1766–1769, 2014, doi: 10.1109/LPT.2014.2335892.

[110] D. S. Moon, U.-C. Paek, Y. Chung, X. Dong, and P. Shum, "Multi-wavelength linear-cavity tunable fiber laser using a chirped fiber Bragg grating and a few-mode fiber Bragg grating," *Optics express*, vol. 13, no. 15, pp. 5614–5620, 2005, doi: 10.1364/OPEX.13.005614.

[111] B. Sun *et al.,* "Transverse mode switchable fiber laser through wavelength tuning," *Optics letters*, vol. 38, no. 5, pp. 667–669, 2013, doi: 10.1364/OL.38.000667.

[112] T. Liu, S.-P. Chen, and J. Hou, "Selective transverse mode operation of an all-fiber laser with a mode-selective fiber Bragg grating pair," *Optics letters*, vol. 41, no. 24, pp. 5692–5695, 2016, doi: 10.1364/OL.41.005692.

[113] J. M. O. Daniel, J. S. P. Chan, J. W. Kim, J. K. Sahu, M. Ibsen, and W. A. Clarkson, "Novel technique for mode selection in a multimode fiber laser," *Optics express*, vol. 19, no. 13, pp. 12434–12439, 2011, doi: 10.1364/OE.19.012434.

[114] Y. Zhao, Y. Liu, L. Zhang, C. Zhang, J. Wen, and T. Wang, "Mode converter based on the long-period fiber gratings written in the two-mode fiber," *Optics express*, vol. 24, no. 6, pp. 6186–6195, 2016, doi: 10.1364/OE.24.006186.

[115] X. Feng, H. Tam, W. Chung, and P. Wai, "Multiwavelength fiber lasers based on multimode fiber Bragg gratings using offset launch technique," *Optics Communications*, vol. 263, no. 2, pp. 295–299, 2006, doi: 10.1016/j.optcom.2006.02.006.

[116] S. Klein, M. Giesberts, M. Traub, O. Fitzau, and D. Hoffmann, "Frequency stabilization of multimode diode lasers with fiber Bragg gratings," in *2019 IEEE High Power Diode Lasers and Systems Conference (HPD)*, Coventry, United Kingdom, Oct. 2019 - Oct. 2019, pp. 21–22, doi: 10.1109/HPD48113.2019.8938607.

[117] H.-G. Yu, C.-Q. Xu, Y. Wang, J. Wojcik, Z.-L. Peng, and P. Mascher, "External-Cavity Semiconductor Laser With Bragg Grating in Multimode Fiber," *IEEE Photon. Technol. Lett.*, vol. 16, no. 10, pp. 2341–2343, 2004, doi: 10.1109/LPT.2004.834543.

[118] H.-G. Yu, Y. Wang, C.-Q. Xu, J. Wojcik, and P. Mascher, "Spectral investigation of multimode fiber Bragg grating based external-cavity semiconductor lasers," *IEEE J. Quantum Electron.*, vol. 41, no. 12, pp. 1492–1501, 2005, doi: 10.1109/JQE.2005.857706.

[119] T. Mizunami, T. Hamada, and T. Yamamoto, "External-fiber-grating vertical-cavity surface-emitting lasers," *IEEE Photon. Technol. Lett.*, vol. 12, no. 11, pp. 1558–1560, 2000, doi: 10.1109/68.887750.

[120] S. Klein *et al.*, "Investigation of fiber Bragg gratings for high-power, multi-mode, XLMA-based fiber lasers," in *Fiber Lasers XVI: Technology and Systems*, San Francisco, United States, Feb. 2019 - Feb. 2019, p. 38, doi: 10.1117/12.2508385.

[121] S. Klein *et al.*, "Fiber Bragg gratings in active multimode XLMA fibers for high-power kW-class fiber lasers," in *Fiber Lasers XVII: Technology and Systems*, San Francisco, United States, Feb. 2020 - Feb. 2020, p. 77, doi: 10.1117/12.2545738.

[122] G. Brochu *et al.*, "High performance FBG-based components for kilowatt fiber lasers power scaling," in *Components and Packaging for Laser Systems VI*, San Francisco, United States, Feb. 2020 - Feb. 2020, p. 24, doi: 10.1117/12.2548351.

[123] C. Holly, *Modeling of the Lateral Emission Characteristics of High-Power Edge-Emitting Semiconductor Lasers,* 1st ed. Düren: Shaker, 2019, doi:

[124] R. E. Tench *et al.*, "Two-Stage Performance of Polarization-Maintaining Holmium-Doped Fiber Amplifiers," *J. Lightwave Technol.*, vol. 37, no. 4, pp. 1434–1439, 2019, doi: 10.1109/JLT.2019.2894973.

[125] P. Baer *et al.*, "Thulium- and holmium-doped high stability fiber amplifiers at 2 µm for next generation gravitational wave detectors," in *Fiber Lasers XX: Technology and Systems*, San Francisco, United States, Jan. 2023 - Feb. 2023, p. 18, doi: 10.1117/12.2649611.

[126] S. Bottacchi, *Multi-gigabit transmission over multimode optical fibre: Theory and design methods for 10GbE systems*. Chichester, Hoboken, NJ: Wiley, 2006, doi:

[127] R. Engelbrecht, *Nichtlineare Faseroptik: Grundlagen und Anwendungsbeispiele*. Berlin: Springer Vieweg, 2014, doi: 10.1007/978-3-642-40968-4.

[128] I. H. Malitson, "Interspecimen Comparison of the Refractive Index of Fused Silica*,†," *J. Opt. Soc. Am.*, vol. 55, no. 10, p. 1205, 1965, doi: 10.1364/JOSA.55.001205.

[129] G. P. Agrawal, *Nonlinear fiber optics,* 4th ed. Amsterdam, Boston: Elsevier / Academic Press, 2007, doi:

[130] J. Toulouse, "Optical nonlinearities in fibers: review, recent examples, and systems applications," *J. Lightwave Technol.*, vol. 23, no. 11, pp. 3625–3641, 2005, doi: 10.1109/JLT.2005.855877.

[131] F. Capasso and P. Di Porto, "Coupled-mode theory of Raman amplification in lossless optical fibers," *Journal of Applied Physics*, vol. 47, no. 4, pp. 1472–1476, 1976, doi: 10.1063/1.322810.

[132] K. S. Chiang, "Stimulated Raman scattering in a multimode optical fiber: evolution of modes in Stokes waves," *Optics letters*, vol. 17, no. 5, pp. 352–354, 1992, doi: 10.1364/OL.17.000352.

[133] M. C. Tobin and T. Baak, "Raman Spectra of Some Low-Expansion Glasses," *J. Opt. Soc. Am.*, vol. 58, no. 11, p. 1459, 1968, doi: 10.1364/JOSA.58.001459.

[134] R. Stolen, "Polarization effects in fiber Raman and Brillouin lasers," *IEEE J. Quantum Electron.*, vol. 15, no. 10, pp. 1157–1160, 1979, doi: 10.1109/JQE.1979.1069913.

[135] M. Bass, Ed., *Handbook of optics,* 2nd ed. New York, NY: McGraw-Hill, 1995, doi:

[136] D. B. Leviton and B. J. Frey, "Temperature-dependent absolute refractive index measurements of synthetic fused silica," in *Optomechanical Technologies for Astronomy*, Orlando, Florida USA, 2006, 62732K, doi: 10.1117/12.672853.

[137] D. C. Brown and H. J. Hoffman, "Thermal, stress, and thermo-optic effects in high average power double-clad silica fiber lasers," *IEEE J. Quantum Electron.*, vol. 37, no. 2, pp. 207–217, 2001, doi: 10.1109/3.903070.

[138] W. F. Krupke, M. D. Shinn, J. E. Marion, J. A. Caird, and S. E. Stokowski, "Spectroscopic, optical, and thermomechanical properties of neodymium- and chromium-doped gadolinium scandium gallium garnet," *J. Opt. Soc. Am. B*, vol. 3, no. 1, p. 102, 1986, doi: 10.1364/JOSAB.3.000102.

[139] W. Koechner, *Solid-State Laser Engineering*. New York, NY: Springer, 2006, doi: 10.1007/0-387-29338-8.

[140] T. Erdogan, "Fiber grating spectra," *J. Lightwave Technol.*, vol. 15, no. 8, pp. 1277–1294, 1997, doi: 10.1109/50.618322.

[141] S. Naderi, I. Dajani, T. Madden, and C. Robin, "Investigations of modal instabilities in fiber amplifiers through detailed numerical simulations," *Optics express*, vol. 21, no. 13, pp. 16111–16129, 2013, doi: 10.1364/OE.21.016111.

[142] H. Kogelnik, "2. Theory of dielectric waveguides," in *Topics in Applied Physics, Integrated Optics*, T. Tamir, Ed., Berlin, Heidelberg: Springer Berlin Heidelberg, 1975, pp. 13–81, doi: 10.1007/BFb0103618.

[143] J.-P. Weber, "Spectral characteristics of coupled-waveguide Bragg-reflection tunable optical filter," *IEE Proc. J Optoelectron. UK*, vol. 140, no. 5, p. 275, 1993, doi: 10.1049/ip-j.1993.0045.

[144] E. Voges, Ed., *Optische Kommunikationstechnik: Handbuch für Wissenschaft und Industrie*. Berlin u.a.: Springer, 2002, doi:

[145] D. Marcuse, "Curvature loss formula for optical fibers," *J. Opt. Soc. Am.*, vol. 66, no. 3, p. 216, 1976, doi: 10.1364/JOSA.66.000216.

[146] D. Marcuse, "Field deformation and loss caused by curvature of optical fibers," *J. Opt. Soc. Am.*, vol. 66, no. 4, p. 311, 1976, doi: 10.1364/JOSA.66.000311.

[147] R. T. Schermer and J. H. Cole, "Improved Bend Loss Formula Verified for Optical Fiber by Simulation and Experiment," *IEEE J. Quantum Electron.*, vol. 43, no. 10, pp. 899–909, 2007, doi: 10.1109/JQE.2007.903364.

[148] M. FUKUHARA, A. SANPEI, and K. SHIBUKI, "Low Temperature-Elastic Moduli, Debye Temperature and Internal Dilational and Shear Frictions of Fused Quartz," *Journal of Materials Science*, vol. 32, no. 5, pp. 1207–1211, 1997, doi: 10.1023/A:1018583918380.

[149] A. Bertholds and R. Dandliker, "Determination of the individual strain-optic coefficients in single-mode optical fibres," *J. Lightwave Technol.*, vol. 6, no. 1, pp. 17–20, 1988, doi: 10.1109/50.3956.

[150] M. Adams, "Modellierung der katastrophalen optischen Degradation von Hochleistungslaserdioden unter externer optischer Rückkopplung," Dissertation, Apprimus Verlag, doi:

[151] D. N. Payne, A. J. Barlow, and J. J. Ramskov Hansen, "Development of Low- and High-Birefringence Optical Fibers," *IEEE Trans. Microwave Theory Techn.*, vol. 30, no. 4, pp. 323–334, 1982, doi: 10.1109/TMTT.1982.1131072.

[152] D. Marcuse, "Loss Analysis of Single-Mode Fiber Splices," *Bell System Technical Journal*, vol. 56, no. 5, pp. 703–718, 1977, doi: 10.1002/j.1538-7305.1977.tb00534.x.

[153] P. R. Watekar, S. Ju, and W.-T. Han, "Near zero bending loss in a double-trenched bend insensitive optical fiber at 1550 nm," *Optics express*, vol. 17, no. 22, pp. 20155–20166, 2009, doi: 10.1364/OE.17.020155.

[154] K. Himeno, S. Matsuo, N. Guan, and A. Wada, "Low-bending-loss single-mode fibers for fiber-to-the-home," *J. Lightwave Technol.*, vol. 23, no. 11, pp. 3494–3499, 2005, doi: 10.1109/JLT.2005.857784.

[155] P. R. Watekar, S. Ju, and W.-T. Han, "Single-mode optical fiber design with wide-band ultra low bending-loss for FTTH application," *Optics express*, vol. 16, no. 2, pp. 1180–1185, 2008, doi: 10.1364/OE.16.001180.

[156] P. Baer, M. Giesberts, and O. Fitzau, "Investigations on single-mode fibers with rectangular core geometry," *OSA Continuum*, vol. 3, no. 8, p. 2243, 2020, doi: 10.1364/OSAC.396103.

[157] L. Faustini and G. Martini, "Bend loss in single-mode fibers," *J. Lightwave Technol.*, vol. 15, no. 4, pp. 671–679, 1997, doi: 10.1109/50.566689.

[158] H. Renner, "Bending losses of coated single-mode fibers: a simple approach," *J. Lightwave Technol.*, vol. 10, no. 5, pp. 544–551, 1992, doi: 10.1109/50.136086.

[159] Q. Wang, G. Farrell, and T. Freir, "Theoretical and experimental investigations of macro-bend losses for standard single mode fibers," *Optics express*, vol. 13, no. 12, pp. 4476–4484, 2005, doi: 10.1364/OPEX.13.004476.

[160] P. Sillard, S. Richard, L.-A. de Montmorillon, and M. Bigot-Astruc, "Micro-bend losses of trench-assisted single-mode fibers," in *36th European Conference and Exhibition on Optical Communication*, Torino, Italy, Sep. 2010 - Sep. 2010, pp. 1–3, doi: 10.1109/ECOC.2010.5621585.

[161] R. K. Nagle, E. B. Saff, and A. D. Snider, *Fundamentals of differential equations,* 8th ed. Boston: Pearson Education, 2012, doi:

[162] A. K. Ghatak, I. C. Goyal, and R. Jindal, "Design of a waveguide refractive index profile to obtain a flat modal field," in *International Conference on Fiber Optics and Photonics: Selected Papers from Photonics India '98*, New Delhi, India, 1999, pp. 40–44, doi: 10.1117/12.347957.

[163] M. Kanskar, S. Keeney, and R. Martinsen, *Laser Diodes: The power of brilliance — the past and future of high-power semiconductor lasers*, [Online]. Verfügbar unter: https://www.laserfocusworld.com/lasers-sources/ar-ticle/16555251/laser-diodes-the-power-of-brilliance-the-past-and-future-of-high-power-semiconductor-lasers (Zugriff am: 25. Oktober 2021).

[164] T. Mizunami, T. V. Djambova, T. Niiho, and S. Gupta, "Bragg gratings in multimode and few-mode optical fibers," *J. Lightwave Technol.*, vol. 18, no. 2, pp. 230–235, 2000, doi: 10.1109/50.822797.

[165] C. Lu and Y. Cui, "Fiber Bragg grating spectra in multimode optical fibers," *J. Lightwave Technol.*, vol. 24, no. 1, pp. 598–604, 2006, doi: 10.1109/JLT.2005.859841.

[166] P. Baer, S. Klein, M. Raguse, M. Giesberts, M. Reiter, and D. Hoffmann, "Monolithic highly multi-mode XLMA-fiber resonator for high power operation," *Opt. Express*, vol. 30, no. 19, p. 33842, 2022, doi: 10.1364/OE.464861.

[167] P. Baer, S. Klein, M. Raguse, M. Reiter, M. Giesberts, and H.-D. Hoffmann, "Highly reflective Fiber Bragg Gratings in active fibers for fiber-integrated multimode resonators," in *Fiber Lasers XIX: Technology and Systems*, San Francisco, United States, Jan. 2022 - Feb. 2022, p. 67, doi: 10.1117/12.2606583.

In der Reihe **Ergebnisse aus der Lasertechnik** zuletzt erschienen:

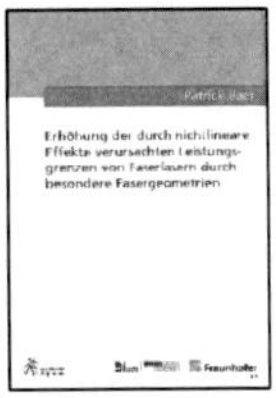

Baer, Patrick:
**Erhöhung der durch nichtlineare Effekte verursachten Leistungsgrenzen von Faserlasern durch besondere Fasergeometrien**
ISBN: 978-3-98555-207-8
Erscheinungsdatum: 26.03.2024

Dahmen, Marius:
**Laserbasierte Funktionalisierung von partikulären Polyetheretherketon-Beschichtungen auf Aluminiumsubstraten mittels Zwei-Strahl-Ansatz**
ISBN: 978-3-98555-190-3
Erscheinungsdatum: 12.12.2023

Klein, Sarah:
**Faser-Bragg-Gitter für die Frequenzstabilisierung multimodiger Hochleistungslaserdioden und -faserlaser**
ISBN: 978-3-98555-183-5
Erscheinungsdatum: 08.12.2023

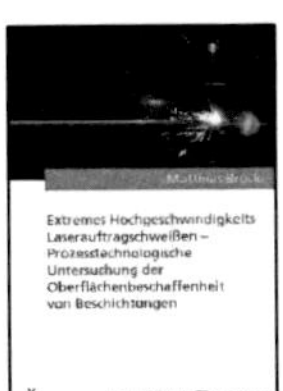

Brucki, Matthias:
**Extremes Hochgeschwindigkeits-Laserauftragschweißen – Prozesstechnologische Untersuchung der Oberflächenbeschaffenheit von Beschichtungen**
ISBN: 978-3-98555-180-4
Erscheinungsdatum: 07.11.2023

Hollatz, Sören:
**Funktionsorientiertes Laserstrahl-Mikroschweißen von Aluminium-Kupfer-Verbindungen mit örtlicher Leistungsmodulation**
ISBN: 978-3-98555-178-1
Erscheinungsdatum: 03.11.2023

Edition Wissenschaft
Apprimus

Nguyen, Nam-Phong:

**Laserdurchstrahlschweißen von transparenten Kunststoffen mit Thulium-Faserlaserstrahlung**

ISBN: 978-3-98555-172-9

Erscheinungsdatum: 18.09.2023

Haasler, Dennis:

**Tiefbohren in Metallen mittels ultrakurzen Laserpulsen**

ISBN: 978-3-98555-119-4

Erscheinungsdatum: 24.11.2022

Rödler, Georg:

**Entwicklung des selektiven Laserstrahlschmelzens für Al-Ni-Legierungen**

ISBN: 978-3-98555-118-7

Erscheinungsdatum: 03.11.2022

Ünal-Saewe, Talu:

**Ortsaufgelöste Prozessüberwachung für die Additive Fertigung mittels laserbasierter Directed Energy Deposition**

ISBN: 978-3-98555-113-2

Erscheinungsdatum: 10.10.2022

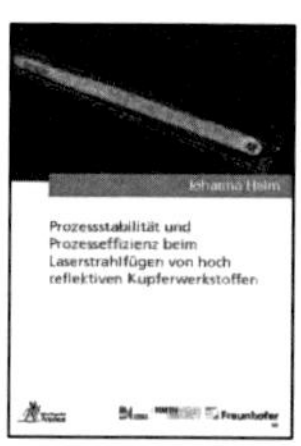


Helm, Johanna:

**Prozessstabilität und Prozesseffizienz beim Laserstrahlfügen von hoch reflektiven Kupferwerkstoffen**

ISBN: 978-3-98555-112-5

Erscheinungsdatum: 10.10.2022

Edition Wissenschaft
Apprimus

FSC
www.fsc.org
MIX
Papier | Fördert gute Waldnutzung
FSC® C083411

Zeitfracht Medien GmbH
Ferdinand-Jühlke-Straße 7
99095 Erfurt, Deutschland
produktsicherheit@kolibri360.de